ÁGUA NA INDÚSTRIA
uso racional e reúso

José Carlos Mierzwa
Jonathan Espíndola
Ivanildo Hespanhol

ÁGUA NA INDÚSTRIA
uso racional e reúso

2ª edição | revisada e atualizada

oficina de textos

© Copyright 2005 Oficina de Textos
1ª reimpressão 2011 | 2ª reimpressão 2012 | 3ª reimpressão 2018 | 4ª reimpressão 2019
5ª reimpressão 2021 | 6ª reimpressão 2022 | 7ª reimpressão 2024
2ª edição 2024

Grafia atualizada conforme o Acordo Ortográfico da Língua Portuguesa de 1990, em vigor no Brasil desde 2009.

CONSELHO EDITORIAL   Cylon Gonçalves da Silva; Doris C. C. K. Kowaltowski; José Galizia Tundisi; Luis Enrique Sánchez; Paulo Helene; Rozely Ferreira dos Santos; Teresa Gallotti Florenzano

CAPA E PROJETO GRÁFICO   Malu Vallim
DIAGRAMAÇÃO   Luciana Di Iorio
PREPARAÇÃO DE FIGURAS   Thiago Cordeiro
PREPARAÇÃO DE TEXTO   Helio Hideki Iraha
REVISÃO   Natália Pinheiro Soares

Dados Internacionais de Catalogação na Publicação (CIP)
(Câmara Brasileira do Livro, SP, Brasil)

Mierzwa, José Carlos
Água na indústria : uso racional e reúso / José Carlos Mierzwa, Ivanildo Hespanhol, Jonathan Espindola. -- 2. ed. rev. e atual. -- São Paulo : Oficina de Textos, 2024.

Bibliografia.
ISBN 978-85-7975-380-0

1. Água - Reúso 2. Água - Tratamento 3. Engenharia hidráulica 4. Indústria I. Hespanhol, Ivanildo. II. Espindola, Jonathan. III. Título.

24-211441   CDD-627

Índices para catálogo sistemático:
1. Engenharia hidráulica 627
Eliane de Freitas Leite - Bibliotecária - CRB 8/8415

Todos os direitos reservados à **Oficina de Textos**
Rua Cubatão, 798
04013-003   São Paulo   SP   Brasil
Fone: (11) 3085-7933
atendimento@ofitexto.com.br
www.ofitexto.com.br

PREFÁCIO

Até a década de 1990, a água consumida pelo setor industrial constituía um insumo pouco significativo, tanto em termos de disponibilidade como sob o aspecto econômico.

À água não havia, ainda, sido atribuída a conotação de *commodity*, e os conceitos de outorga e cobrança, em fase de preparação, eram meras propostas de instrumentos de comando e controle. A utilização dos recursos hídricos, superficiais e subterrâneos se efetuava sem parcimônia e sem mecanismos adequados de controle, tanto para o atendimento da demanda como para a disposição final de efluentes. Face à aparente abundância, poucas indústrias implantavam práticas de setorização do consumo de água com o objetivo de identificar excessos de demanda localizados, ou programas de redução de perdas em unidades produtivas e em sistemas auxiliares. Não ocorria, também, a preocupação de segregar efluentes e de adquirir unidades de processamento e equipamentos mais modernos, que possibilitassem a redução do consumo de água e da geração de efluentes.

A implementação dos mecanismos de outorga e cobrança pela utilização de recursos hídricos, motivados pelo conceito moderno de conservacionismo e de proteção dos recursos naturais, sensibilizou o setor industrial, tanto no aspecto econômico como na importância de transmitir uma imagem ambiental positiva, recurso que adquiriu importância similar aos programas de propaganda e de *marketing* institucional.

Entretanto, embora o meio ambiente se beneficie desse novo arcabouço legal, não há dúvidas de que a indústria passa a se submeter a uma nova e significativa restrição econômica, com potencial para comprometer a sua própria sustentabilidade. Com efeito, a mera inclusão dos custos adicionais da cobrança pelo uso da água nos custos finais de produtos pode implicar a perda de competitividade industrial.

A indústria brasileira, consciente da magnitude do problema, já desenvolveu uma postura proativa enfocada na gestão da demanda e na avaliação de outras formas potenciais de oferta de água associadas a reúso, utilização de águas pluviais e aumento da disponibilidade de água subterrânea através da recarga artificial de aquíferos. A FIESP (Federação das Indústrias de São Paulo) desenvolveu, em conjunto com a ANA (Agência Nacional de Águas) e com a participação técnica do CIRRA/IRCWR (Centro Internacional de Referência em Reúso de Água), da Escola Politécnica (USP) e da DTC Engenharia, o documento Conservação e Reúso de Água, vol. 1, que constitui um manual de orientação para o setor industrial no que tange à gestão de recursos hídricos. Diversos outros manuais similares deverão ser publicados em curto prazo, contemplando setores industriais específicos, tais como os de petroquímica, siderurgia, papel e celulose, açúcar e álcool, farmacêutico, da construção civil etc.

A nossa experiência em estudos e projetos de conservação e reúso de água no setor industrial paulista, particularmente os desenvolvidos sob a égide do CIRRA, permite concluir que:

- conservação e reúso de água são práticas ambientalmente corretas;
- o reúso de água, principalmente o reúso industrial, é viável economicamente;
- face aos instrumentos de outorga e cobrança, a prática de métodos adequados de conservação e reúso contribuem para a sustentabilidade da produção industrial;
- o reúso praticado através de sistemas projetados, construídos e operados internamente, isto é pelas próprias indústrias, leva a custos menores do que os custos associados à compra de águas de reúso fornecida pelas Companhias Municipais e Estaduais de Saneamento. Um estudo efetuado na Região Metropolitana de São Paulo avaliou em aproximadamente R$ 1,80 por metro cúbico o preço de mercado de água de reúso, tratado como água de *make-up* para torres de resfriamento, enquanto o custo unitário associado a sistemas de tratamento internos varia entre R$ 0,80 a R$ 1,20 por metro cúbico, se não houver custos excessivos para transporte e disposição final de lodos.

Entretanto, a viabilidade desta prática na indústria depende da conscientização, por parte de seus administradores, de que é necessário realizar estudos e projetos específicos, antes de contratar a perfuração de novos poços, de instalar sistemas isolados ou de adquirir novos equipamentos com base, unicamente, nas informações prestadas pelos seus próprios fabricantes. A efetiva e econômica redução do consumo de água e desenvolvimento do potencial de reúso dependem da análise e caracterização de todos os efluentes gerados na indústria e do levantamento das possibilidades práticas de reúso. A elaboração de projetos otimizados de conservação, tratamento e reúso de água só poderá ser atingida com base nessas duas condições de contorno.

A preparação deste livro é baseada na experiência adquirida no exercício da prática de otimização da conservação e do reúso no setor industrial, e contém as informações e elementos necessários para minimizar os efeitos da cobrança pelo uso da água no setor industrial. Os nove capítulos contêm detalhes técnicos e operacionais precisos e descrevem informações sobre legislação, usos básicos da água na indústria, técnicas modernas para tratamento de água, caracterização e tratamento de efluentes industriais e, ainda, as práticas conservacionistas e a metodologia para identificar o potencial de reúso de água no setor industrial. Como capítulo final descreve e aplica a metodologia *pinch*, que constitui uma nova ferramenta para otimizar a prática do reúso de água no setor industrial.

Ivanildo Hespanhol
São Paulo, 31 de março de 2005

SUMÁRIO

1 OTIMIZAÇÃO DO USO E REÚSO DA ÁGUA – necessidades e desafios — 9
   1.1 Situação dos recursos hídricos no Brasil — 10
   1.2 Demanda de água para as atividades humanas — 11
   1.3 Demanda de água por atividade no Brasil — 17
   1.4 Evolução dos problemas relacionados à qualidade da água — 18
   1.5 Conflitos pelo uso da água — 18
   1.6 Estratégias para a minimização de conflitos pelo uso da água — 19
   1.7 Conclusões — 22

2 LEGISLAÇÃO SOBRE RECURSOS HÍDRICOS — 24
   2.1 Legislação brasileira referente aos recursos hídricos — 24
   2.2 Outorga de direito do uso da água — 29
   2.3 Cobrança pelo uso dos recursos hídricos — 30
   2.4 Gestão dos recursos hídricos e Agendas 21 e 2030 — 33

3 PRINCIPAIS USOS DA ÁGUA NA INDÚSTRIA E TÉCNICAS DE TRATAMENTO — 36
   3.1 Usos da água na indústria — 36
   3.2 Requisitos de qualidade da água para uso industrial — 38
   3.3 Demanda de água pela indústria — 41
   3.4 Associação das informações sobre qualidade e quantidade — 45
   3.5 Tratamento de água para uso industrial — 45

4 TÉCNICAS PARA O TRATAMENTO DE ÁGUA — 50
   4.1 Sistema convencional de tratamento — 50
   4.2 Abrandamento — 55
   4.3 Troca iônica — 58
   4.4 Separação por membranas — 64
   4.5 Oxidação fotoquímica – ultravioleta-peróxido de hidrogênio — 69

5 GERAÇÃO DE EFLUENTES NA INDÚSTRIA — 72
   5.1 Geração de efluentes nos processos de tratamento de água — 72
   5.2 Geração de efluentes em sistemas de resfriamento semiabertos — 78
   5.3 Efluentes gerados em sistemas de produção de vapor — 84
   5.4 Efluentes gerados nas demais atividades industriais — 88

6 TÉCNICAS PARA TRATAMENTOS DE EFLUENTES — 89
- 6.1 Neutralização — 90
- 6.2 Filtração e centrifugação — 90
- 6.3 Precipitação química — 91
- 6.4 Coagulação, floculação e sedimentação ou flotação — 92
- 6.5 Tratamento biológico — 92
- 6.6 Separação por membranas — 96
- 6.7 Adsorção em carvão ativado — 96
- 6.8 Troca iônica — 98
- 6.9 Oxidação ou redução química — 98
- 6.10 Oxidação fotoquímica — 100
- 6.11 Separação térmica — 100
- 6.12 Extração com ar ou vapor — 101
- 6.13 Procedimento para a seleção preliminar das tecnologias para tratamento de efluentes — 102

7 OTIMIZAÇÃO DO USO DA ÁGUA NA INDÚSTRIA — 104
- 7.1 Avaliação dos processos industriais para identificar oportunidades de otimização do uso da água — 104
- 7.2 Exemplo prático de um levantamento de demanda de água e geração de efluentes — 109
- 7.3 Identificação de opções para otimizar o uso da água e minimizar efluentes — 111
- 7.4 Exemplo prático de procedimento para redução do consumo de água — 114
- 7.5 Considerações finais — 118

8 REÚSO DE ÁGUA E EFLUENTES — 120
- 8.1 Conceitos básicos sobre o reúso de água — 120
- 8.2 Implantação da prática de reúso de água — 122
- 8.3 Considerações finais — 139

9 PONTO DE MÍNIMO CONSUMO DE ÁGUA – *water pinch* — 141
- 9.1 Determinação do ponto de mínimo consumo de água sem reúso — 142
- 9.2 Determinação do ponto de mínimo consumo de água com reúso — 144
- 9.3 Obtenção da estrutura de distribuição de água — 147
- 9.4 Considerações finais — 152

Anexo — 153
Referências bibliográficas — 155

OTIMIZAÇÃO DO USO E REÚSO DA ÁGUA
necessidades e desafios

A água, essencial ao surgimento e à manutenção da vida em nosso planeta, é indispensável para o desenvolvimento das diversas atividades criadas pelo ser humano, e apresenta, por essa razão, valores econômicos, sociais e culturais (Moran; Morgan; Wiersma, 1985; Beeckman, 1998). Além de dar suporte à vida, a água pode ser utilizada para geração de energia, produção e processamento de alimentos, processos industriais diversos, recreação e paisagismo, além de assimilação e transporte de poluentes – sendo esta, talvez, uma das aplicações menos nobres desse recurso tão essencial.

Muito embora o nosso planeta tenha três quartos de sua superfície coberta pela água, deve-se considerar que apenas uma pequena parcela, referente à água doce, pode ser aproveitada na maior parte das atividades humanas, sem que sejam necessários grandes investimentos para adequar suas características físicas, químicas e/ou biológicas. A Fig. 1.1 ilustra a distribuição das reservas de água no planeta (Mays, 1996; Williams, 2014), ressaltando-se que essa distribuição sofre pequenas variações ao longo do tempo.

Contudo, com o crescente aumento da demanda e da poluição dos corpos hídricos existentes, várias regiões do planeta passaram a vivenciar problemas de escassez, o que implica a necessidade de uma nova abordagem no que diz respeito à forma com a qual o ser humano se relaciona com um recurso tão essencial para sua sobrevivência e para a manutenção de um padrão adequado de qualidade de vida, que é a água.

Observa-se que a disponibilidade de água em qualquer local é variável no tempo e no espaço, em razão das condições climáticas de cada região e período do ano, e também pode ser afetada pelas atividades humanas – seja pela demanda excessiva ou por problemas de poluição resultantes do lançamento de esgotos domésticos e efluentes industriais, em alguns casos, com tratamento inadequado, ou até sem qualquer tipo de tratamento.

Historicamente, a água foi uma componente primordial para o desenvolvimento humano, já que o processo de colonização de grande parte do globo foi se desenvolvendo às margens dos cursos d'água, como ocorreu no Brasil, na época dos bandeirantes. Com o aumento da população e o incremento industrial, a água passou a ser cada vez mais utilizada, como se fosse um recurso abundante e infinito. O conceito de abundância de água ainda hoje é muito

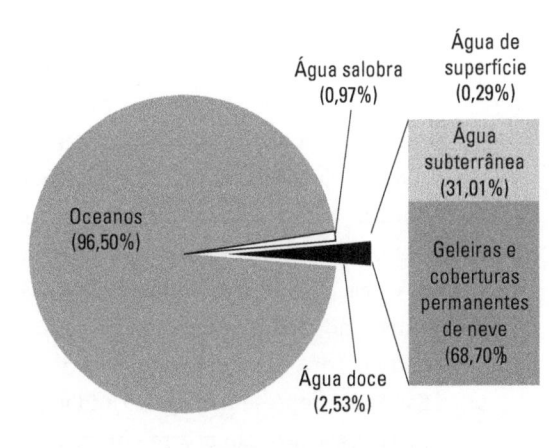

Fig. 1.1 *Distribuição das reservas de água no planeta*

forte em alguns países. Pelas informações da Agência Central de Inteligência Americana (CIA, 2021), 21 países detêm três quartos de todas as reservas renováveis de água, sendo que o Brasil é o país com maior disponibilidade, 8.650 bilhões de metros cúbicos, de um total estimado em 54.794 bilhões de metros cúbicos para 183 países. Contudo, uma análise mais detalhada da condição brasileira demonstra um cenário completamente diferente. A escassez de água é uma realidade não apenas nas áreas de climatologia desfavorável, mas também nas regiões altamente urbanizadas, como é o caso das principais áreas metropolitanas.

Por essa razão, é importante o desenvolvimento de estratégias que compatibilizem o uso da água nas atividades humanas à ideia de que os recursos hídricos não são abundantes no País. Isso significa que os atuais conceitos sobre uso da água e tratamento e descarte dos efluentes gerados devem ser reformulados. Assim sendo, a racionalização do uso e reúso da água tornam-se elementos essenciais de garantia à continuidade das atividades humanas, diante desse cenário de escassez de recursos hídricos.

1.1 Situação dos recursos hídricos no Brasil

Como já mencionado, o Brasil é considerado um país privilegiado em termos de recursos hídricos, uma vez que detém, aproximadamente, 15,8% das reservas de água doce do planeta. No entanto, deve-se considerar que a distribuição dessa água não é uniforme, resultando em abundância de água em algumas regiões e escassez em outras. Dados apresentados pela Agência Nacional de Águas (ANA) revelam que a disponibilidade hídrica no País, com base na vazão de permanência em 95% do tempo, é da ordem de 2.480 bilhões de metros cúbicos por ano (ANA, 2017). Se for considerada a contagem da população obtida pelo Censo 2022, que é de 203.080.756 de pessoas (IBGE, 2023), a disponibilidade hídrica média por habitante é de 12.212 m³/ano. Esse dado, analisado de maneira isolada, é que induz ao conceito de abundância de água.

No entanto, é importante ressaltar que a distribuição de água é variável no tempo e no espaço, ou seja, ela depende das condições climáticas de cada região. Além da distribuição natural da água, outro fator relevante é a distribuição da população pelas várias regiões do País, que pode gerar uma demanda excessiva em áreas altamente urbanizadas.

Atualmente, quase 85% da população do Brasil vive em áreas urbanas, e aproximadamente 34,7% dessa população está concentrada nas nove maiores regiões metropolitanas do País (IBGE, 2015). Quando se analisa esse panorama, não é difícil identificar áreas com problemas relacionados à escassez de água, como as regiões metropolitanas de São Paulo, Rio de Janeiro, Belo Horizonte e Porto Alegre. Para exemplificar melhor a situação, a Tab. 1.1 apresenta dados relativos à disponibilidade hídrica por Estado e região geográfica, considerando-se dois anos de referência e a disponibilidade hídrica total de cada região, e não na vazão de permanência em 95% do tempo.

Na Tab. 1.1 é possível observar a grande variação na disponibilidade hídrica entre as principais regiões brasileiras e constata-se a influência das condições climáticas e da intensidade de ocupação do solo em cada local. Também se verifica que em alguns Estados a redução da disponibilidade específica de água foi superior à média brasileira, com destaque para os Estados da Região Norte, onde foi observado o maior aumento da população no período considerado, 2000 a 2022.

Na Tab. 1.2 são apresentados os dados de disponibilidade hídrica para o Estado de São Paulo, mostrando a influência que a demanda excessiva de água exerce sobre a disponibilidade hídrica em regiões altamente urbanizadas, como é o caso da Região Metropolitana de São Paulo, representada pela Unidade de Gerenciamento de Recursos Hídricos da Bacia do Alto Tietê. Essa situação ocorre em várias regiões do País, o que pode ser constatado pelos dados de municípios com maior volume de água distribuído, conforme mostra a Fig. 1.2 (IBGE, 2011).

Tab. 1.1 Disponibilidade hídrica no Brasil para os anos de 2000 e 2022

Unidade da Federação	População		Disponibilidade hídrica específica total (m³/ano · hab.)		Redução em relação a 2000
	2000	2022	2000	2022	
Rondônia	1.380.952	1.581.196	182.402	159.302	13%
Acre	557.882	830.018	289.977	194.903	33%
Amazonas	2.817.252	3.941.613	506.921	362.320	29%
Roraima	324.397	636.707	733.086	373.501	49%
Pará	6.195.965	8.120.131	203.777	155.489	24%
Amapá	477.032	733.759	338.785	220.251	35%
Tocantins	1.157.690	1.511.460	109.904	84.180	23%
Região Norte	**12.911.170**	**17.354.884**	**281.232**	**209.223**	**26%**
Maranhão	5.657.552	6.776.699	12.362	10.321	17%
Piauí	2.843.428	3.271.199	10.764	9.357	13%
Ceará	7.431.597	8.794.957	2.668	2.254	16%
Rio Grande do Norte	2.777.509	3.302.729	2.572	2.163	16%
Paraíba	3.444.794	3.974.687	2.217	1.921	13%
Pernambuco	7.929.154	9.058.931	1.713	1.499	12%
Alagoas	2.827.856	3.127.683	1.350	1.221	10%
Sergipe	1.784.829	2.210.004	1.677	1.354	19%
Bahia	13.085.769	14.141.626	5.934	5.491	7%
Região Nordeste	**47.782.488**	**54.658.515**	**4.880**	**4.266**	**13%**
Minas Gerais	17.905.134	20.539.989	9.173	7.996	13%
Espírito Santo	3.097.498	3.833.712	8.016	6.477	19%
Rio de Janeiro	14.392.106	16.055.174	1.772	1.589	10%
São Paulo	37.035.456	44.411.238	2.906	2.423	17%
Região Sudeste	**72.430.194**	**84.840.113**	**4.448**	**3.798**	**15%**
Paraná	9.564.643	11.444.380	8.947	7.477	16%
Santa Catarina	5.357.864	7.610.361	14.738	10.376	30%
Rio Grande do Sul	10.187.842	10.882.965	19.427	18.186	6%
Região Sul	**25.110.349**	**29.937.706**	**14.434**	**12.107**	**16%**
Mato Grosso do Sul	2.078.070	2.757.013	43.695	32.934	25%
Mato Grosso	2.505.245	3.658.649	370.338	253.587	32%
Goiás	5.004.197	7.056.495	29.765	21.108	29%
Distrito Federal	2.051.146	2.817.381	1.013	738	27%
Região Centro-Oeste	**11.638.658**	**16.289.538**	**100.494**	**71.802**	**29%**
Brasil	169.872.859	203.080.756	33.663	28.159	16%

Fonte: produzido a partir dos dados disponíveis em ANA (2002) e IBGE (2000, 2004, 2023).

É importante lembrar que a quantidade de água existente em uma região é constante, mas a população não. É evidente, portanto, que a disponibilidade se reduz à medida que a população aumenta. Outro agravante para essa condição é a poluição dos corpos d'água disponíveis.

1.2 Demanda de água para as atividades humanas

Na atualidade podemos identificar os seguintes usos para a água (Moran; Morgan; Wiersma, 1985):

- consumo humano;
- uso industrial;
- irrigação;
- geração de energia;
- transporte;
- aquicultura;
- preservação da fauna e da flora;
- paisagismo;
- assimilação e transporte de efluentes.

Tab. 1.2 Disponibilidade hídrica no Estado de São Paulo

Unidade de Gerenciamento de Recursos Hídricos	Disponibilidade superficial (m³/s) $Q_{95\%}$	$Q_{média}$	Disponibilidade subterrânea (m³/s)	População 2017	Taxa de crescimento anual (%)	População 2035*	Disponibilidade específica total** (m³/hab. · ano) 2017 $Q_{95\%}$	$Q_{média}$	2035 $Q_{95\%}$	$Q_{média}$
1 - Mantiqueira	10,00	22,00	4,1	66.523	0,374	71.156	6.665	12.354	6.231	11.550
2 - Paraíba do Sul	93,00	216,00	44,7	2.127.893	0,827	2.469.442	2.041	3.864	1.759	3.330
3 - Litoral Norte	39,00	107,00	12,3	312.955	1,331	397.677	5.170	12.023	4.069	9.461
4 - Rio Pardo	44,00	139,00	17,4	1.185.180	0,832	1.376.652	1.635	4.162	1.407	3.583
5 - Piracicaba, Capivari e Jundiaí	65,00	172,00	20,0	5.529.450	1,015	6.637.852	485	1.095	404	912
6 - Alto Tietê	31,00	84,00	10,2	20.540.641	0,665	23.152.561	63	145	56	128
7 - Baixada Santista	58,00	155,00	18,6	1.781.727	0,923	2.103.753	1.356	3.073	1.149	2.603
8 - Sapucaí/Grande	46,00	146,00	17,0	703.276	0,605	784.188	2.824	7.308	2.533	6.554
9 - Mogi-Guaçu	72,00	199,00	24,7	1.537.840	0,730	1.753.789	1.983	4.587	1.738	4.022
10 - Sorocaba/ Médio Tietê	39,00	107,00	11,7	2.001.262	1,051	2.418.042	798	1.870	661	1.548
11 - Ribeira do Iguape e Litoral Sul	229,00	526,00	83,8	369.743	0,311	391.032	26.682	52.013	25.229	49.182
12 - Baixo Pardo/ Grande	31,00	87,00	10,5	343.630	0,385	368.288	3.810	8.950	3.555	8.351
13 - Tietê/Jacaré	50,00	97,00	19,9	1.566.306	0,697	1.775.674	1.407	2.353	1.241	2.075
14 - Alto Paranapanema	114,00	255,00	43,5	748.470	0,543	825.320	6.635	12.576	6.017	11.405
15 - Turvo/Grande	39,00	121,00	13,4	1.295.609	0,576	1.437.148	1.275	3.271	1.150	2.949
16 - Tietê/Batalha	40,00	98,00	15,4	530.158	0,434	573.235	3.294	6.744	3.047	6.238
17 - Médio Paranapanema	82,00	155,00	31,9	690.692	0,498	755.465	5.200	8.533	4.754	7.801
18 - São José dos Dourados	16,00	51,00	6,1	227.791	0,171	234.911	3.064	7.909	2.971	7.669
19 - Baixo Tietê	36,00	113,00	13,1	789.404	0,582	876.589	1.963	5.039	1.767	4.538
20 - Aguapeí	41,00	97,00	14,2	371.211	0,244	387.878	4.687	9.444	4.486	9.039
21 - Peixe	38,00	82,00	14,9	460.545	0,373	492.528	3.620	6.633	3.385	6.202
22 - Pontal do Paranapanema	47,00	92,00	17,2	494.227	0,429	533.903	4.094	6.965	3.790	6.448
Total	1.260,00	3.121,00	464,4	43.674.533	0,728	49.817.084	1.245	2.589	1.092	2.270

*Considerando-se a taxa média de crescimento entre 2016 e 2017 e o modelo de crescimento geométrico.
**A disponibilidade específica total considera as águas superficiais e subterrâneas.
Fonte: produzido a partir dos dados disponíveis em São Paulo (2020).

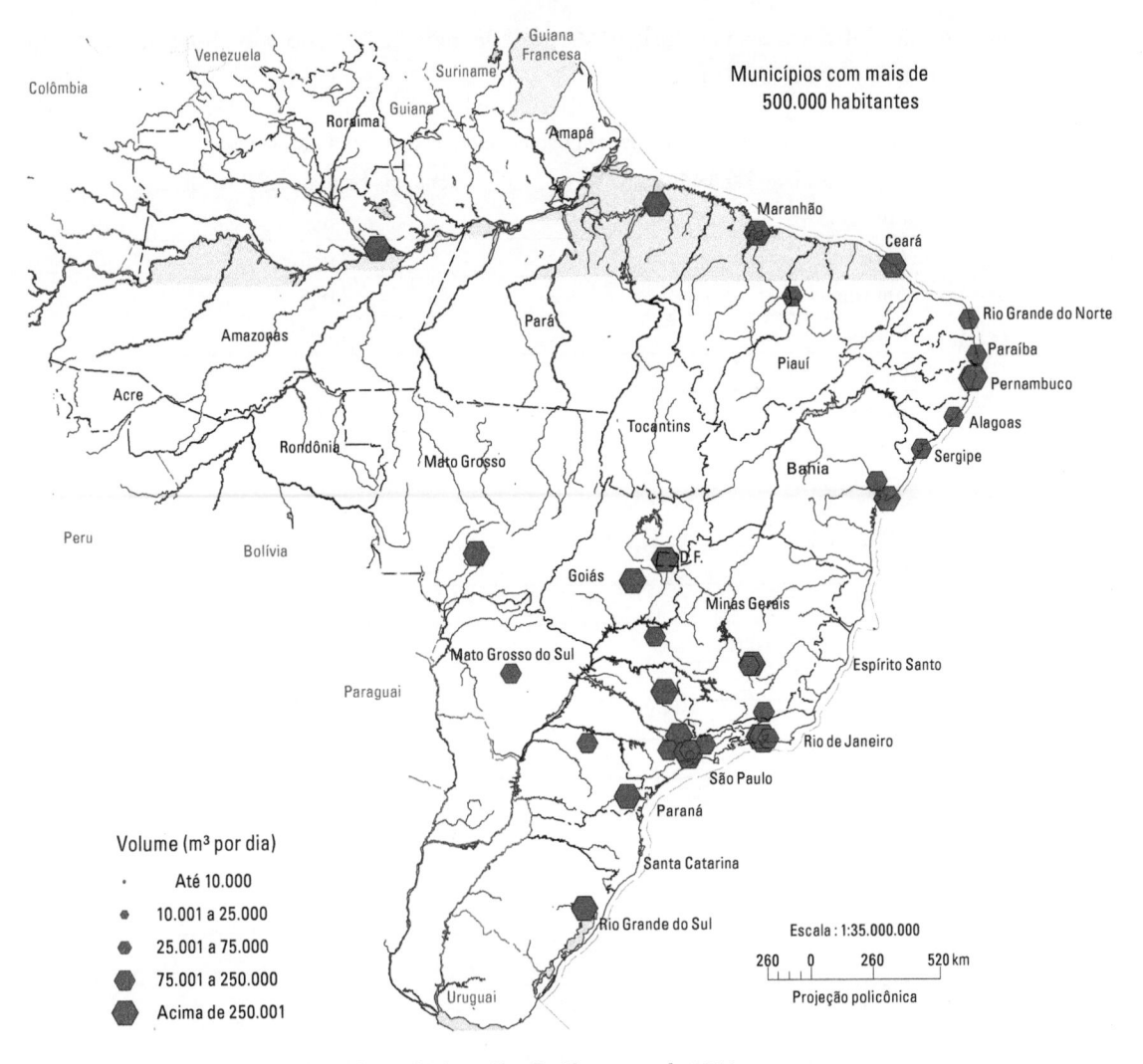

OTIMIZAÇÃO DO USO E REÚSO DA ÁGUA – necessidades e desafios

Fig. 1.2 Municípios com maior volume de água distribuído no ano de 2011

De acordo com cada tipo de uso, a água deve apresentar características físicas, químicas e biológicas que garantam a segurança dos usuários, a qualidade do produto final e a integridade dos componentes com os quais entrará em contato. Muitas vezes, ela é utilizada simultaneamente para atender às necessidades de duas ou mais categorias mencionadas. O chamado uso múltiplo da água pode, muitas vezes, gerar conflitos entre diversos segmentos da sociedade.

1.2.1 Água para consumo humano

É aquele que deve ser priorizado. A água é essencial em todas as atividades metabólicas do ser humano, no preparo de alimentos, na higiene pessoal e na limpeza de roupas e utensílios domésticos, por exemplo. Em média, cada indivíduo necessita de 2,5 L de água por dia para satisfazer suas necessidades vitais.

Os dados relativos ao consumo de água para consumo humano por Estado brasileiro estão apresentados na Tab. 1.3. Suas características físicas, químicas e biológicas devem estar dentro de padrões de potabilidade, garantias de que a saúde e o bem-estar do ser humano não serão afetados adversamente. Esses padrões de qualidade, recomendados pela Organização Mundial da Saúde (OMS), baseiam-se em estudos científicos, cabendo a cada país adotar os valores recomendados de acordo com fatores econômicos, sociais e tecnológicos, diferentes para cada um. No Brasil, os padrões de qualidade da água para consumo humano são definidos pela Portaria nº 888, de 4 de maio de 2021, do Ministério da Saúde, ou por outra que vier a substituí-la.

Tab. 1.3 Demanda de água para consumo humano por Estado brasileiro

Unidade da Federação	Consumo humano (L/d · hab.)
Rondônia	146,4
Acre	118,0
Amazonas	146,8
Roraima	139,2
Pará	171,8
Amapá	100,5
Tocantins	139,3
Região Norte	**151,2**
Maranhão	149,7
Piauí	141,2
Ceará	128,9
Rio Grande do Norte	120,1
Paraíba	106,7
Pernambuco	111,9
Alagoas	101,7
Sergipe	109,3
Bahia	121,5
Região Nordeste	**121,4**
Minas Gerais	167,5
Espírito Santo	174,7
Rio de Janeiro	115,5
São Paulo	178,1
Região Sudeste	**159,9**
Paraná	138,8
Santa Catarina	156,0
Rio Grande do Sul	159,7
Região Sul	**149,8**
Mato Grosso do Sul	163,4
Mato Grosso	180,8
Goiás	138,3
Distrito Federal	150,5
Região Centro-Oeste	**153,5**
Brasil	148,2

Fonte: Brasil (2024).

1.2.2 Água para uso industrial

Em razão de diversas atividades desenvolvidas pelo ser humano, principalmente aquelas relacionadas à produção de bens de consumo a partir da transformação e do processamento dos recursos naturais, as indústrias são grandes consumidoras de água. Dependendo do processo industrial, a água pode ser tanto matéria-prima, incorporada ao produto final, como um composto auxiliar na preparação de matérias-primas, fluido de transporte e fluido de aquecimento e/ou resfriamento ou em qualquer outra operação auxiliar.

Os padrões de qualidade para a água industrial dependem de como ela será aplicada. No caso de indústrias alimentícias e farmacêuticas, por exemplo, a água deve ter um elevado grau de qualidade, caso venha a ser parte integrante do produto final ou entre em contato com as substâncias manipuladas em qualquer fase do processo. Esses padrões podem ser mais restritivos do que os padrões de qualidade da água para consumo humano.

Os padrões de qualidade são menos rigorosos para outras finalidades, como, por exemplo, para a água utilizada em sistemas de resfriamento. O que ocorre, portanto, é que uma determinada indústria pode precisar de água com diversos padrões de qualidade, desde uma água com alto grau de pureza até uma que tenha sido submetida a processos ou operações simplificadas de tratamento, conhecida como água bruta.

1.2.3 Água para irrigação

Assim como o consumo humano, a irrigação é uma das aplicações mais antigas que tem sido dada para a água. Seu principal objetivo é melhorar a produtividade das áreas cultiváveis, promovendo colheitas mesmo em tempos de estiagem. Por meio de um manejo adequado dos recursos hídricos, sempre haverá disponibilidade de água para as plantações. Além disso, a técnica de irrigação possibilitou a obtenção de alimentos em quantidades superiores às necessárias para a subsistência do indivíduo, o que permitiu que o ser humano desenvolvesse outras atividades, resultando na melhoria da qualidade de vida da nossa civilização.

Os padrões de qualidade da água para irrigação também dependem do tipo de cultura desejada. Ou seja, para culturas ingeridas cruas, é preciso que a água tenha um alto grau de qualidade, principalmente por causa de substâncias tóxicas e organismos patogênicos. No caso de irrigação de plantas arbóreas, ou alimentos consumidos após processamento, os padrões de qualidade podem ser menos restritivos, mas mesmo assim deve-se garantir que a saúde do consumidor não será afetada de forma adversa.

1.2.4 Água para geração de energia

Os principais mecanismos dos processos de geração de energia a partir de água envolvem a transformação da energia potencial, cinética ou térmica, em energia mecânica, que pode ser depois convertida em energia elétrica.

Existem basicamente duas formas pelas quais a água pode gerar energia. A primeira consiste na utilização da energia cinética ou potencial disponível na água para a movimentação de um dispositivo que gira em torno de um eixo central. Essa energia de rotação pode acionar dispositivos mecânicos mais complexos em serrarias e moinhos de farinha, mas também pode acionar geradores elétricos. No Brasil, a principal forma de geração de energia elétrica se baseia nesse mecanismo, sendo utilizadas as usinas hidroelétricas para esse fim. A segunda forma consiste no aquecimento da água até que se transforme em vapor a alta pressão. Esse vapor, por sua vez, é submetido a um processo de expansão dentro de um conjunto mecânico contendo um êmbolo ou uma turbina, que são colocados em movimento para o acionamento de equipamentos mecânicos ou geradores elétricos.

De acordo com o mecanismo de geração de energia, bem como a principal função da água no processo, os padrões de qualidade podem ser mais ou menos restritivos. Quando há produção de vapor, a água deve apresentar um elevado grau de qualidade para evitar problemas de corrosão, incrustação e erosão dos componentes do sistema. No caso de sistemas que aproveitam a energia cinética ou potencial disponível na água, os requisitos de qualidade são menos restritivos.

1.2.5 Água para transporte

Assim que os barcos foram inventados, o transporte hídrico provou ser mais barato e mais efetivo que o transporte terrestre.

Hoje em dia, o transporte de produtos entre diversas nações do mundo é efetuado, na maioria das vezes, por via marítima, pois os navios podem transportar uma grande quantidade de materiais e pessoas com muito menos esforço que qualquer outro meio de transporte existente, o que é bastante atrativo do ponto de vista econômico. No caso do transporte fluvial, as vantagens são praticamente as mesmas que as do transporte marítimo, mas a intensidade de utilização desse tipo de transporte ainda não é muito significativa, principalmente no Brasil.

Em termos de padrões de qualidade, não existe qualquer restrição para o uso da água na navegação. Ressalta-se que as características geográficas da região e as dimensões físicas do curso de água, como largura e profundidade, podem dificultar esse processo.

1.2.6 Água para aquicultura

As atividades relacionadas à criação de animais e plantas aquáticas são conhecidas como aquicultura. Praticada há muito tempo em várias partes do mundo, a aquicultura envolve desde a tradição chinesa de criação de carpas à colheita e processamento de algas marinhas, passando pelo cultivo de pérolas artificiais (Compton's, 1995).

Para que a aquicultura possa ser desenvolvida de forma adequada, os padrões de qualidade da água são de grande importância, tanto para as espécies manipuladas como para a saúde dos trabalhadores e dos consumidores finais dos produtos. A presença de substâncias tóxicas pode provocar a morte das espécies cultivadas ou a bioacumulação em tecidos, o que pode, posteriormente, trazer consequências para as próprias espécies ou para seus consumidores finais.

1.2.7 Água para preservação da fauna e da flora

Da mesma forma que o ser humano, os demais seres vivos necessitam de água de boa qualidade para que possam sobreviver e, dessa forma, garantir a sobrevivência do próprio homem. Para que possam existir peixes e outros animais aquáticos é preciso que os cursos naturais de água, lagos e oceanos não tenham suas características deterioradas. O mesmo é válido para todas as plantas e animais terrestres que dependem desses recursos hídricos, já que, sem uma fonte de água adequada, podem perecer e trazer consequências desastrosas ao meio ambiente e ao próprio ser humano.

1.2.8 Água para recreação e paisagismo

Além de todos os usos citados anteriormente, a água pode servir para recreação ou para a melhoria das características estéticas de um determinado local.

A água para fins de recreação pode ser utilizada de duas formas distintas: para atividades de contato primário (natação, banhos de recreação e esqui aquático) e para atividades de contato secundário (náutica e pesca). No paisagismo, a água melhora ou acentua as características estéticas de uma determinada área, causando uma sensação de bem-estar nos frequentadores.

Os padrões de qualidade exigidos nesses casos dependem da possibilidade de contato e ingestão da água pelos seres humanos, sendo mais restritivos para essa condição e menos restritivos para o caso de não haver tais possibilidades.

1.2.9 Água para transporte e assimilação de poluentes

Dentre todas as possibilidades, o uso da água para transporte e assimilação de poluentes é, de certa forma, o menos nobre. Conforme é usada, a água, conhecida como solvente universal, vai incorporando as mais diversas substâncias com as quais entra em contato e, por isso, serve como meio de transporte e diluição de poluentes.

Nesse âmbito estão as atividades diárias desenvolvidas pelo ser humano, principalmente em nossas residências, onde a água é utilizada para higiene pessoal, preparação de alimentos, lavagem de roupas, entre outras. O problema é mais grave nas indústrias, pois a quantidade de aplicações que se pode dar à água e a variedade de substâncias que são manipuladas podem lhe conferir um alto grau de toxicidade.

Mesmo para esse tipo de aplicação, o grau de qualidade da água é relevante principalmente nas operações e processos auxiliares, como lavagem de equipamentos nas indústrias alimentícias, de produtos de higiene pessoal e farmacêutica, onde os padrões de qualidade são similares àqueles necessários para a obtenção do produto principal. Assim, a maior preocupação em relação a esse tipo de uso se refere ao descarte dos efluentes domésticos e industriais.

1.3 Demanda de água por atividade no Brasil

Estudos conduzidos pela ANA (2017) apresentam os dados sobre a demanda de água por tipo de atividade, indicando que, de maneira global, a maior demanda é da agricultura, seguida por abastecimento humano, geração de energia em termelétricas e uso industrial, conforme apresentado na Fig. 1.3.

De maneira similar ao que ocorre com a disponibilidade hídrica, a demanda de água por atividade também varia com a região, conforme ilustram as Figs. 1.4 e 1.5, referentes à demanda de água no Estado de São Paulo e na Região Metropolitana de São Paulo, respectivamente, prevista para o ano de 2035.

Os dados apresentados nas figuras mostram, com clareza, que a demanda de água é influenciada pelo desenvolvimento de cada região.

É importante observar que cada atividade gera efluentes líquidos que atingem os corpos d'água direta ou indiretamente, podendo comprometer sua qualidade e, assim, restringir seu uso como fonte de abastecimento.

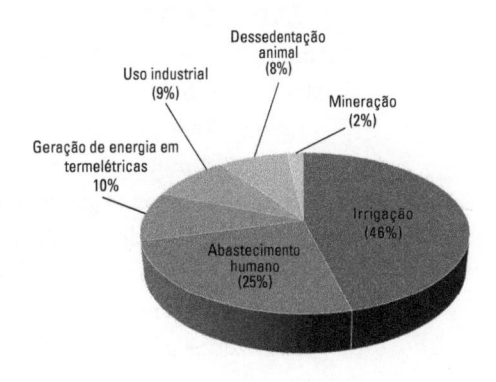

Fig. 1.3 Distribuição do consumo de água por atividade
Fonte: elaborado a partir dos dados disponíveis em ANA (2017).

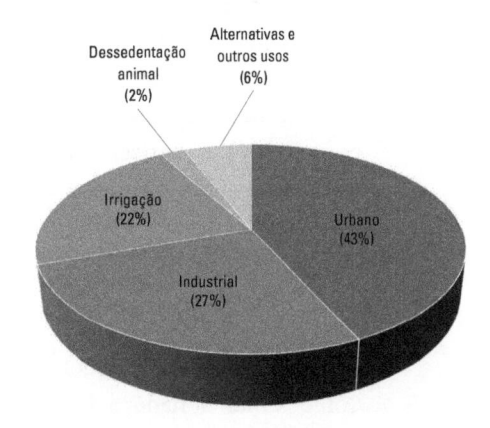

Fig. 1.4 Previsão da demanda de água por atividade no Estado de São Paulo para o ano de 2035
Fonte: elaborado a partir dos dados disponíveis em São Paulo (2020).

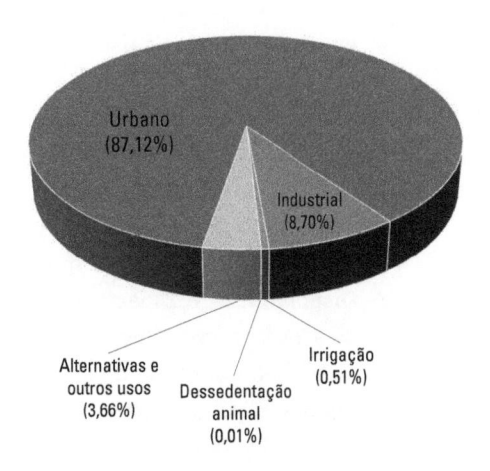

Fig. 1.5 Previsão da demanda de água por atividade na RMSP para o ano de 2035
Fonte: elaborado a partir dos dados disponíveis em São Paulo (2020).

1.4 Evolução dos problemas relacionados à qualidade da água

Por muito tempo, a principal preocupação que se tinha com a qualidade da água para abastecimento humano restringia-se a parâmetros estéticos e microbiológicos (EPA, 2000).

Com os avanços ocorridos, principalmente após a Segunda Guerra Mundial, durante a qual foram sintetizadas inúmeras substâncias químicas até então inexistentes, principalmente compostos orgânicos sintéticos como os pesticidas (Shreve; Brink Jr., 1980), os problemas relacionados à poluição das águas ficaram mais complexos.

A intensificação das atividades industriais conduziu a um aumento vertiginoso no número de substâncias químicas disponíveis comercialmente. De acordo com os dados disponibilizados pelo Serviço de Compêndio de Substâncias Químicas (Chemical Abstract Service – CAS), a contagem de substâncias químicas orgânicas e inorgânicas registradas é de mais de 204 milhões (https://www.cas.org/cas-data/cas-registry), muitas das quais estão disponíveis comercialmente. Ressalta-se que esse número cresce continuamente, devido ao descobrimento e desenvolvimento de novas substâncias.

O aumento do número de substâncias químicas disponíveis no mercado leva ao aumento do potencial de contaminação dos recursos hídricos, já que muitas dessas substâncias acabam se incorporando aos esgotos domésticos e efluentes industriais. É compreensível, pois muitas dessas substâncias são amplamente utilizadas no nosso dia a dia sob as mais variadas formas possíveis: defensivos agrícolas, produtos de limpeza, produtos de higiene pessoal, conservantes de alimentos e medicamentos diversos, inclusive traçadores radioativos e compostos quimioterápicos.

Associado à presença de contaminantes na composição de esgotos e efluentes, deve-se considerar também o nível de tratamento adotado, que pode minimizar a deterioração da qualidade da água.

1.5 Conflitos pelo uso da água

Como já mencionado, a água é fundamental para o desenvolvimento de várias atividades, mas para que isso ocorra de forma harmoniosa, a disponibilidade dos recursos hídricos deve exceder significativamente as demandas. À medida que a disponibilidade hídrica vai diminuindo em relação à demanda, a probabilidade de estresse ambiental e de conflitos entre os diversos usuários se acentua.

De maneira geral, existem duas razões pelas quais a alteração da relação entre disponibilidade hídrica e demanda de água pode ocorrer (Mierzwa, 2002): fenômenos naturais, associados às condições climáticas de cada região, que podem ser fatores predominantes em determinados países do globo; e o crescimento da população, pressionando cada vez mais os recursos hídricos, seja pelo aumento da demanda ou da poluição.

Considerando-se essas duas causas, pode-se definir uma escala que indique a tendência para o surgimento de conflitos pelo uso dos recursos hídricos, as condições climáticas de cada região (diretamente relacionadas à disponibilidade hídrica) e o número de habitantes (relacionado à demanda dos recursos hídricos), conforme apresentado na Fig. 1.6.

Grandezas como o Índice de Comprometimento dos Recursos Hídricos (ICRH) e a Disponibilidade Específica de Água (DEA) ajudam a classificar uma determinada região de acordo com seu potencial de conflitos pelo uso da água (Mierzwa, 2002), como mostra a Tab. 1.4. Com base na escala apresentada na mesma tabela, é possível classificar várias regiões brasileiras para obtenção de sua situação atual de disponibilidade hídrica, a qual pode ser vista na Fig. 1.7.

Pela análise das informações apresentadas na Fig. 1.7, verifica-se que o problema da disponibilidade hídrica não é mais exclusividade das regiões áridas e semiáridas do País, ou seja, regiões com alta concentração populacional também passam a enfrentar esse tipo de problema.

Fig. 1.6 *Escala para relacionar a tendência do surgimento de estresse ambiental e geração de conflitos, em função da disponibilidade hídrica e do aumento da população*

Tab. 1.4 Relação entre ICRH e DEA com o potencial de conflitos pelo uso da água

ICRH	DEA (m³/ano · hab.)	Potencial de conflito
1	DEA ≥ 10.000	Quantidade suficiente de água para atendimento das necessidades humanas e ambientais
2	10.000 > DEA ≥ 2.000	Pequenas disputas pelo uso da água, processos isolados de poluição
3	2.000 > DEA ≥ 1.000	Comprometimento da capacidade de autodepuração dos corpos d'água e conflitos pelo uso
4	1.000 > DEA ≥ 500	Potencial de ocorrência de graves problemas ambientais e intensificação dos conflitos pelo uso da água
5	DEA < 500	Condição crítica com relação à disponibilidade de água

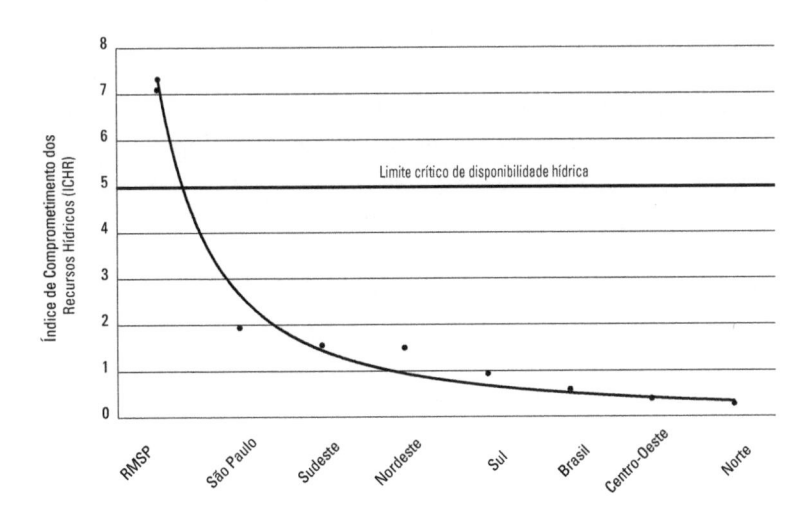

Fig. 1.7 *Situação das principais regiões brasileiras com relação ao potencial de conflitos pelo uso da água (destaque para o Estado de São Paulo e RMSP)*

Com o aumento do risco de escassez de água nos grandes conglomerados urbanos, é imperativa a adoção de estratégias que possibilitem um melhor aproveitamento dos recursos disponíveis e a proteção contra efeitos da poluição. Isso exige uma abordagem integrada sobre a questão do uso da água e gerenciamento de efluentes, de maneira a possibilitar o desenvolvimento das atividades humanas sem as constantes ameaças de racionamento de água e interrupção das atividades econômicas.

1.6 Estratégias para a minimização de conflitos pelo uso da água

Um dos primeiros passos para que os conflitos pelo uso da água sejam solucionados é a quebra do paradigma de abundância que se estabeleceu no Brasil. Isso requer que os usuários compreendam que a água é um recurso limitado, dependente dos processos naturais para sua autodepuração, os quais são lentos se comparados à capacidade dos seres humanos de gerar poluição.

Um passo importante nessa direção foi a criação das políticas sobre gerenciamento de recursos hídricos, tendo como marcos a Lei Paulista nº 7.663, de 30 de dezembro de 1991, e a Lei Federal nº 9.433, de 8 de janeiro de 1997. Em ambas as leis, a água passa a ser reconhecida como um recurso natural limitado e dotado de valor econômico.

Na Agenda 21, documento resultante da Conferência das Nações Unidas sobre Meio Ambiente e Desenvolvimento (realizada na cidade do Rio de Janeiro, em 1992), a questão dos recursos hídricos destacou a necessidade de uma abordagem integrada, enfatizando a necessidade de se racionalizar o uso da água, conservar os recursos disponíveis e minimizar desperdícios (São Paulo, 1997b). Outra medida da Agenda 21 trata de alternativas para o abastecimento de água e o desenvolvimento de fontes novas, como a das águas de pouca qualidade e residuárias, a partir da prática de reúso.

Na atualidade, portanto, o conceito de racionalização do uso e reúso da água pode ser considerado uma alternativa apropriada para enfrentar os problemas de escassez de água e poluição dos recursos hídricos.

1.6.1 Uso racional da água

Racionalizar o uso da água é uma das primeiras alternativas de um programa de gerenciamento de recursos hídricos, qualquer que seja a atividade na qual a água é empregada. A aplicação dessa prática passa, necessariamente, pelo conhecimento das atividades nas quais a água é utilizada, de forma a possibilitar a determinação da quantidade necessária em cada aplicação e o grau de qualidade exigido para uso. Também é importante que se faça o levantamento dos principais pontos de geração de efluentes.

Uma questão fundamental para o sucesso de qualquer iniciativa que promova a racionalização do uso da água é a importância que se dá a esse recurso. Isso significa dizer que a água deve ser considerada um insumo cuja disponibilidade é limitada, o que a torna dotada de valor econômico.

Os dados obtidos na etapa de avaliação devem ser suficientes para permitir a construção de um diagrama que mostre, de maneira abrangente, a distribuição do consumo de água por tipo de uso, o que orienta esforços para os usos que exigem maiores demandas. É neles que há uma maior probabilidade de desperdício de água e um maior potencial para promover a redução do consumo, por meio da adoção ou da alteração de procedimentos operacionais.

Uma vez determinado o ponto de maior consumo de água, deve-se estudar as opções que possibilitem reduzir esse consumo a níveis aceitáveis, tais como:
- integração entre processos principais e auxiliares;
- mudança de procedimentos operacionais;
- substituição de componentes que consomem muita água;
- busca por novas tecnologias e métodos produtivos.

No caso específico do uso da água em atividades domésticas ou comerciais, o melhor aproveitamento depende da utilização de dispositivos hidráulicos mais eficientes, os quais já estão disponíveis comercialmente, além da compreensão, pelos usuários, sobre a importância da água na atualidade e dos riscos relacionados à escassez desse recurso. Se a população estiver ciente de tudo isso, as indústrias são induzidas a desenvolver produtos que aproveitem melhor a água, a exemplo do que já ocorre com as torneiras e outros dispositivos amplamente utilizados em residências e edificações comerciais.

Além da avaliação do potencial de redução do consumo de água para usos domésticos, é primordial a avaliação também para as atividades industriais, o que exige a elaboração de uma análise mais detalhada dos processos que requerem água, por meio de um estudo completo dos processos produtivos. Portanto, a participação de profissionais com conhecimentos próprios sobre o processo a ser avaliado é importante, além do conhecimento de tópicos específicos sobre o uso e tratamento de água e gerenciamento de efluentes.

Uma ferramenta que vem sendo amplamente difundida para a otimização do uso da água na indústria é a determinação do ponto de mínimo consumo de água (Mann; Liu, 1999). Por meio da associação da carga de contaminantes incorporada à água durante sua utilização, é possível determinar qual é a menor quantidade de água para atender à demanda.

É importante ressaltar que o uso dessa ferramenta só é eficaz após a implantação de iniciativas que eliminem desperdícios e otimizem o uso da água, uma vez que a determinação do ponto de mínimo consumo de água visa a uma boa alocação dos recursos disponíveis, de acordo com a carga de contaminantes acumulada.

Assim, conclui-se que o crucial na racionalização do uso da água é, basicamente, o melhor aproveitamento dos recursos hídricos disponíveis por meio de práticas de conservação, que integram novos métodos de produção com as novas tecnologias disponíveis, seja em temos de processos ou de equipamentos.

1.6.2 Reúso da água

A escassez dos recursos hídricos em algumas regiões do Brasil, principalmente no Estado de São Paulo, poderá ser – ou, em alguns casos, já é – uma realidade. Por isso, a adoção de estratégias relacionadas ao reúso da água vem ganhando cada vez mais destaque entre os diversos setores que dependem desse recurso tão imprescindível. A opção pelo reúso da água visa principalmente garantir o atendimento às demandas e, dessa forma, possibilitar que as aspirações por uma melhor qualidade de vida sejam atingidas.

Embora amplamente discutido na atualidade, o conceito de reúso é tão antigo quanto a própria existência da água no planeta – a qual é mantida em circulação pelos reservatórios oceânico, atmosférico e terrestre, desde o instante que ocorreu no estado líquido, por meio da energia do sol. A água tem um mecanismo natural de circulação que promove o processo de autodepuração, e a torna reutilizável para os mais diversos fins que conhecemos, indefinidas vezes.

Também é importante destacar que, já em 1958, o Conselho Econômico e Social das Nações Unidas promulgava o princípio de substituição de fontes de abastecimento, estabelecendo que "a menos que haja excesso, nenhuma água de boa qualidade deve ser utilizada em aplicações que tolerem o uso de água com padrão de qualidade inferior" (Hespanhol, 2002).

Avaliando-se algumas atividades, é possível identificar muitas que toleram água com grau de qualidade inferior ao da potável ou daquela utilizada em muitos processos industriais. Mesmo na agricultura, a irrigação de determinadas culturas poderia ser feita com efluentes domésticos previamente tratados, que é uma prática bastante comum em países com baixa disponibilidade de água (Haruvy, 1998; Angelakis; Bontoux, 2001).

De maneira geral, uma definição bastante aceita para o termo reúso de água é: "uso de efluentes tratados para fins benéficos, tais como irrigação, uso industrial e fins urbanos não potáveis" (Mierzwa, 2002).

Embora seja uma ferramenta bastante útil, a prática de reúso não deve ser considerada, como vem sendo difundida, a principal meta em um modelo de gerenciamento de águas e efluentes – o que, de certa forma, não atende aos princípios defendidos na Agenda 21. Isso também se justifica em razão dos investimentos necessários para adequar as características dos efluentes aos requisitos de qualidade, assim como da vazão a ser tratada. Além disso, a prática em questão não é tão imediata como se imagina, já que a água de reúso deve apresentar características físicas, químicas e biológicas adequadas a cada uso. Deve-se considerar, também, que a concentração de determinados contaminantes aumenta à medida que se aplica o reúso. Se esses pontos não forem observados e a prática de reúso for adotada, todas as atividades nas quais a água de reúso é aplicada são comprometidas. O mesmo pode ocorrer com o sistema de tratamento de efluentes.

É por essa razão que, antes da implantação da prática de reúso ser aplicada, é necessária uma avaliação de potencial, com base nas características da água disponível para captação, do efluente gerado e da água para as aplicações do reúso, além dos padrões de emissão de efluentes.

A partir dessas informações, por meio de um balanço material, é possível determinar a fração de efluente a ser reutilizado. É imprescindível ter à disposição os dados de qualidade e quantidade da água captada e do efluente lançado para o meio ambiente. Com essas informações pode-se determinar, de forma bastante simples, o volume de água perdido ou incorporado aos produtos e a quantidade de substâncias químicas adicionadas à água durante sua utilização. Pode-se avaliar individualmente cada parâmetro físico, químico e/ou biológico, ou pode-se escolher um único parâmetro que represente um conjunto de substâncias, o que simplifica a elaboração do balanço material.

A prática de reúso é um dos componentes do gerenciamento de águas e efluentes e é um instrumento para a preservação dos recursos naturais e controle da poluição ambiental, mas deve estar vinculada a outras medidas que busquem a racionalização do uso da água e demais recursos naturais. Não fosse assim, pouco seria mudado em relação ao conceito de tratamento de fim de tubo, o qual prevaleceu por muitas décadas e resultou nos problemas de poluição e escassez de água que estamos vivendo hoje (e que, provavelmente, iriam se agravar ao longo do tempo).

1.7 Conclusões

A água é um recurso de vital importância para os seres humanos, mas cuja disponibilidade é limitada. Países com grande disponibilidade hídrica, como é o caso do Brasil, também podem apresentar problemas de escassez de recursos hídricos, seja por causas naturais ou pela demanda excessiva, principalmente em regiões altamente urbanizadas.

Informações globais sobre os recursos hídricos podem induzir a conclusões equivocadas sobre a real condição e os problemas potenciais relacionados à escassez de água de uma determinada região.

Como a quantidade de água que existe no planeta é praticamente constante, a disponibilidade específica tende a diminuir com o passar do tempo, devido ao aumento da população, provocando conflitos pelo uso da água. A poluição dos recursos hídricos pelo lançamento de esgotos domésticos e efluentes industriais também ajuda a acentuar os problemas de escassez de água.

Diante desse panorama, é imperativa a adoção de estratégias que possibilitem minimizar os riscos potenciais associados à escassez de água, ressaltando-se que é premente a quebra do paradigma de abundância de água que se estabeleceu no Brasil.

O primeiro passo nessa direção foi dado na criação da política nacional sobre gerenciamento de recursos hídricos, que estabelece que a água é um recurso natural limitado e dotado de valor econômico. Com essa abordagem os termos uso racional e reúso de água tornam-se elementos-chaves em qualquer programa de gerenciamento de águas e efluentes.

Embora tenha um grande potencial para contribuir com a minimização dos problemas relacionados à disponibilidade hídrica, o sucesso da aplicação dessas ferramentas depende de uma avaliação detalhada das atividades que utilizam a água.

Negligenciar as etapas de estudo e avaliação é colocar em risco o sucesso de qualquer programa que busque um melhor aproveitamento dos recursos hídricos disponíveis, bem como condenar ao fracasso e descrédito ferramentas de grande potencial para minimizar conflitos pelo uso da água e riscos de redução das atividades econômicas.

Rio Paraíba do Sul

2 LEGISLAÇÃO SOBRE RECURSOS HÍDRICOS

2.1 Legislação brasileira referente aos recursos hídricos

Dada a grande importância da água para o desenvolvimento das diversas atividades humanas, foi indispensável criar normas que disciplinassem a utilização dos recursos hídricos pelos diversos segmentos da sociedade, principalmente pelas indústrias, companhias de saneamento e produtores rurais. Assim, desde sua implantação, a nossa legislação tem como principal objetivo a melhor gestão do uso dos recursos hídricos e a minimização dos problemas de poluição ambiental causados pela emissão de efluentes para os corpos receptores.

As normas incorporam o conceito conhecido como "comando e controle", ou seja, órgãos federais e estaduais estabelecem padrões de qualidade para os recursos hídricos e para a emissão de efluentes, que devem ser seguidos pelas indústrias e outras atividades relacionadas. Posteriormente, há uma fiscalização para verificar o cumprimento das regras.

No Brasil, existem normas, tanto na esfera federal como na estadual, que delimitam padrões para o lançamento de efluentes de qualquer natureza e classificam os recursos hídricos de todo o território nacional de acordo com suas características físicas, químicas e biológicas e com o uso a que se destinam.

Além dessas normas de controle, a Política Nacional de Recursos Hídricos (PNRH) foi aprovada através da Lei nº 9.433, de 8 de janeiro de 1997. Essa lei é comumente conhecida como Lei das Águas e é uma política federal que trata dos princípios, diretrizes e instrumentos para a gestão integrada e sustentável dos recursos hídricos no Brasil. A PNRH instituiu o Sistema Nacional de Gerenciamento de Recursos Hídricos (Singreh), definindo as competências e responsabilidades dos diferentes entes federativos na gestão dos recursos hídricos. No Estado de São Paulo já existia uma norma semelhante, aprovada em dezembro de 1991. De ambas se extrai um conceito relevante: o de usuário pagador, que reconhece a água como um bem natural dotado de valor econômico e que, por isso, seu uso deve ser cobrado.

2.1.1 Legislação federal

Na esfera federal, as diversas normas que tratam dos recursos hídricos são amparadas pela Constituição Federal de 1988 ou pela constituição vigente na época. Uma das primeiras a tratar especificamente da água foi o Decreto nº 24.643, de 10 de julho de 1934, Código de Águas, que definiu os vários tipos de água do território nacional, os critérios de aproveitamento e os requisitos relacionados com as autorizações para derivação, além de abordar a contaminação dos corpos d'água.

Outra norma de destaque é a Resolução Conama nº 357, de 17 de março de 2005, que revogou a Resolução Conama nº 20/1986 e foi alterada e complementada pelas resoluções

Conama nº 393/2007, nº 397/2008, nº 410/2009 e nº 430/2011. Essa resolução trata da classificação das águas doces, salobras e salinas do País de acordo com suas utilizações e respectivos padrões de qualidade. Segundo essa norma, as águas podem enquadrar-se de acordo com as classificações enumeradas no Quadro 2.1.

Quadro 2.1 Classificação das águas doces, salobras e salinas do País

Classes de águas doces	Principais usos
Classe especial	Consumo humano, com desinfecção Preservação do equilíbrio natural das comunidades aquáticas Preservação dos ambientes aquáticos em unidades de conservação de proteção integral
Classe 1	Consumo humano, após tratamento simplificado Proteção das comunidades aquáticas Recreação de contato primário (natação, esqui aquático e mergulho) Irrigação de hortaliças consumidas cruas e de frutas que se desenvolvem rentes ao solo, ingeridas cruas e sem remoção de películas Proteção de comunidades aquáticas em terras indígenas
Classe 2	Consumo humano, após tratamento convencional Proteção das comunidades aquáticas Recreação de contato primário Irrigação de hortaliças, plantas frutíferas, parques, jardins e campos de esporte e lazer, com os quais o público possa ter contato direto Aquicultura e atividade de pesca
Classe 3	Consumo humano, após tratamento convencional ou avançado Irrigação de culturas arbóreas, cerealíferas e forrageiras Pesca amadora Recreação de contato secundário Dessedentação de animais
Classe 4	Navegação Harmonia paisagística
Classes de águas salinas	**Principais usos**
Classe especial	Preservação do equilíbrio natural das comunidades aquáticas Preservação dos ambientes aquáticos em unidades de conservação de proteção integral
Classe 1	Recreação de contato primário Proteção das comunidades aquáticas Aquicultura e atividade de pesca
Classe 2	Pesca amadora Recreação de contato secundário
Classe 3	Navegação Harmonia paisagística
Classes de águas salobras	**Principais usos**
Classe especial	Preservação do equilíbrio natural das comunidades aquáticas Preservação dos ambientes aquáticos em unidades de conservação de proteção integral
Classe 1	Recreação de contato primário Proteção das comunidades aquáticas Aquicultura e atividade de pesca Consumo humano, após tratamento convencional ou avançado Irrigação de hortaliças consumidas cruas e de frutas que se desenvolvem rentes ao solo, ingeridas cruas e sem remoção de películas; de parques, jardins e campos de esporte e lazer, com os quais o público possa ter contato direto
Classe 2	Pesca amadora Recreação de contato secundário
Classe 3	Navegação Harmonia paisagística

Já os procedimentos para o lançamento de efluentes nos corpos hídricos são regulamentados pela Resolução Conama nº 430, de 13 de maio de 2011. É importante observar que o lançamento de qualquer efluente não pode provocar a mudança de classe do corpo receptor.

Por um longo período de tempo, a Resolução Federal Conama nº 20/1986, revogada pela Resolução Conama nº 357/2005, foi um dos principais instrumentos para o controle da degradação da qualidade dos nossos recursos hídricos. Até que, em 8 de janeiro de 1997, foi sancionada a Lei Federal nº 9.433, que institui a Política Nacional de Recursos Hídricos, cria o Sistema Nacional de Gerenciamento de Recursos Hídricos, regulamenta o inciso XIX do artigo 21 da Constituição e altera o artigo 1º da Lei nº 8.001, de 13 de março de 1990, que modificou a Lei nº 7.990, de 28 de dezembro de 1989 (Brasil, 1997).

Para o desenvolvimento de um programa de gerenciamento de águas e efluentes nas indústrias, devem ser destacadas as seções III e IV dessa lei, que tratam das questões relacionadas à outorga de direitos de uso dos recursos hídricos (seção III) e à cobrança do uso dos recursos hídricos (seção IV), em que aparece o conceito do usuário pagador.

Na seção III, da outorga de direitos de uso de recursos hídricos, merecem destaque os artigos 12 e 15, transcritos parcialmente a seguir:

> Art. 12 – Estão sujeitos à outorga pelo Poder Público os direitos dos seguintes usos de recursos hídricos:
> I – derivação ou captação de parcela de água existente em um corpo de água para consumo final, inclusive abastecimento público, ou insumo de processo produtivo;
> II – extração de água de aquífero subterrâneo para consumo final ou insumo de processo produtivo;
> III – lançamento em corpo de água de esgotos e demais resíduos líquidos ou gasosos, tratados ou não, com o fim de sua diluição, transporte ou disposição final;
> Art. 15 – A outorga de direito de uso de recursos hídricos poderá ser suspensa parcial ou totalmente, em definitivo ou por prazo determinado, nas seguintes circunstâncias:
> IV – necessidade de se prevenir ou reverter grave degradação ambiental;
> V – necessidade de se atender a usos prioritários, de interesse coletivo, para os quais não se disponha de fontes alternativas;

Na seção IV, da cobrança do uso dos recursos hídricos, devem ser destacados:

> Art. 19 – A cobrança pelo uso de recursos hídricos objetiva:
> I – reconhecer a água como bem econômico e dar ao usuário uma indicação de seu real valor;
> II – incentivar a racionalização do uso da água;
> Art. 21 – Na fixação dos valores a serem cobrados pelo uso dos recursos hídricos devem ser observados, dentre outros:
> I – nas derivações, captações e extrações de água, o volume retirado e seu regime de variação;
> II – nos lançamentos de esgotos e demais resíduos líquidos ou gasosos, o volume lançado e seu regime de variação e as características físico-químicas, biológicas e de toxicidade do afluente.

É interessante observar que a Lei nº 9.433 já integrou alguns conceitos relacionados ao desenvolvimento sustentável, amplamente defendidos na Agenda 21, sobre o uso racional dos recursos hídricos e o reconhecimento dos recursos naturais como bens econômicos.

Outra lei que deve ser considerada, muito embora não seja específica sobre gerenciamento de recursos hídricos, é a Lei de Crimes Ambientais, nº 9.605, de 12 de fevereiro de 1998, que dispõe sobre as sanções penais e administrativas derivadas de condutas e atividades lesivas ao meio ambiente. Merece atenção especial a seção III do Capítulo V, "Dos crimes contra o meio ambiente", pois trata da poluição e de outros crimes ambientais. Define-se como crime os processos que causam poluição de qualquer natureza, que resultem ou possam resultar em danos à saúde humana, ou que provoquem a mortandade de animais ou a destruição significativa da flora. Estão sujeitos a penas de reclusão, que podem variar de um a cinco anos, os responsáveis pelos crimes de poluição hídrica que:

- tornem necessária a interrupção do abastecimento público de água de uma comunidade;
- dificultem ou impeçam o uso público das praias;
- ocorrerem por lançamento de resíduos sólidos, líquidos ou gasosos, ou detritos, óleos ou substâncias oleosas, em desacordo com as exigências estabelecidas em leis ou regulamentos.

Para facilitar a implantação dos novos mecanismos instituídos para a gestão dos recursos hídricos, o Ministério do Meio Ambiente criou, com a Lei nº 9.984, a Agência Nacional de Águas (ANA), uma entidade federal de coordenação e apoio do Sistema Nacional de Gerenciamento de Recursos Hídricos. O artigo 3º dessa lei estabelece as competências da ANA, das quais se destacam as seguintes (Brasil, 2000):

> I – supervisionar, controlar e avaliar as ações e atividades decorrentes do cumprimento da legislação federal pertinente aos recursos hídricos;
> II – disciplinar, em caráter normativo, a implementação, a operacionalização, o controle e a avaliação dos instrumentos da Política Nacional de Recursos Hídricos;
> III – vetado;
> IV – outorgar, por intermédio de autorização, o direito de uso de recursos hídricos em corpos hídricos de domínio da União, observado o disposto nos artigos: 5º, 6º, 7º e 8º;
> V – fiscalizar os usos de recursos hídricos nos corpos de água da União;
> VI – elaborar estudos técnicos para subsidiar a definição pelo Conselho Nacional de Recursos Hídricos, dos valores a serem cobrados pelo uso de recursos hídricos de domínio da União, com base nos mecanismos e quantitativos sugeridos na forma do inciso VI do art. 38 da Lei nº 9.433, de 1997.

No contexto de gerenciamento integrado de recursos hídricos, onde o abastecimento de água e o esgotamento sanitário são partes fundamentais, merece destaque a Lei nº 14.026, de 15 de julho de 2020. Essa lei, chamada de Novo Marco Legal do Saneamento, altera e cria uma nova estrutura para o marco anterior, a Lei nº 11.445/2007, estabelecendo as diretrizes nacionais para o saneamento básico. Além disso, atribui também à ANA a competência para editar normas de referência sobre o serviço de saneamento, tendo o financiamento federal como indutor da adoção dessas normas pelas agências reguladoras subnacionais. No Capítulo II, "Do exercício da titularidade", merece destaque o artigo 9º, transcrito parcialmente a seguir:

> Art. 9º – O titular dos serviços formulará a respectiva política pública de saneamento básico, devendo, para tanto:
> I – elaborar os planos de saneamento básico, nos termos desta Lei, bem como estabelecer metas e indicadores de desempenho e mecanismos de aferição de resultados, a serem obrigatoriamente observados na execução dos serviços prestados de forma direta ou por concessão;
> II – prestar diretamente os serviços, ou conceder a prestação deles, e definir, em ambos os casos, a entidade responsável pela regulação e fiscalização da prestação dos serviços públicos de saneamento básico;
> III – definir os parâmetros a serem adotados para a garantia do atendimento essencial à saúde pública, inclusive quanto ao volume mínimo *per capita* de água para abastecimento público, observadas as normas nacionais relativas à potabilidade da água;
> IV – estabelecer os direitos e os deveres dos usuários;
> V – estabelecer os mecanismos e os procedimentos de controle social, observado o disposto no inciso IV do *caput* do art. 3º desta Lei;
> VI – implementar sistema de informações sobre os serviços públicos de saneamento básico, articulado com o Sistema Nacional de Informações em Saneamento Básico (Sinisa), o Sistema Nacional de Informações sobre a Gestão dos Resíduos Sólidos (Sinir) e o Sistema Nacional de Gerenciamento de Recursos Hídricos (Singreh), observadas a metodologia e a periodicidade estabelecidas pelo Ministério do Desenvolvimento Regional;

Deve-se destacar que esse novo marco possui metas ambiciosas, como o atendimento de 99% da população com água potável e de 90% da população com coleta e tratamento de esgotos até 31 de dezembro de 2033, com possibilidade de ampliação até 2040. Além disso, a lei também procura promover a regionalização na prestação dos serviços de saneamento básico, uma vez que esse conceito é reiteradamente mencionado no texto legislativo. Contudo, as estruturas de regionalização e suas instâncias de governança, tanto as já existentes quanto as que serão criadas, desempenham um papel mais abrangente do que meramente definir como os serviços públicos de saneamento básico serão prestados. Cabe a elas também a organização de diversos aspectos da política pública de saneamento, englobando o planejamento regional, a definição da entidade reguladora, a fiscalização e também a determinação da modalidade de prestação dos serviços.

2.1.2 Legislação estadual paulista

Em razão de sua vocação industrial, pode-se dizer que o Estado de São Paulo é pioneiro no estabelecimento de normas de controle da poluição ambiental. Destaca-se a Lei nº 997, de 31 de maio de 1973, regulamentada pelo Decreto nº 8.468, de 8 de setembro de 1976, na qual se atribui à Companhia de Tecnologia de Saneamento Ambiental (Cetesb) a responsabilidade pela elaboração de normas, especificações e instruções técnicas relativas ao controle da poluição, fiscalização das emissões de poluentes feitas por entidades públicas e particulares, entre outras (Cetesb, 1992).

Além das atribuições à Cetesb, o Decreto nº 8.468 também trata da classificação das águas do Estado de São Paulo, com seus respectivos padrões de qualidade e de emissão de efluentes. De acordo com o artigo 7º, as águas interiores (situadas no território do Estado de São Paulo) são classificadas de acordo com os seguintes usos preponderantes:

- *classe* 1: águas destinadas ao abastecimento doméstico, sem tratamento prévio ou com simples desinfecção;
- *classe* 2: águas destinadas ao abastecimento doméstico após tratamento convencional, à irrigação de hortaliças ou plantas frutíferas e à recreação de contato primário (natação, esqui aquático e mergulho);
- *classe* 3: águas destinadas ao abastecimento doméstico após tratamento convencional, à preservação de peixes e outros membros da fauna e da flora e à dessedentação de animais;
- *classe* 4: águas destinadas ao abastecimento doméstico após tratamento avançado, à navegação, à harmonia paisagística, ao abastecimento industrial, à irrigação e a usos menos exigentes.

O decreto também estabelece critérios para o lançamento de efluentes em coleções de água (artigo 18º) e para os sistemas de coleta e tratamento de esgotos sanitários (artigo 19º).

É importante mencionar que a legislação do Estado de São Paulo, além de abordar o lançamento de efluentes para os corpos d'água, também menciona a questão do lançamento de efluentes para os sistemas de coleta e tratamento de esgotos, o que não é verificado na legislação federal equivalente.

Outra norma de grande destaque no cenário do gerenciamento hídrico é a Lei nº 7.663, de 30 de dezembro de 1991, que orienta a Política Estadual de Recursos Hídricos e o Sistema Integrado de Gerenciamento de Recursos Hídricos (São Paulo, 1992). Vê-se pela primeira vez no País o conceito de usuário pagador. A seção III ("Da cobrança pelo uso dos recursos hídricos"), cujos artigos estão transcritos a seguir, apresentam a questão de maneira mais clara e precisa se comparada à lei federal.

Art. 14 – A utilização dos recursos hídricos será cobrada na forma estabelecida nesta lei e em regulamento, obedecidos aos seguintes critérios:
I – Cobrança pelo uso ou derivação considerará a classe de uso preponderante em que for enquadrado o corpo d'água onde se localiza o uso ou derivação, a disponibilidade hídrica local, o grau de regularização assegurado por obras hidráulicas, a vazão captada em seu regime de variação, o consumo efetivo a que se destina; e
II – A cobrança pela diluição, transporte e assimilação de efluentes de sistemas de esgotos e outros líquidos de qualquer natureza considerará a classe de uso em que for enquadrado o corpo d'água receptor, o grau de regularização assegurado por obras hidráulicas, a carga lançada e seu regime de variação, ponderando-se, dentre outros, os parâmetros orgânicos, físico-químicos dos efluentes e a natureza da atividade responsável pelos mesmos.
§ 1º – No caso do inciso II, os responsáveis pelo lançamento não ficam desobrigados do cumprimento das normas e padrões legalmente estabelecidos, relativos ao controle de poluição das águas.

Além dessas leis, mais recentemente foi aprovada no Estado de São Paulo a Lei nº 16.337, de 14 de dezembro de 2016, que dispõe sobre o Plano Estadual de Recursos Hídricos (PERH) e dá providências correlatas. Tendo em consideração o cenário de estresse hídrico comumente vivenciado no Estado, essa lei estabelece diretrizes para o gerenciamento de recursos hídricos, tratando de questões como a recuperação e a proteção da qualidade dos recursos hídricos e a promoção e o incentivo ao uso racional das águas. Com uma visão avançada em relação a tecnologias de tratamento e ações para o gerenciamento hídrico, tal lei incentiva a recirculação e o reúso como medidas de promoção do uso eficiente e da conservação da água.

2.2 Outorga de direito do uso da água

Com a necessidade de controlar o uso dos recursos hídricos pelos diversos segmentos econômicos, foi editada no Estado de São Paulo a Portaria nº 717, baseada na Lei nº 6.134 (regulamentada pelo Decreto nº 32.955) e na Lei nº 7.663 (regulamentada pelo Decreto nº 41.258). A portaria dispõe sobre a outorga de concessões, autorizações e permissões para uso e derivação de águas, bem como o lançamento de efluentes líquidos em casos de águas públicas de domínio do Estado de São Paulo, pelo Departamento de Água e Energia Elétrica (DAEE), que estabelece os critérios gerais de outorga do direito de uso de águas (DAEE, 1996).

Para regulamentar os artigos 9º a 13º da Lei nº 7.663, que trata da Política Estadual de Recursos Hídricos, foi sancionado em 31 de outubro de 1996 o Decreto nº 41.258, que mantém a responsabilidade do DAEE pela outorga do direito de uso da água no Estado de São Paulo.

Em nível federal, com base na Política Nacional de Recursos Hídricos, a competência para a outorga de direito de uso dos recursos hídricos da União pode ser delegada aos Estados ou ao Distrito Federal. A Lei nº 9.984/2000, responsável pela criação da ANA, definiu que a responsabilidade pela outorga do direito de uso dos recursos hídricos é da própria ANA.

O Conselho Nacional de Recursos Hídricos (CNRH) aprovou em 8 de maio de 2001 a Resolução nº 16, que trata da outorga do direito do uso de recursos hídricos. Tanto no nível federal quanto no estadual, a obtenção da outorga pelo direito de uso dos recursos hídricos é imprescindível nas seguintes condições:

- implantação de qualquer empreendimento que possa demandar a utilização de recursos hídricos, superficiais ou subterrâneos;
- execução de obras ou serviços que possam alterar o regime, a quantidade e a qualidade desses mesmos recursos;
- execução de obras para extração de águas subterrâneas;
- derivação de água de seu curso ou depósito, superficial ou subterrâneo;
- lançamento de efluentes nos corpos d'água.

O uso da água para a geração de energia também exige a obtenção da outorga do direito de uso, o que está bem explícito na Resolução nº 16/2001 do CNRH.

Uma proposta de modelo de outorga de direito de uso da água foi apresentada por Jerson Kelman (Kelman *apud* Thame, 2000), e integra os usos múltiplos da água ao longo de toda a bacia hidrográfica, de forma a obter o volume total de água passível de outorga. A base da proposta de Kelman são os critérios de quantidade e qualidade, ou seja, os recursos hídricos são utilizados, simultaneamente, para a extração de água e assimilação e transporte de poluentes, o que pode ser interpretado pelas seguintes expressões:

$$\text{Vazão de outorga} = Q_{cap.} + Q_{efl.} \cdot \text{Fator de multiplicação de vazão} \qquad (2.1)$$

$$\text{Fator de multiplicação de vazão} = (C_p(i) - C_p(i)^*)/(C_p(i)^* - C_{ep}(i)) \qquad (2.2)$$

em que:
vazão de outorga = volume de água por unidade de tempo;
$Q_{cap.}$ = vazão de água captada;
$Q_{efl.}$ = vazão de efluente lançado;
fator de multiplicação = volume de água necessário para absorver a carga de poluentes do efluente, para que o padrão de qualidade do corpo receptor não seja ultrapassado;
$C_p(i)$ = concentração do poluente no efluente;
$C_p(i)^*$ = padrão de qualidade do poluente i no corpo receptor (baseado no enquadramento do corpo hídrico);
$C_{ep}(i)$ = concentração do poluente no corpo receptor em condições naturais.

A proposta de Kelman é uma ferramenta valiosa para a gestão de recursos hídricos, uma vez que possibilita a obtenção do volume de água passível de ser outorgado, sem que ocorra a degradação do corpo receptor ao longo da bacia hidrográfica. Nessa metodologia, deve-se considerar o fator de atenuação da concentração de alguns poluentes por processos naturais após o lançamento no corpo d'água.

2.3 Cobrança pelo uso dos recursos hídricos

Como previsto nas políticas nacional e estadual, a cobrança pelo uso é um importante instrumento para a gestão dos recursos hídricos. Contudo, esse item ainda não está devidamente regulamentado em todo o País, embora já existam, em nível federal, casos concretos nos quais foi implantada essa estratégia.

A cobrança pelo uso de recursos hídricos é um dos mecanismos de gestão da PNRH e visa:

- fornecer ao usuário uma noção do valor real da água;
- estimular o uso racional dos recursos hídricos;
- angariar recursos financeiros para a restauração das bacias hidrográficas do País.

O valor cobrado pelo uso de recursos hídricos é estabelecido com base na participação dos usuários da água, da sociedade civil e do poder público nos Comitês de Bacia Hidrográfica (CBHs), aos quais a legislação brasileira atribui a responsabilidade de sugerir ao respectivo Conselho de Recursos Hídricos os mecanismos e taxas de cobrança a serem aplicados em suas áreas de atuação. Além disso, a legislação determina uma destinação específica para os recursos obtidos: a revitalização das bacias hidrográficas onde são gerados.

A ANA é encarregada de recolher e repassar os valores arrecadados à Agência de Água da respectiva bacia hidrográfica, ou à entidade delegatária das funções da Agência de Água, conforme estipulado pela Lei nº 10.881/2004.

Até o momento, a cobrança foi iniciada nas seguintes bacias hidrográficas de domínio da União:
- Bacia do Rio Paraíba do Sul (2003);
- Bacias dos Rios Piracicaba, Capivari e Jundiaí – PCJ (2006);
- Bacia do Rio São Francisco (2010);
- Bacia do Rio Doce (2011);
- Bacia do Rio Paranaíba (2017);
- Bacia do Rio Verde Grande (2017);
- Bacia do Rio Grande (a partir de 2024).

Nos rios de domínio estadual, a cobrança foi implantada nos seguintes Estados:
- Ceará, desde 1996, como forma de custear as atividades de gestão dos recursos hídricos, incluindo a operação e a manutenção da infraestrutura hidráulica;
- Rio de Janeiro, cobrindo todo o Estado;
- São Paulo, cobrindo todo o Estado;
- Minas Gerais, cobrindo todo o Estado;
- Paraná, onde a cobrança teve início apenas nas Bacias do Alto Iguaçu e dos Afluentes do Alto Ribeira;
- Paraíba, cobrindo todo o Estado;
- Goiás, a partir de 2024, em todo o Estado;
- Rio Grande do Norte, a partir de 2024, em todo o Estado;
- Sergipe, a partir de 2024, em todo o Estado;
- Espírito Santo, a partir de 2024, sendo aplicada exclusivamente na Bacia do Rio Jucu.

Jerson Kelman, na proposta do modelo para a outorga do direito de uso da água, considera que a composição do valor a ser cobrado deve considerar o uso consuntivo de água e o volume necessário para a assimilação e transporte de poluentes, de acordo com a seguinte expressão:

$$\text{Cobrança} = C_c \cdot Q_{cap.} \cdot \text{Coeficiente de utilização} + C_{ap} \cdot Q_{efl.} \cdot \text{Fator de multiplicação de vazão} \quad (2.3)$$

em que:
cobrança = valor a ser cobrado pela utilização dos recursos hídricos;
C_c = preço unitário do direito de uso consuntivo;
$Q_{cap.}$ = volume de água captado;
coeficiente de utilização = relação entre o volume de água que não retorna ao corpo hídrico e o volume captado;
C_{ap} = preço unitário relativo ao uso do corpo hídrico para assimilação de poluentes;
$Q_{efl.}$ = volume de efluente lançado;
fator de multiplicação de vazão = volume de água necessário para absorver a carga de poluentes do efluente, para que o padrão de qualidade do corpo receptor não seja ultrapassado.

Segundo o artigo 4º da Lei nº 9.984, a competência para a implementação da cobrança pelo uso da água é da ANA, que pode delegar esse poder à Agência de Água da bacia. Com base nessa prerrogativa, o Comitê para Integração da Bacia Hidrográfica do Rio Paraíba do Sul (Ceivap) aprovou, em 6 de dezembro de 2001, a Deliberação Ceivap nº 8, que dispõe sobre a implantação da cobrança pelo uso de recursos hídricos na bacia do rio Paraíba do Sul a partir do ano de 2002 (Ceivap, 2001a). Posteriormente, foi aprovada a Deliberação Ceivap nº 218, de

25 de setembro de 2014, que estabelece mecanismos e propõe valores para a cobrança pelo uso de recursos hídricos na bacia hidrográfica do rio Paraíba do Sul a partir de 2015.

2.3.1 Metodologia da cobrança pelo uso da água na bacia do rio Paraíba do Sul

Pela Deliberação Ceivap nº 218/2014, a cobrança pelo uso dos recursos hídricos da bacia deverá ser feita considerando-se os volumes de água captada, consumida e de efluentes lançados ao corpo receptor, com base na carga orgânica de DBO (demanda bioquímica de oxigênio). A deliberação definiu explicitamente os critérios para a cobrança pelo uso da água de acordo com os setores da economia em que se inserem.

Com relação à cobrança pelo uso da água para as atividades industriais e de saneamento, a seguinte expressão calcula o custo mensal pelo uso dos recursos hídricos (Ceivap, 2001a):

$$\text{Custo mensal} = Q_{cap.} \cdot k_0 \cdot PPU + Q_{cap.} \cdot k_1 \cdot PPU + Q_{cap.} \cdot (1 - k_1) \cdot (1 - k_2 \cdot k_3) \cdot PPU \quad (2.4)$$

em que:

$Q_{cap.}$ = volume de água captada mensalmente (m³);
k_0 = fator referente à captação de água, inferior a 1, tendo sido definido o valor de 0,4 (quatro décimos);
k_1 = coeficiente de consumo para a atividade, ou seja, a relação entre o volume de água que não retorna para o corpo d'água e o volume de água captado;
k_2 = relação entre o volume de efluente tratado e o volume total de efluente produzido;
k_3 = nível de eficiência da redução de DBO na estação de tratamento de efluentes;
PPU = Preço Público Unitário, valor atribuído ao metro cúbico de água (R$ 0,07).

A responsabilidade pela informação dos valores de $Q_{cap.}$, k_1, k_2 e k_3 é dos usuários do recurso hídrico, os quais estão sujeitos à fiscalização prevista na legislação pertinente.

O critério estabelecido para a cobrança pelo uso da água na bacia do rio Paraíba do Sul leva em consideração três parcelas distintas: volume de água captada, volume de água consumida e a carga orgânica lançada no corpo receptor. Embora seja pioneiro em nosso País, é importante mencionar que esse método de cobrança ainda não atende plenamente ao que estabelece o artigo 21, inciso II da Lei nº 9.433: a utilização dos recursos hídricos para a assimilação de efluentes deverá ser cobrada com base nas características físico-químicas, biológicas e de toxicidade do afluente, e não apenas em sua carga orgânica. Esse aspecto é fundamental em se tratando de efluentes de origem industrial, que podem conter baixa carga orgânica e elevado grau de toxicidade devido aos demais contaminantes presentes.

2.3.2 Cobrança pelo uso da água no Estado de São Paulo

Nos rios de domínio do Estado de São Paulo, a cobrança é regulamentada pela Lei nº 12.183, de 29 de dezembro de 2005, que dispõe sobre a cobrança pela utilização dos recursos hídricos do domínio do Estado de São Paulo, os procedimentos para fixação de seus limites, condicionantes e valores e dá outras providências. Essa lei é baseada nos princípios da simplicidade, progressividade e aceitabilidade, com os seguintes objetivos principais:

- reconhecer a água como um recurso público de valor econômico, fornecendo aos usuários uma indicação de seu verdadeiro valor;
- promover o uso racional e sustentável da água;
- gerar recursos financeiros para financiar os programas e intervenções delineados nos planos de recursos hídricos e de saneamento;

- empregar a cobrança da água como ferramenta para o planejamento e a gestão integrada e descentralizada do uso desse insumo, bem como para a resolução de conflitos relacionados à sua utilização.

Deve-se destacar um aspecto pioneiro dessa norma: a indicação da avaliação de parâmetros físico-químicos dos efluentes a serem lançados como instrumento de cobrança.

Até o momento, apenas os usos urbanos e industriais estão sujeitos à cobrança, conforme regulamentado pelo Decreto Estadual n° 50.667/2006. A Deliberação CRH n° 90, emitida em dezembro de 2008, estabeleceu limites e critérios para essa cobrança, fornecendo orientações adicionais para a implementação desse instrumento de gestão. A cobrança dos usuários rurais ainda não é regulamentada.

No que se refere aos rios de domínio do Estado de São Paulo, além das bacias que deságuam no rio Paraíba do Sul e nos rios Piracicaba, Capivari e Jundiaí, a cobrança também foi implementada nas demais bacias que são afluentes ao rio Tietê (rios Alto Tietê, Baixo Tietê, Sorocaba-Médio Tietê, Tietê Jacaré e Tietê Batalha), em todas as bacias que deságuam no rio Grande (Turvo Grande, Pardo, Baixo Pardo-Grande, Sapucaí-Grande, Mogi Guaçu e Serra da Mantiqueira), nas bacias do Médio Paranapanema e do Pontal do Paranapanema, nas bacias da Baixada Santista, nas bacias do rio Ribeira de Iguape e Litoral Sul e nas bacias dos rios Aguapeí e Peixe. Decretos foram editados para estabelecer a cobrança na área de atuação do CBH Alto Paranapanema, do CBH Litoral Norte e do CBH São José dos Dourados, porém ela ainda não foi iniciada nessas bacias.

2.4 Gestão dos recursos hídricos e Agendas 21 e 2030

A Agenda 21, elaborada por várias nações do planeta durante a Conferência das Nações Unidas sobre Meio Ambiente e Desenvolvimento, tem o objetivo de integrar a proteção do meio ambiente ao incremento da economia, concomitante à melhoria da qualidade de vida dos seres humanos, de maneira a reforçar o conceito de desenvolvimento sustentável, definido na frase: "Satisfazer às necessidades presentes sem, no entanto, comprometer a capacidade das futuras gerações em satisfazerem às suas próprias necessidades".

O significado prático do conceito de desenvolvimento sustentável recai sobre o uso racional dos recursos naturais e sobre a proteção do meio ambiente, o que torna necessária a adoção de novas estratégias com relação às questões ambientais e ao gerenciamento de todos os recursos naturais utilizados pelos seres humanos. Para que o desenvolvimento sustentável possa ser viabilizado, a Agenda 21 sugere vários programas e planos de ação que abordam os seguintes aspectos (São Paulo, 1997b):

- dimensões econômicas e sociais;
- conservação e gerenciamento de recursos para o desenvolvimento;
- fortalecimento do papel dos grupos principais;
- meios de implementação.

De acordo com o objetivo deste livro, o item de maior destaque da Agenda 21 é a seção II, que trata da "Conservação e gerenciamento de recursos para o desenvolvimento", cujas bases para ação referem-se à "Proteção da qualidade e do abastecimento dos recursos hídricos – Aplicação de critérios integrados no desenvolvimento, manejo e uso dos recursos hídricos" (Cap. 18 da Agenda 21). O item 18.3 adverte:

> A escassez generalizada, a destruição gradual e o agravamento da poluição dos recursos hídricos em muitas regiões do mundo, ao lado da implantação progressiva de atividades incompatíveis, exigem o planejamento e manejo integrados desses recursos. Essa

integração deve cobrir todos os tipos de massas interrelacionadas de água doce, incluindo tanto águas de superfície como subterrâneas e levar devidamente em consideração os aspectos quantitativos e qualitativos. Deve-se reconhecer o caráter multissetorial do desenvolvimento dos recursos hídricos no contexto do desenvolvimento socioeconômico, bem como interesses múltiplos na utilização desses recursos para o abastecimento de água potável e saneamento, agricultura, indústria, desenvolvimento urbano, geração de energia hidroelétrica, pesqueiros de águas interiores, transporte, recreação, manejo de terras baixas e planícies e outras atividades. Os planos racionais de utilização da água para o desenvolvimento de fontes de suprimento de águas subterrâneas ou de superfície e de outras fontes potenciais têm de contar com o apoio de medidas concomitantes de conservação e minimização do desperdício. No entanto, deve-se dar prioridade às medidas de prevenção e controle de enchentes, bem como ao controle de sedimentação, onde necessário.

Mais recentemente, foi elaborada a Agenda 2030 para o Desenvolvimento Sustentável, que representa um conjunto abrangente de programas, ações e orientações que direcionam os esforços das Nações Unidas e de seus países-membros em direção ao desenvolvimento sustentável. Finalizadas em agosto de 2015, as negociações da Agenda 2030 resultaram em um documento ambicioso que apresenta 17 Objetivos de Desenvolvimento Sustentável (ODS) e 169 metas correspondentes, alcançadas por meio de um consenso entre os delegados dos Estados-membros da ONU. Os ODS são o cerne da Agenda 2030, e seu período de implementação abrange de 2016 a 2030.

Dentre os ODS, merece destaque o ODS 6, "Água Potável e Saneamento", por ser diretamente relacionado à gestão dos recursos hídricos. Esse objetivo visa garantir disponibilidade e gestão sustentável da água e saneamento para todos. As metas incluem acesso universal à água potável, saneamento adequado e higiene, além de visar melhorias na qualidade da água, proteção e restauração de ecossistemas aquáticos e apoio à cooperação internacional em questões relacionadas a esse insumo. As metas específicas da ODS 6, transcritas parcialmente a seguir, são:
- 6.1: até 2030, alcançar o acesso universal e equitativo à água potável, segura e acessível para todos;
- 6.2: até 2030, alcançar o acesso a saneamento e higiene adequados e equitativos para todos e acabar com a defecação a céu aberto, com especial atenção para as necessidades das mulheres e meninas e daqueles em situação de vulnerabilidade;
- 6.3: até 2030, melhorar a qualidade da água, reduzindo a poluição, eliminando o despejo e minimizando a liberação de produtos químicos e materiais perigosos, além de reduzir à metade a proporção de águas residuais não tratadas e aumentar substancialmente a reciclagem e a reutilização segura globalmente;
- 6.4: até 2030, aumentar substancialmente a eficiência do uso da água em todos os setores, assegurar retiradas sustentáveis e o abastecimento de água doce para enfrentar a escassez desse insumo e reduzir substancialmente o número de pessoas que sofrem com tal escassez;
- 6.5: até 2030, implementar a gestão integrada dos recursos hídricos em todos os níveis, inclusive via cooperação transfronteiriça, se apropriado.

Além disso, outros objetivos podem estar indiretamente relacionados aos recursos hídricos, incluindo:
- ODS 2 – *Fome Zero e Agricultura Sustentável*: a gestão sustentável da água é crucial para a produção de alimentos. Esse objetivo inclui metas relacionadas à eficiência no uso da água na agricultura e à proteção dos ecossistemas aquáticos relacionados à agricultura.

- *ODS 7 – Energia Limpa e Acessível*: hidrelétricas são uma fonte importante de energia limpa e renovável. Metas sob esse objetivo incluem o desenvolvimento de infraestrutura para energia hidrelétrica de forma sustentável, garantindo ao mesmo tempo a proteção dos ecossistemas aquáticos afetados.
- *ODS 11 – Cidades e Comunidades Sustentáveis*: esse objetivo inclui metas relacionadas à gestão integrada dos recursos hídricos em áreas urbanas, como a redução da poluição da água, a proteção e a revitalização de corpos d'água urbanos e o fornecimento de infraestrutura de saneamento básico para todos.
- *ODS 12 – Consumo e Produção Responsáveis*: a gestão sustentável da água está intimamente ligada ao consumo e à produção sustentáveis. Esse objetivo inclui metas para melhorar a eficiência no uso de recursos hídricos em processos de produção e consumo, reduzir a poluição da água e promover seu reúso.
- *ODS 13 – Ação Contra a Mudança Global do Clima*: as mudanças climáticas têm um impacto significativo nos recursos hídricos, incluindo padrões de chuva, derretimento de geleiras e níveis do mar. Esse objetivo inclui metas para fortalecer a resiliência das comunidades e dos ecossistemas aos impactos das mudanças climáticas, o que pode incluir medidas para proteger e gerenciar os recursos hídricos de forma sustentável.
- *ODS 14 – Vida na Água*: embora esse objetivo se concentre principalmente na conservação e no uso sustentável dos oceanos e dos recursos marinhos, muitas das ações propostas também têm impacto nos recursos hídricos de água doce, como rios, lagos e aquíferos.
- *ODS 15 – Vida Terrestre*: embora esse objetivo foque principalmente a conservação e o uso sustentável dos ecossistemas terrestres, muitas das ações propostas também têm impacto nos recursos hídricos, como a proteção de bacias hidrográficas, a restauração de áreas degradadas e a prevenção da desertificação.

Além desses, vários outros itens indicam a importância da criação de novas estratégias de gerenciamento dos recursos hídricos – o que, sem dúvida nenhuma, dá subsídios mais do que suficientes para o desenvolvimento de programas de conservação e reúso de água.

Reservatório Guarapiranga – SP

3 PRINCIPAIS USOS DA ÁGUA NA INDÚSTRIA E TÉCNICAS DE TRATAMENTO

De modo geral, a qualidade e a quantidade de água necessárias para as atividades industriais dependem do ramo de atividade da indústria e sua capacidade de produção.

O ramo de atividade da indústria determina o grau de qualidade da água que vai ser utilizada, ressaltando-se que uma mesma indústria pode precisar de água com diferentes tipos de água, cujos níveis de qualidade são definidos em função de suas características físicas, químicas e biológicas. É o porte da indústria, relacionado à sua capacidade de produção, que irá definir qual a quantidade de água adequada para cada uso.

Em 1961, Nordell já afirmava que a água para abastecimento industrial deveria:
- ser abundante, de forma a atender às necessidades presentes e futuras;
- atender às demandas de pico e garantir uma reserva para combate a incêndios;
- ter qualidade adequada para os diversos usos.

Com base nesses fundamentos, a seguir são apresentados os principais tipos de uso da água em indústrias, os padrões de qualidade para algumas aplicações específicas e o consumo médio de água para alguns setores industriais.

3.1 Usos da água na indústria

A água na indústria pode ter as aplicações a seguir (Nordell, 1961; Shreve; Brink Jr., 1980; Nalco Chemical Company, 1988; Silva; Simões, 1999).

3.1.1 Matéria-prima

Como matéria-prima, a água é incorporada ao produto final, a exemplo do que ocorre nas indústrias de bebidas, produtos de higiene pessoal e limpeza doméstica, cosméticos, alimentos e conservas e farmacêutica. A água também pode ser utilizada para gerar outros produtos, como o hidrogênio, por meio de eletrólise.

Nessas aplicações, o grau de qualidade da água pode variar significativamente, podendo-se admitir características equivalentes ou superiores às da água para consumo humano. O principal objetivo da utilização de água com qualidade adequada é proteger a saúde dos consumidores finais e/ou garantir a qualidade final do produto.

3.1.2 Uso como fluido auxiliar

A água pode ser utilizada como fluido auxiliar em diversas atividades, como a preparação de suspensões e soluções químicas, de compostos intermediários e de reagentes químicos, como veículo ou em operações de lavagem.

Da mesma forma que a água utilizada como matéria-prima, o grau de qualidade para uso como fluido auxiliar depende do processo a que se destina. Caso essa água entre em contato com o produto final, seu grau de qualidade será mais restritivo, de acordo com o tipo de produto. Se a água não entrar em contato com o produto final, seu grau de qualidade pode ser menos restritivo que o da água para consumo humano.

3.1.3 Uso para geração de energia

Esse tipo de aplicação envolve a transformação de energia cinética, potencial ou térmica acumulada na água em energia mecânica e, posteriormente, em energia elétrica. O grau de qualidade da água depende do processo de geração de energia em questão.

A água é utilizada em estado natural, para que se aproveite sua energia potencial ou cinética. Ambas fazem com que um dispositivo gire em torno de um eixo central e a energia de rotação acione um gerador elétrico. Tanto a água pode passar pelo interior do dispositivo (como no caso das turbinas) como o dispositivo pode estar parcialmente submerso em um curso d'água (como no caso das rodas d'água). Pode-se utilizar a água bruta de um rio, lago ou outro sistema de acúmulo, cuidando para que materiais de grandes dimensões, detritos e substâncias agressivas não danifiquem os dispositivos do sistema.

O processo de geração de energia mecânica ou elétrica a partir da energia térmica consiste no aquecimento da água, fornecendo energia térmica gerada pela queima de combustíveis fósseis ou biomassa. A água é convertida em vapor em alta pressão, que é expandido em um conjunto mecânico e movimenta um êmbolo ou uma turbina, ou seja, a energia térmica transforma-se em energia mecânica. Para esse tipo de aplicação, a água deve ter um grau de qualidade alto para que não haja problemas nos equipamentos de geração de vapor ou no dispositivo de conversão de energia, como corrosão ou incrustação.

3.1.4 Uso como fluido de aquecimento e/ou resfriamento

Nesses casos, a água é usada para aquecimento, principalmente na forma de vapor, ou resfriamento de misturas reativas ou de outros dispositivos que exijam o controle da temperatura em processos ou operações unitárias desenvolvidas na indústria, visando manter seu desempenho ou evitar danos a equipamentos.

Quando se utiliza a água na forma de vapor, seu grau de qualidade deve ser alto, conforme comentado na seção 3.1.3. Como fluido de resfriamento ou aquecimento, seu grau de qualidade pode ser menos restritivo, desde que se leve em consideração a proteção dos equipamentos com os quais a água entra em contato.

3.1.5 Transporte e assimilação de poluentes

Embora não seja uma das aplicações mais nobres, a maioria das indústrias inevitavelmente utiliza a água para essa finalidade, seja em suas instalações sanitárias, na lavagem de equipamentos e instalações ou para incorporação de subprodutos sólidos, líquidos ou gasosos, gerados pelos processos industriais.

Dependendo da função que desempenha, a água deve ter características físicas, químicas e biológicas tais que possibilitem a obtenção dos melhores resultados possíveis, já que sua utilização pode comprometer o resultado do processo. Quando a água é empregada para a limpeza dos equipamentos, por exemplo, o grau de qualidade necessário pode ser elevado, principalmente quando os processos em questão não toleram a presença de outras substâncias químicas e/ou microrganismos. Isso é comum nas indústrias farmacêutica, eletrônica, de química fina e alimentícia, entre outras.

Considerando-se esses usos potenciais, entende-se que a água é um insumo imprescindível na indústria e que deve estar disponível na qualidade e quantidade necessárias para atender a cada uso específico, destacando-se os diversos tipos de usos que ela pode ter numa mesma indústria.

3.2 Requisitos de qualidade da água para uso industrial

Em virtude de sua aplicação e seu grau de qualidade, a água pode ser enquadrada em uma das quatro categorias adaptadas da classificação de Higgins (1989), com base nas características das águas superficiais de alguns rios da Região Sudeste do Brasil (Aneel, 2000), conforme apresenta a Tab. 3.1.

Além dos parâmetros indicados na Tab. 3.1, muitas aplicações exigem que um número maior de parâmetros seja atendido, de modo que os riscos ao processo, produto ou sistema diminuam. As Tabs. 3.2 a 3.5 apresentam os dados sobre requisitos da água para aplicações industriais. Cabe ressaltar que os valores apresentados nas tabelas são indicativos e muitos se referem a indústrias estrangeiras, mas podem ser úteis para uma avaliação inicial.

Tab. 3.1 Categorias de água de acordo com sua qualidade

Grau de qualidade	Parâmetros			
	SDT (mg/L)*	DQO (mg/L)	SST (mg/L)	Dureza (mg/L)**
Tipo I: água ultrapura	< 10	< 1	0	0
Tipo II: água de processo de alta qualidade	10-60	0-10	0	< 30
Tipo III: água tratada	20-60	0-10	0-10	30-75
Tipo IV: água bruta ou reciclada	60-800	10-150	10-100	-

*Valores baseados nos dados fornecidos pela Aneel.
**Valores baseados nos dados fornecidos pela Aneel e pela classificação da água em função da dureza.

Tab. 3.2 Requisitos de qualidade para água de uso industrial. Limites recomendados em mg/L, exceto para pH e cor, que são expressos em unidades

Parâmetro	Tipo de indústria						
	Papel e celulose			Química	Carvão e petróleo	Têxtil	Cimento
	Polpa mecânica	Polpa química parda	Polpa química branqueada				
Cobre					0,05	0,01	
Ferro	0,3	1,0	0,1	0,1	1,0	0,1	2,5
Manganês	0,1	0,5	0,05	0,1		0,01	0,5
Cálcio		20	20	68	75		
Magnésio		12	12	19	30		
Cloreto	1.000	200	200	500	300		250
Bicarbonato				128			
Nitrato				5			
Sulfato				100			250
Sílica		50	50	50			
Dureza		100	100	250	350	25	35
Alcalinidade					125		400
SDT				1.000	1.000	100	600
SST		10	10	5	10	5	500
Cor	30	30	10	20		5	
pH	6-10	6-10	6-10	6,2-8,3	6-9		6,5-8,5

Fonte: Crook (1990).

Tab. 3.3 Padrão de qualidade recomendado para água de resfriamento e geração de vapor. Limites recomendados em mg/L

Parâmetro	Água de resfriamento	Geração de vapor		
		Caldeira de baixa pressão (< 10 bar)	Caldeira de média pressão (10 a 50 bar)	Caldeira de alta pressão (> 50 bar)
Cloretos	500**	+	+	+
Sólidos dissolvidos totais	500	700	500	200
Dureza	650	350	1,0	0,07
Alcalinidade	350	350	100	40
pH	6,9-9,0	7,0-10,0	8,2-10,0	8,2-9,0
DQO	75	5,0	5,0	1,0
Sólidos suspensos totais	100	10	5	0,5
Turbidez	50	–	–	–
DBO	25	–	–	–
Compostos orgânicos++	1,0	1,0	1,0	0,5
Nitrogênio amoniacal	1,0	0,1	0,1	0,1
Fosfato	4,0	–	–	–
Sílica	50	30	10	0,7
Alumínio	0,1	5,0	0,1	0,01
Ferro	0,5	1,0	0,3	0,05
Manganês	0,5	0,3	0,1	0,01
Cálcio	50	+	0,4	0,01
Magnésio	0,5	+	0,25	0,01
Bicarbonato	24	170	120	48
Sulfato	200	+	+	+
Cobre	–	0,5	0,05	0,05
Zinco	–	+	0,01	0,01
Substâncias extraídas em tetracloreto de carbono	–	1	1	0,5
Sulfeto de hidrogênio	–	+	+	+
Oxigênio dissolvido	–	2,5	0,007	0,0007

**Em alguns tipos de sistemas, esta concentração deve ser menor.
+Aceito como recebido, caso sejam atendidos outros valores-limites.
++Substâncias ativas ao azul de metileno.
Fonte: Crook (1990).

Embora os valores apresentados indiquem uma tolerância para o uso de águas com graus de qualidade pouco restritivos, como é o caso dos valores para sistemas de resfriamento, deve-se destacar que, atualmente, tem-se buscado água com um melhor grau de qualidade para as aplicações industriais.

Outro ponto importante é que o grau de qualidade da água para um determinado uso hoje pode ser diferente do que tenha sido padrão no passado (Nordell, 1961), ou que venha a ser no futuro. O desenvolvimento tecnológico e a melhor compreensão sobre os impactos da presença de contaminantes específicos presentes na água sobre o desempenho de processos e produtos podem passar a exigir a utilização de água com padrões de qualidade mais restritivos.

Assim, para simplificar os procedimentos de monitoramento da qualidade da água para usos industriais, principalmente nos setores que precisam de elevado grau de qualidade,

Tab. 3.4 Requisitos de qualidade para água de uso industrial. Parâmetros em mg/L, exceto quando especificada a unidade

Indústria e processo	Cor (unidade de cor)	Alcalinidade (CaCO$_3$)	Cloreto	Dureza (CaCO$_3$)	Ferro	Manganês	Nitrato	pH (unidades)	Sulfato	SDT	Sólidos suspensos	Sílica	Cálcio	Magnésio	Bicarbonato
Têxtil															
Engomagem	5		25		0,3	0,05		6,5-10,0		100	5,0				
Lavagem	5		25		0,1	0,01		3,0-10,5		100	5,0				
Branqueamento	5		25		0,1	0,01		2,0-10,5		100	5,0				
Tingimento	5		25		0,1	0,01		3,5-10,0		100	5,0				
Papel e celulose															
Processo mecânico	30			1.000	0,3	0,1		6-10							
Processo químico não branqueado	30		200	100	1,0	0,5		6-10			10	50	20	12	
Processo químico branqueado	10		200	100	0,1	0,05		6-10			10	50	20	12	
Produtos químicos															
Cloro e álcali	10	80		140	0,1	0,1		6,0-8,5			10		40	8	100
Carvão de alcatrão	5	50	30	180	0,1	0,1		6,5-8,3	200	400	5		50	14	60
Compostos orgânicos	5	125	25	170	0,1	0,1		6,5-8,7	75	250	5		50	12	128
Compostos inorgânicos	5	70	30	250	0,1	0,1		6,5-7,5	90	425	5		60	25	210
Plásticos e resinas	2	1,0	0	0	0,005	0,005	0	7,5-8,5	0	1,0	2,0	0,02	0	0	0,1
Borracha sintética	2	2	0	0	0,005	0,005	0	7,5-8,5	0	2,0	2,0	0,05	0	0	0,5
Produtos farmacêuticos	2	2	0	0	0,005	0,005	0	7,5-8,5	0	2,0	2,0	0,02	0	0	0,5
Sabão e detergentes	5	50	40	130	0,1	0,1			150	300	10,0		30	12	60
Tintas	5	100	30	150	0,1	0,1		6,5	125	270	10		37	15	125
Madeira e resinas	200	200	500	900	0,3	0,2	5	6,5-8,0	100	1.000	30	50	100	50	250
Fertilizantes	10	175	50	250	0,2	0,2	5	6,5-8,5	150	300	10	25	40	20	210
Explosivos	8	100	30	150	0,1	0,1	2	6,8	150	200	5	20	20	10	120
Petróleo			300	350	1,0			6,0-9,0		1.000	10		75	30	
Ferro e aço															
Laminação a quente								5-9							
Laminação a frio								5-9			10				
Diversas															
Frutas e vegetais enlatados	5	250	250	250	0,2	0,2	10	6,5-8,5	250	500	10	50	100		
Refrigerantes	10	85			0,3	0,05									
Curtimento de couro	5		250	150	50			6,0-8,0					60		
Cimento		400	250		25	0,5	0	6,5-8,5	250	600	500	35			

Fonte: Nemerow e Dasgupta (1991).

como no caso das indústrias de fabricação de componentes eletrônicos e farmacêutica, os órgãos regulamentadores do setor têm incentivado a utilização de parâmetros agregados ou substitutos, os quais podem representar um determinado grupo de substâncias, como é o caso da medida da condutividade elétrica para os compostos inorgânicos ionizáveis e da medida da concentração de carbono orgânico total, que representa os compostos orgânicos.

O resultado desse procedimento é a utilização de água com melhor grau de qualidade para os processos, a simplificação do processo de monitoramento, a otimização do uso desse recurso, a diminuição do uso de produtos químicos para a proteção dos componentes com os quais a água irá entrar em contato e a redução do grau de toxicidade dos

Tab. 3.5 Dados de qualidade de água para uso na indústria farmacêutica

Parâmetro	Água purificada	Água para injetáveis
pH	5 a 7	
Condutividade elétrica	Estágio 1: ≤ 1,3 µS/cm	
	Estágio 2: ≤ 2,1 µS/cm	
	Estágio 3: valor associado à medida do pH	
Carbono orgânico total*	500 partes por bilhão (ppb)	
Bactérias heterotróficas**	100 UFC/mL	10 UFC/mL
Endotoxinas	–	< 0,25 UE

*Pode-se substituir este parâmetro pelo teste por substâncias oxidáveis.
**Somente como recomendação.
Fonte: The United States Pharmacopeia (1999).

efluentes gerados. Assim, a água pode ser reutilizada em outras atividades industriais menos exigentes e o sistema de tratamento dos efluentes é simplificado, contribuindo com a proteção do meio ambiente.

Como ilustração, o Quadro 3.1 mostra os principais problemas associados à qualidade da água que influenciam diretamente as atividades industriais.

3.3 Demanda de água pela indústria

O consumo de água na indústria, ou seja, a quantidade requerida pelas diversas atividades industriais, é influenciado por vários fatores, como:

- ramo de atividade;
- capacidade de produção;
- condições climáticas da região;
- disponibilidade;
- método de produção;
- idade da instalação;
- práticas operacionais;
- cultura da empresa e da comunidade local.

Por essas razões, se considerarmos indústrias do mesmo ramo de atividade, com a mesma capacidade de produção, porém instaladas em diferentes regiões ou com idades diferentes, a probabilidade de o volume de água que cada uma consome e os padrões de qualidade exigidos para uso não serem os mesmos é muito grande. Isso acontece porque vários fatores influenciam o consumo de água, como o clima e a qualidade da água disponível em cada local. Duas indústrias localizadas em regiões fria e quente, respectivamente, consumirão diferentes quantidades de água para os processos de troca térmica, por exemplo. No caso de resfriamento, o consumo será menor na indústria instalada na região de clima frio, uma vez que a temperatura ambiente influencia o processo. Outra condição pode ser as diferenças entre a qualidade da água naturalmente disponível, como no caso de mananciais de regiões áridas ou úmidas, onde, por exemplo, a concentração de sais dissolvidos será bastante distinta.

Com relação à idade da indústria, o consumo pode ser diferente em razão da tecnologia adotada para a produção. As indústrias mais modernas, que utilizam novas tecnologias e métodos de produção, aproveitam melhor a água e os outros recursos naturais; já numa instalação mais antiga, com tecnologias ultrapassadas, o desgaste de componentes e equipamentos pode ocasionar paradas constantes para manutenção e perdas devido a

Quadro 3.1 Problemas causados aos processos industriais em razão das impurezas da água

Impureza	Água de processo		Água para caldeiras			Água de resfriamento		
	Indústrias afetadas	Forma como são afetadas	Depósitos	Corrosão	Outros	Depósitos	Corrosão	Outros
Dureza (Ca e Mg)	Todas Papel e têxtil Lavanderias	Incrustação e depósitos Depósitos sobre as fibras Formação de escuma sobre os tecidos	P(1)	–	–	P	–	–
Alcalinidade	Papel, têxtil e bebidas	Destrói reagentes ácidos, corantes, floculantes e aromatizantes	–	P	–	P	–	–
Sólidos dissolvidos	Eletrônica, farmacêutica, alimentícia, bebidas, utilidades	Aumenta o custo de produção de água com alto grau de pureza e podem degradar a qualidade do produto final	–	–	Purgas elevadas	–	C	Purgas elevadas
Sólidos suspensos	Todas	Depósitos e desgaste de equipamentos	P	–	–	P	P	–
Oxigênio dissolvido	Todas	Principal causa de corrosão	–	P	–	–	P	–
Dióxido de carbono	Todas(3)	Pode passar para fase vapor, na sucção da bomba do poço de extração, elevando o pH da água e causando problemas de incrustação	–	P	–	–	–	Afeta o pH
Ferro e manganês	Todas	Depósitos e manchas	P	–	–	P	–	–
Matéria orgânica	Alimentos e bebidas Todas	Sabor e odor Alimento para bactérias e contamina as resinas de troca iônica	–	–	Pode ocorrer formação de espumas e crescimento biológico*	–	–	Pode ocorrer formação de espuma e crescimento biológico*
Sílica	...	...	C	–	P(2)	C	–	–
Microrganismos	Todas	Produção de limo e odores	–	–	–	P	–	–

P: principal fator responsável pelo problema; C: contribui para o problema; –: não tem efeito significativo.
(1) no sistema de condensação de vapor; (2) na turbina; (3) abastecimento de água por poço profundo.
*Acrescentado pelos autores.
Fonte: Nalco Chemical Company (1988).

vazamentos, além, é claro, do maior consumo em decorrência do uso de processos e equipamentos menos eficientes.

Essas afirmações podem ser constatadas pela análise dos dados da Tab. 3.6, que quantifica o consumo de água em alguns segmentos industriais de várias partes do mundo.

Esses dados têm grande importância, mas não são suficientes para o planejamento de programas de conservação e reúso. O conhecimento da distribuição do consumo de água por atividade industrial é essencial para o gerenciamento de águas na indústria. Se associados ao grau de qualidade específico, eles possibilitam formular a melhor estratégia para o desenvolvimento de um sistema de tratamento de água para uso industrial, com as técnicas mais adequadas para a obtenção de água na qualidade e quantidade necessárias.

Tab. 3.6 Consumo de água em algumas indústrias no mundo

Indústria e produto	Unidade de produção (tonelada, exceto quando especificado)	Necessidade de água por unidade de produção (L)
Produtos alimentícios		
Pães ou massas		600 a 4.200
Comida enlatada		
Peixe enlatado e em conserva		400 a 1.500
Frutas e vegetais		2.000 a 80.000
Carne		
Matadouro	Tonelada de carcaça	4.000 a 10.000
Carne enlatada	Tonelada de carne preparada	8.800 a 34.000
Derivados de carne, Bélgica	Tonelada de carne preparada	200
Fábrica de salsicha		20.000 a 35.000
Peixe		
Peixe fresco e congelado		30.000 a 300.000
Peixe enlatado		58.000
Conserva e preservação de peixes		16.000 a 20.000
Aves		
Aves, Canadá		6.000 a 43.000
Frangos, EUA	Por ave	25
Perus, EUA	Por ave	75
Leite e derivados		
Manteiga		20.000
Queijo		2.000 a 27.500
Leite	1.000 L	2.000 a 7.000
Leite em pó		45.000 a 200.000
Laticínios em geral, Canadá		12.200
Sorvetes, EUA		10.000
Iogurte, Chipre		20.000
Açúcar		
Beterraba		1.800 a 20.000
Cana-de-açúcar		15.000
Bebidas		
Cerveja	1.000 L	6.000 a 30.000
Whisky, EUA	1.000 L	2.600 a 76.000
Destilados alcoólicos, Israel	1.000 L	30.000
Vinho, França	1.000 L	2.900
Vinho, Israel	1.000 L	500
Alimentos diversos		
Chocolates e confeitos		15.000 a 17.000
Gelatina comestível		55.100 a 83.500
Farinha de trigo		700 a 2.000
Macarrão		1.200

Tab. 3.6 (continuação)

Indústria e produto	Unidade de produção (tonelada, exceto quando especificado)	Necessidade de água por unidade de produção (L)
Papel e celulose		
Polpa mecânica	Tonelada de polpa de madeira	30.000 a 40.000
Polpa ao sulfato	Tonelada de polpa branqueada	170.000 a 500.000
Polpa ao sulfito	Tonelada de polpa branqueada	300.000 a 700.000
Papel-jornal		165.000 a 200.000
Papel fino		900.000 a 1.000.000
Papel para impressão		500.000
Petróleo e combustíveis sintéticos		
Gasolina para aviação	1.000 L	25.000
Gasolina	1.000 L	7.000 a 10.000
Querosene		40.000
Extração de petróleo	1.000 L de petróleo cru	4.000
Refinarias de petróleo	Tonelada de petróleo cru	10.000 a 30.500
Indústria química		
Ácido acético		417.000 a 1.000.000
Alumina (processo Bayer)		26.300
Amônia sintética	Tonelada de amônia líquida	129.000
Soda cáustica		60.500 a 200.000
Indústria têxtil		
Maceração e tratamento de linho		30.000 a 40.000
Tratamento de lã		240.000 a 250.000
Tingimento de tecidos		52.000 a 560.000
Tecelagem de algodão		10.000 a 250.000
Mineração e extração a céu aberto		
Ouro	Tonelada de minério	1.000
Minério de ferro		4.200
Bauxita	Tonelada de minério	300
Cobre		3.100 a 3.750
Ferro e produtos de aço		
Alto-forno, sem reciclagem		50.000 a 73.000
Aço acabado e semiacabado		22.000 a 27.000
Produtos diversos		
Indústria automobilística	Veículo produzido	38.000
Cimento Portland		550 a 2.500
Geração de energia (termelétrica), EUA	Quilowatt-hora	200
Geração de energia (termelétrica), China	Quilowatt-hora	230
Produção de fertilizante, Finlândia	Tonelada de nitrato de potássio	270.000
Vidro		68.000
Lavanderias		20.000 a 50.000
Beneficiamento de couro	Tonelada de peles	50.000 a 125.000
Metais não ferrosos, brutos e semiacabados		80.000
Borracha sintética		83.500 a 2.800.000
Amido, Bélgica	Tonelada de milho ou batata	10.000 a 18.000

Fonte: adaptado de Van der Leeden, Troise e Todd (1990).

Obviamente, conforme mencionado, indústrias de um mesmo ramo podem consumir quantidades de água que variam regularmente e o consumo global só pode ser obtido com maior precisão a partir de um estudo específico, seja na fase de projeto, analisando-se documentos disponíveis, ou então na própria indústria, depois de ter sido implantada e estar operando.

As informações sobre o consumo de água por atividade industrial também são muito importantes, mesmo que só possam ser obtidas por meio de um estudo específico. A Tab. 3.7 apresenta a distribuição do consumo de água por atividade industrial de indústrias norte-americanas, mas que podem ser úteis para o balizamento do trabalho desenvolvido pelas indústrias brasileiras.

Os dados mostram que o maior consumo de água nas indústrias está associado aos processos de resfriamento, o qual, na maioria dos casos, representa uma parcela superior a 70% de todo o volume de água consumido. Contudo, esses dados devem ser avaliados com cautela, pois a amostragem só considera os setores industriais que precisam de muita energia para transformar matérias-primas em produtos finais, o que demanda dispositivos que retirem do sistema a energia residual, normalmente na forma de calor. Além disso, os produtos finais da maior parte dessas indústrias não incorporam água, ao contrário dos produtos de indústrias de outros ramos, como o de bebidas e refrigerantes, o de produtos farmacêuticos, o de higiene pessoal e de domissanitários, entre outros.

3.4 Associação das informações sobre qualidade e quantidade

Avaliados a quantidade e os graus de qualidade de água exigidos, deve-se associar essas informações de forma lógica e racional, de modo a identificar possíveis estratégias para sua obtenção. Assim, é necessário considerar as técnicas de tratamento disponíveis e a implantação de medidas administrativas destinadas à redução da captação e do tratamento de água, baseadas no conceito de prevenção à poluição, ou seja, do uso racional e reúso.

É importante salientar que as medidas de prevenção da poluição não se restringem unicamente aos processos industriais. Elas podem ser aplicadas ao sistema de produção de água, no qual a matéria-prima é a água bruta e o produto final é a água tratada. Recursos materiais, humanos e energéticos são essenciais para esse fim, de forma idêntica ao que ocorre nos outros processos industriais, e o grau de qualidade da água também deve ser adequado para cada uso.

3.5 Tratamento de água para uso industrial

Conforme mencionado, diversas atividades industriais exigem a utilização de água com diferentes graus de qualidade. A água para sistemas de resfriamento, geração de vapor e produção de alimentos, bebidas e medicamentos, por exemplo, tem características físicas, químicas e biológicas marcadamente distintas. Além disso, a quantidade de água necessária para cada aplicação industrial também é diferente e deve ser considerada.

De modo geral, os principais tipos de água podem ser categorizados de quatro formas, como mostra a Tab. 3.1. O procedimento industrial mais comum é captar, tratar a água disponível e adequar suas características aos padrões de qualidade necessários para o atendimento das maiores demandas. A partir dessa água, por meio de procedimentos específicos, obtêm-se os demais tipos de água, cujos padrões de qualidade são mais restritivos.

Mesmo quando os padrões de qualidade exigidos são pouco restritivos, como é o caso de sistemas de resfriamento, as indústrias têm procurado trabalhar com água enquadrada ao menos na categoria III da Tab. 3.1 (água tratada). O objetivo é proteger os equipamentos, economizar recursos e evitar os problemas ilustrados na Fig. 3.1.

Tab. 3.7 Distribuição do consumo de água na indústria por atividade

Indústria	Distribuição do consumo de água (%)		
	Resfriamento sem contato	Processos e atividades afins	Uso sanitário e outros
Carne enlatada	42	46	12
Abatimento e limpeza de aves	12	77	12
Laticínios	53	27	19
Frutas e vegetais enlatados	19	67	13
Frutas e vegetais congelados	19	72	8
Moagem a úmido de milho	36	63	1
Açúcar de cana-de-açúcar	30	69	1
Açúcar de beterraba	31	67	2
Bebidas maltadas	72	13	15
Indústria têxtil	57	37	6
Serrarias	58	36	6
Fábricas de celulose e papel	18	80	1
Cloro e álcalis	85	14	1
Gases industriais	86	13	1
Pigmentos inorgânicos	41	58	1
Produtos químicos inorgânicos	83	16	1
Materiais plásticos e resinas	93	7	*
Borracha sintética	83	17	*
Fibras de celulose sintéticas	69	30	1
Fibras orgânicas não celulósicas	94	6	*
Tintas e pigmentos	79	17	4
Produtos químicos orgânicos	91	9	1
Fertilizantes nitrogenados	92	8	*
Fertilizantes fosfatados	71	28	1
Negro de fumo	57	38	6
Refinaria de petróleo	95	5	*
Pneus	81	16	3
Cimento	82	17	1
Aço	56	43	1
Fundição de ferro e aço	34	58	8
Cobre primário	52	46	2
Alumínio primário	72	26	2
Automóveis	28	69	3

*Valor inferior a 0,5% do volume total de água consumido.
Fonte: Van der Leeden, Troise e Todd (1990).

Dependendo da fonte de abastecimento que a indústria tem à disposição, a água pode estar numa categoria mais nobre. É o caso das águas subterrâneas, de alguns cursos superficiais protegidos ou do sistema público de abastecimento, em que o teor de sais dissolvidos é da ordem de 60 mg/L, e a dureza da água é inferior a 50 mg/L, como expõe a Tab. 3.8 (Aneel, 2000).

PRINCIPAIS USOS DA ÁGUA NA INDÚSTRIA E TÉCNICAS DE TRATAMENTO

Fig. 3.1 *Problemas associados à qualidade da água para uso industrial: (1) corrosão alveolar em tubulação do sistema de refrigeração; (2) incrustação em tubulação de sistema de refrigeração; (3) corrosão por causa da presença de gás carbônico em caldeira; (4) depósito de lama orgânica em trocador de calor e (5) depósito de partículas de ferro em resina de troca iônica*
Fonte: adaptado de Mierzwa (2002).

É importante observar que as técnicas de tratamento da água dependem dos compostos que precisam ser removidos e, quanto maior o grau de pureza exigido, mais complexo é o sistema de tratamento. A Fig. 3.2 ilustra as técnicas de tratamento em função da concentração de sais dissolvidos.

Na maioria dos casos, para que o grau de qualidade da água exigido seja obtido, é preciso combinar duas ou mais técnicas de tratamento, o que implica maior complexidade do sistema de tratamento e custo de produção mais elevado. Contudo, o arranjo deve considerar a otimização do uso dos recursos disponíveis e a minimização de efluentes e resíduos. Isso porque a maioria dos processos de tratamento apenas transfere as substâncias inicialmente presentes na água para uma fase mais concentrada, sendo necessário, em algumas situações, o emprego de outras substâncias químicas para restaurar a capacidade de tratamento dos processos ou para mantê-los operando adequadamente.

O desenvolvimento de um arranjo eficiente depende de vários fatores, tais como:
- experiência profissional da equipe de projeto;
- conhecimento dos processos industriais envolvidos;
- qualidade da água disponível;
- qualificação dos operadores;
- procedimentos de operação e manutenção dos sistemas;
- custo dos equipamentos e de operação.

Todos esses fatores, em maior ou menor grau de importância, contribuem para o desenvolvimento de um sistema de tratamento de água que pode ser eficiente, satisfatório ou inadequado. Do ponto de vista tecnológico, praticamente qualquer recurso hídrico disponível pode gerar água de alto grau de qualidade, basta selecionar as técnicas de tratamento apropriadas e associá-las em uma ordem crescente de complexidade e restrições com relação aos parâmetros operacionais.

Tab. 3.8 Qualidade da água de alguns recursos superficiais

Parâmetro	Rios																
	Paraná (MS)	Verde (MS)	Itapetininga (SP)	Paranapanema (SP)	Jaguariaíva (PR)	Das Cinzas (PR)	Das Cinzas (PR)	Laranjinha (PR)	Tibají (PR)	Capivari (PR)	Sapucaí (MG)	Verde (MG)	Pardo (SP)	Moji Guaçu (SP)	Jaguari (SP)	Jaguari (SP)	Atibaia (SP)	Tietê (SP)
Alcalinidade (mg/L CaCO$_3$)	20,02	15,61	15,73	16,08	13,83	11,50	19,48	21,36	21,45	20,52	15,92	31,05						
Condutividade (ΔS/cm a 20 °C)	63,56	34,04	46,55	45,77	46,07	30,63	66,77	79,57	25,70	26,93	40,63	33,72	61,88	72,47	80,81	87,56	57,17	108,91
Sólidos dissolvidos totais (mg NaCl/L)*	32,87	17,61	24,08	23,67	23,83	15,84	34,53	41,15	13,29	13,93	21,01	17,44	32,00	37,48	41,80	45,29	29,57	56,33
DBO (mg O$_2$/L)	3,44	4,22	2,28	1,92	1,77	1,73	2,34	1,33	1,00	3,24	3,32	3,51	3,57	4,04	2,93	2,89	3,13	
DQO (mg O$_2$/L)	13,50	22,10	17,59	8,42	4,90	9,33	11,09	6,67	7,43	10,46	5,26	17,26	15,11	15,64	20,40	13,26	14,53	
Dureza (mg/L CaCO$_3$)	20,00	14,72	21,29	12,08					15,60	13,21	17,57	22,36	19,04	19,62	12,87	32,14		
Oxigênio dissolvido (mg O$_2$/L)	9,40	7,34	8,26	7,82	9,60	8,11	8,00	8,55	7,17	9,23	7,11	7,90	9,03	9,01	6,69	8,66	7,22	8,72
pH (unidades)	6,81	6,48	6,85	7,02	7,17	7,13	7,30	7,25	6,73	7,47	7,01	7,03	6,58	6,78	6,94	6,91	6,77	6,74
Sólidos suspensos totais (mg/L)	7,00	35,71	31,38	23,33	85,67	135,07	169,28	58,50	57,85	30,50	22,80	23,14	32,33	16,98	33,58	42,11	10,93	
Turbidez (FTU)	6,16	26,67	23,38	12,13	9,60	29,80	67,92	18,50	15,85	15,87	11,25	22,16	22,36	17,04	23,46	15,88	16,39	
Período das análises	1990/1998	1978/1982	1989/1996	1989/1996	1997/1999	1997/1999	1997/1999	1990/1999	1997/1999	1997/1999	1990/1999	1990/1999	1990/1996	1990/1996	1990/1996	1990/1996	1990/1996	1990/1997

*Valor baseado na relação entre a condutividade elétrica e concentração de sais (NaCl).
Fonte: relatórios de qualidade de água de rios elaborados pela Aneel.

Entretanto, embora tecnicamente viável, do ponto de vista econômico, pelo menos até o presente momento, a obtenção de água para uso industrial a partir de qualquer fonte de abastecimento não é vista pelas indústrias como uma alternativa. À medida que a água vai se tornando escassa, as normas de gerenciamento de recursos hídricos ficam mais severas, o custo das novas tecnologias de tratamento vai caindo e a utilização de sistemas mais modernos para a obtenção de água tende a se tornar uma prática comum.

Se, por um lado, o uso de sistemas mais modernos possa vir a aumentar o custo de produção industrial, o que nem sempre ocorre, por outro o uso de água com melhor grau de qualidade barateia a produção. Os danos aos equipamentos, as paradas constantes para manutenção e limpeza, a quantidade de produtos químicos para ajuste das condições operacionais e até mesmo a geração de efluentes diminuem, além de viabilizar a prática do reúso.

Pelo que foi exposto, não se pode apenas levar em conta o uso que vai ser dado à água, mas também todos os fatores associados à sua produção, distribuição, acondicionamento, reutilização e tratamento após o uso.

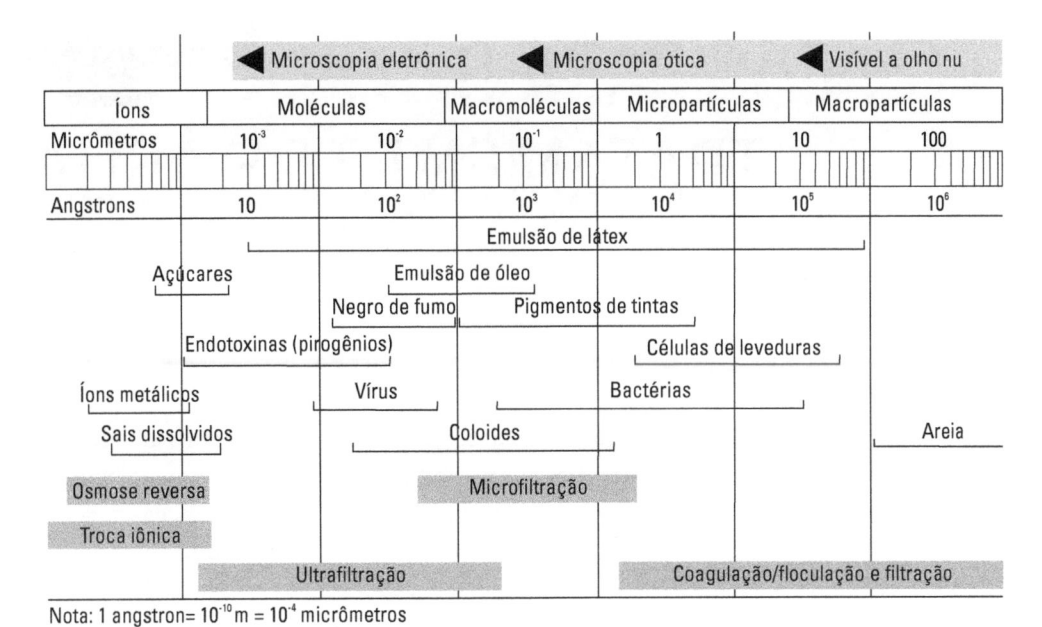

Fig. 3.2 Principais técnicas de tratamento de água em função dos contaminantes a serem removidos
Fonte: adaptado de Mierzwa (2002).

TÉCNICAS PARA O TRATAMENTO DE ÁGUA 4

A obtenção de água no grau de qualidade necessário só é possível com a aplicação de técnicas de tratamento específicas que, por terem limitações, devem ser combinadas entre si. Quando se quer desenvolver um sistema de tratamento que atenda às necessidades de cada aplicação, é preciso conhecer as capacidades e limitações de cada uma das técnicas de tratamento existentes, ressaltando que é importante contemplar na avaliação as novas tecnologias desenvolvidas.

4.1 Sistema convencional de tratamento

O sistema convencional de tratamento de água, o mesmo utilizado para o tratamento para abastecimento público, tem como objetivo principal adequar as características físicas da água para possibilitar o processo de desinfecção e, assim, assegurar sua qualidade microbiológica e estética (Azevedo Netto et al., 1987), e é geralmente o primeiro procedimento adotado para o tratamento de água para uso industrial. É importante destacar que, para o uso do sistema convencional de tratamento, as características químicas da água no manancial devem estar de acordo com os padrões de qualidade para uso, uma vez que a maioria dos produtos químicos não é afetada pelas operações e processos utilizados.

O tipo de fonte de abastecimento de água, superficial ou subterrânea, provoca variações no arranjo do sistema de tratamento, já que as características da água bruta influenciam as técnicas de tratamento (Westerhoff; Chowdhury, 1996).

As águas superficiais caracterizam-se, principalmente, por uma maior concentração de sólidos em suspensão, além de sua composição ser imediatamente afetada pelas condições climáticas e características geológicas da região por onde escoam. Já as águas subterrâneas têm substâncias dissolvidas como principais contaminantes, destacando-se íons metálicos, responsáveis pela dureza das águas, ou complexos orgânicos naturais. Sua composição varia de região para região e as condições climáticas têm efeito limitado em suas características.

Considerando-se que o estabelecimento de um arranjo genérico para o tratamento de água subterrânea é muito difícil, uma vez que seu objetivo é remover determinados contaminantes da região de onde se pretende extrair a água, muitas vezes deve-se utilizar técnicas específicas de tratamento, diferentes das do sistema convencional, em função da presença de substâncias solúveis. Assim, nesta seção é apresentado apenas o sistema para tratamento de água superficial, mas algumas das técnicas descritas aqui e nas seções subsequentes podem ser aplicadas às águas subterrâneas.

Como mencionado, a qualidade das águas superficiais é afetada pelas condições climáticas e geológicas e suas características variam ao longo do ano. Por isso, o sistema de tratamento deve ser projetado de forma a acomodar essas variações temporais e sazonais e, para uma fonte que sofre grandes variações em suas características, deve ser composto pelas unidades de tratamento descritas a seguir.

4.1.1 Aeração ou pré-cloração

O processo de aeração tem por objetivo remover substâncias orgânicas voláteis causadoras de odor e sabor na água, bem como promover a oxidação dos íons ferro e manganês presentes na forma reduzida que permanecem dissolvidos na água. Caso essas espécies não sejam previamente removidas ou oxidadas, elas não serão removidas na etapa de filtração, podendo causar mudanças de cor, sabor e odor desagradáveis, além de manchas em tecidos e louças sanitárias. Para algumas aplicações industriais, os problemas resultantes podem ser mais sérios (Kawamura, 1991). As reações do processo de aeração para a oxidação do ferro e do manganês são as seguintes:

$$4\ Fe(HCO_3)_2 + O_2 + 2\ H_2O \rightarrow 4\ Fe(OH)_3 + 8\ CO_2 \tag{4.1}$$

$$2\ MnSO_4 + 2\ Ca(OH)_2 + O_2 \rightarrow 2\ MnO_2 + 2\ CaSO_4 + 2\ H_2O \tag{4.2}$$

Um dos métodos possíveis para a oxidação do ferro e do manganês nas formas reduzidas é o uso de um aerador de contato do tipo bandeja. Esse dispositivo consiste em uma série de bandejas empilhadas, com profundidade entre 0,3 e 0,45 m cada, com o fundo perfurado e preenchido por coque, calcário ou algum material plástico. Deve ser operado com uma taxa de aplicação de 25 a 50 m/h (Kawamura, 1991; Montgomery, 1985).

Com base nas equações das reações químicas apresentadas, 1 mg de oxigênio é suficiente para oxidar 7 mg de ferro bivalente e 3,4 mg de manganês bivalente, ressaltando-se que o ferro ligado a compostos orgânicos não é oxidado. Deve-se observar, no entanto, que a taxa de oxidação é função do pH da água a ser submetida a tratamento e quanto maior o pH, melhor é o resultado (Kawamura, 1991).

De forma a completar o processo de oxidação em um período de quinze minutos, o pH da água deve ser superior a 7,5 (preferivelmente 8,0 para o caso do ferro). Já o manganês é oxidado muito lentamente e não é efetivamente oxidado em valores de pH abaixo de 9,5; na prática, pode ser necessária uma hora para oxidar o manganês em pH 9,5.

O processo de pré-cloração é outra opção para a oxidação de ferro e manganês bivalentes, porque sua taxa de oxidação é mais rápida e capaz de oxidar o ferro ligado a compostos orgânicos, ao contrário do processo de aeração (Kawamura, 1991; Montgomery, 1985). As reações químicas da oxidação do ferro e do manganês com o cloro são as seguintes:

$$2\ Fe(HCO_3)_2 + Ca(HCO_3)_2 + Cl_2 \rightarrow 2\ Fe(OH)_3 + CaCl_2 + 6\ CO_2 \tag{4.3}$$

$$Mn(HCO_2)_2 + Ca(HCO_3)_2 + Cl_2 \rightarrow MnO_2 + CaCl_2 + 4\ CO_2 + 2\ H_2O \tag{4.4}$$

Conforme as equações, 1 mg/L de cloro é suficiente para oxidar 1,58 mg/L de ferro e 0,78 mg/L de manganês, ressaltando-se que a taxa de oxidação é função do pH. Assim, o ferro bivalente é oxidado dentro de um período de quinze a trinta minutos, numa faixa de pH entre 8,0 a 8,3 (Kawamura, 1991) e um pH mínimo igual a 8,5 (Nalco Chemical Company, 1988). Já para a mesma faixa de pH, o manganês será oxidado em um período entre duas e três horas (Kawamura, 1991).

Um dos inconvenientes do processo de pré-cloração é a formação de trihalometanos (THMs), por causa da reação do cloro com a matéria orgânica natural presente na água, como substâncias húmicas e ácidos fúlvicos, originada pela decomposição natural.

Além do cloro, para o processo de oxidação de ferro e manganês bivalentes, pode-se lançar mão do dióxido de cloro (ClO_2), que é um oxidante enérgico e efetivo, assim como o permanganato de potássio, que tem a vantagem de atuar em uma ampla faixa de pH e uma alta velocidade de reação, exigindo um período de tempo entre cinco e dez minutos para a oxidação de íons de ferro e manganês em um pH próximo de 7 (Kawamura, 1991).

4.1.2 Coagulação, floculação e sedimentação

Realiza-se o processo de coagulação e floculação para separar sólidos em suspensão, sempre que a taxa de subsidência for muito baixa para promover uma clarificação efetiva da água (Nalco Chemical Company, 1988).

Esse é o caso das partículas em suspensão fina ou em estado coloidal, as quais permanecem em suspensão pelo fato de terem cargas elétricas em suas superfícies, já que a força de repulsão criada entre cargas de mesmo sinal impede a aproximação e a colisão entre as partículas para a formação de flocos.

O processo de coagulação tem como principal objetivo neutralizar as cargas elétricas das partículas em suspensão, por meio da adição de compostos químicos com cargas positivas, como sais de ferro, sais de alumínio e polímeros (Nalco Chemical Company, 1988). O processo de floculação, após a coagulação, promove o contato entre as partículas desestabilizadas, de modo a possibilitar uma agregação em forma de flocos maiores e mais pesados, que são posteriormente removidos pela operação de sedimentação.

As principais espécies coloidais encontradas nas águas naturais, principalmente nas superficiais, incluem argilas, sílica, ferro e outros metais pesados, matéria orgânica natural, detritos e organismos mortos, além de bactérias e protozoários (Nalco Chemical Company, 1988; Azevedo Netto et al., 1987; Amirtharajah; O'Melia, 1990). Os coloides também podem ser formados por precipitação química, como no abrandamento com cal.

Segundo dados disponíveis na literatura, as partículas coloidais podem medir desde 10^{-3} μm até 10 μm, e suas características de sedimentação são expostas na Tab. 4.1. Todos os mecanismos envolvidos no processo de coagulação podem ser analisados mais profundamente em literatura específica (Azevedo Netto et al., 1987; Nalco Chemical Company, 1988; Amirtharajah; O'Melia, 1990) e, por essa razão, não serão abordados.

Em termos práticos, o que realmente interessa no processo de coagulação e floculação é a dosagem e a condição ótima para a aplicação do coagulante, etapa de grande importância no tratamento, uma vez que as etapas subsequentes dependem desta. Isso porque as reações químicas envolvidas são muito rápidas e dependem da energia de agitação, da dose do coagulante do pH e da alcalinidade da água. Caso essas condições estejam corretas, as reações ocorrem num espaço de tempo bastante reduzido (Azevedo Netto et al., 1987; Amirtharajah; O'Melia, 1990), exigindo assim o desenvolvimento de ensaios específicos

Tab. 4.1 Características de sedimentação de algumas partículas de sílica

Tipo	Dimensão		Área superficial (m^2)	Tempo de sedimentação para o percurso de um metro
	mm	μm		
Silte	0,01	10	0,314	108 minutos
Bactérias	0,001	1	3,14	180 horas
Material coloidal	0,0001	0,1	31,4	755 dias

Fonte: Nalco Chemical Company (1988).

– teste de jarros (*jar test*). Os dados obtidos no ensaio de coagulação são aplicados para as condições reais, o que pode ser feito em dispositivos próprios, como misturadores mecânicos, misturadores hidráulicos ou difusores.

Após a coagulação, a água com partículas desestabilizadas é submetida à operação de floculação. Nessa etapa, as partículas sólidas colidem entre si e formam agregados maiores e mais pesados. O processo de sedimentação ou decantação é a etapa subsequente e tem por objetivo separar da água os flocos formados na etapa de floculação. Essa separação é resultado da ação da gravidade e inércia sobre os flocos e a água (Kiang; Metry, 1982).

Segundo as características das partículas a serem removidas, o processo de sedimentação pode ser classificado em quatro tipos (Gregory; Zabel, 1990):

- *Tipo 1*: sedimentação de partículas discretas, pouco concentradas na água, em que a floculação e a ação entre as partículas são desprezíveis;
- *Tipo 2*: sedimentação de partículas em baixa concentração ou floculenta, na qual as partículas continuam a se agregar à medida que o processo de sedimentação ocorre, fazendo com que a velocidade de sedimentação também aumente;
- *Tipo 3*: sedimentação obstruída ou por zona, na qual a concentração de partículas é grande, o que favorece os efeitos de interação e a formação de uma interface bem definida entre o líquido clarificado e os sólidos que sedimentam;
- *Tipo 4*: sedimentação por compressão, na qual a concentração de partículas é grande, ocorrendo a sedimentação por camadas.

Do ponto de vista do tratamento de água para o abastecimento industrial, o tipo de sedimentação que prevalece é o tipo 2, pois a concentração de partículas que interagem à medida que sedimentam é baixa. Os sólidos formados no processo de floculação são separados quando a água é mantida por um período de tempo suficientemente adequado (tempo de detenção hidráulico) em um dispositivo denominado sedimentador ou decantador.

Os sedimentadores podem ser retangulares ou circulares e ter dispositivos de alimentação, coleta de água decantada e acúmulo e descarga de lodo. Esses equipamentos devem ser projetados de forma a evitar a quebra dos flocos e correntes preferenciais, as quais poderiam conduzir ao arraste de partículas para a água efluente do sedimentador e, assim, reduzir a eficiência da operação (Gregory; Zabel, 1990).

Uma alternativa aos sedimentadores convencionais, que são grandes tanques, é o decantador de alta taxa, que tem placas ou tubos inclinados em seu interior. Ele possibilita um tempo de detenção hidráulico de até quinze minutos, obtendo-se uma eficiência de remoção de sólidos equivalente a um decantador retangular convencional que opera com um tempo de detenção de aproximadamente duas horas (Yao, 1973).

Após sua passagem pelo decantador, ainda há na água partículas em suspensão que não puderam ser removidas, porque sedimentam em baixa velocidade. Dessa forma, deve-se adotar um processo complementar de separação, normalmente a filtração.

4.1.3 Filtração

Em linhas gerais, o processo de filtração consiste na passagem da água efluente do sistema de decantação, ainda com partículas em suspensão, através do meio filtrante. As partículas vão sendo retidas e o fundo do filtro coleta uma água com turbidez inferior a duas Unidades de Turbidez (Azevedo Netto *et al.*, 1987).

Para o tratamento de água, os sistemas de filtração mais comuns são os que utilizam filtros de areia, de areia antracito ou de areia, antracito e granada ou ilmenita (Azevedo Netto *et al.*, 1987; Cleasby, 1990). Além do meio filtrante, também fazem parte do sistema a camada de suporte, o sistema de alimentação, o sistema de drenagem e o sistema de contralavagem do filtro, pois a capacidade de retenção de partículas é limitada.

Os filtros são classificados, em função da relação entre a vazão aplicada (Q) e a área de filtração (A), como lentos (Q/A = 0,07 a 0,40 m³/h.m²) e rápidos (Q/A = 5 a 25 m³/h.m²) (Cleasby, 1990).

Outra característica importante dos sistemas de filtração é sua operação cíclica. À medida que as partículas presentes na água vão sendo retidas, o leito de filtração vai sendo obstruído, aumentando a perda de carga em seu interior e reduzindo sua eficiência. Nesse estágio, deve-se interromper a filtração e iniciar o processo de lavagem, que consiste na passagem de uma vazão superior de água limpa no sentido inverso ao da operação de filtração. O ar também pode ser empregado, pois melhora a eficiência da operação. Após essa etapa, o filtro está apto para uma nova campanha de filtração.

É importante destacar que o processo de lavagem gera um efluente com elevada concentração de partículas em suspensão, o qual deve ser devidamente gerenciado para que não cause impactos ambientais negativos.

4.1.4 Desinfecção

Após a remoção dos sólidos, a água deve passar por uma desinfecção, uma vez que muitos dos organismos nela presentes podem prejudicar os processos nos quais participará ou prejudicar a saúde dos seres humanos, caso venha a ser ingerida (Drew, 1979; Haas, 1990).

O processo de desinfecção de grandes vazões de água pode ser economicamente realizado com produtos químicos e de radiação ultravioleta, com destaque aos seguintes agentes de desinfecção: compostos derivados do cloro, ozônio e radiação ultravioleta. Cada agente tem vantagens e desvantagens que devem ser consideradas.

A utilização de compostos derivados do cloro oferece como vantagem a possibilidade de uma ação residual, o que é interessante quando se quer evitar a proliferação de microrganismos durante o armazenamento e transporte da água tratada, por exemplo. Em alguns casos, a presença de cloro na água pode ser prejudicial, como em sistemas complementares de tratamento, entre eles o de troca iônica e o de osmose reversa. Nesses casos, o cloro tem um efeito deletério, além de haver a possibilidade de formação de compostos organoclorados. Como o ozônio e a radiação ultravioleta não geram essa ação residual, a situação é inversa.

O processo de desinfecção deve promover o contato entre o agente de desinfecção selecionado e a água a ser desinfetada por um período de tempo suficientemente longo, para garantir sua máxima eficiência. Informações mais detalhadas sobre o tema podem ser obtidas em literatura específica (Sanks, 1982; Azevedo Netto *et al.*, 1987; Haas, 1990).

4.1.5 Controle da corrosão

A última etapa do sistema convencional de tratamento de água para uso industrial é o ajuste químico final, de modo que a água não cause corrosão e nem seja incrustante, características diretamente associadas ao pH e à alcalinidade. Uma das maneiras de se verificar a tendência da água, ou seja, se é corrosiva ou incrustante, é pela medida do Índice de Langelier, calculado com base na seguinte expressão (Dupont, 2023):

$$I \cdot L = pH - pH_S \tag{4.5}$$

em que:

$pH_S = pCa + pAlcalinidade + C$;

pCa = –log[Ca];
pAlcalinidade = –log[Alcalinidade];
[Ca] e [Alcalinidade] = concentração molar;
C = constante que depende da concentração de sais dissolvidos presentes na água;
I.L. ≤ 0 ⇒ água com característica corrosiva;
I.L. > 0 ⇒ água com característica incrustante.

Com base no Índice de Langelier efetua-se o ajuste químico da água. O objetivo é alcançar um valor ligeiramente superior a zero, para que não haja corrosão e para que se forme uma fina camada de carbonato de cálcio, que acaba protegendo a tubulação (Azevedo Netto *et al.*, 1987). Ressalta-se que esse ajuste é específico para o caso de tubulações de materiais metálicos, como ferro fundido e aço carbono, por exemplo.

4.1.6 Considerações finais sobre o sistema de tratamento convencional

É importante observar que o sistema convencional descrito é o mais completo. Alguns dos processos citados podem ser suprimidos, dependendo da fonte de abastecimento e, consequentemente, das características da água, resultando em duas novas modalidades de tratamento: filtração direta e coagulação em linha.

Por causa da baixa concentração de sólidos em suspensão na água a ser tratada, a filtração direta suprime a etapa de sedimentação após o processo de floculação (Westerhoff; Chowdhury, 1996). Já a coagulação em linha, também adequada para águas com baixa concentração de sólidos em suspensão, elimina a floculação e a sedimentação: a água é submetida ao processo de filtração após a dosagem do coagulante.

A Fig. 4.1 ilustra os possíveis arranjos para um sistema de tratamento de água subterrânea ou superficial, considerando-se as alternativas apresentadas anteriormente.

4.2 Abrandamento

A técnica de abrandamento tem por objetivo remover as substâncias responsáveis pela dureza da água, ou seja, capazes de reagir com o sabão e formar sabões insolúveis, caso específico dos íons cálcio e magnésio (Davis; Cornwell, 1998). Além disso, essas substâncias também podem precipitar nas paredes de tubos e equipamentos e obstruir a tubulação ou o equipamento, principalmente se a água for aquecida, ou ainda causar problemas mais graves, como no caso de caldeiras para geração de vapor.

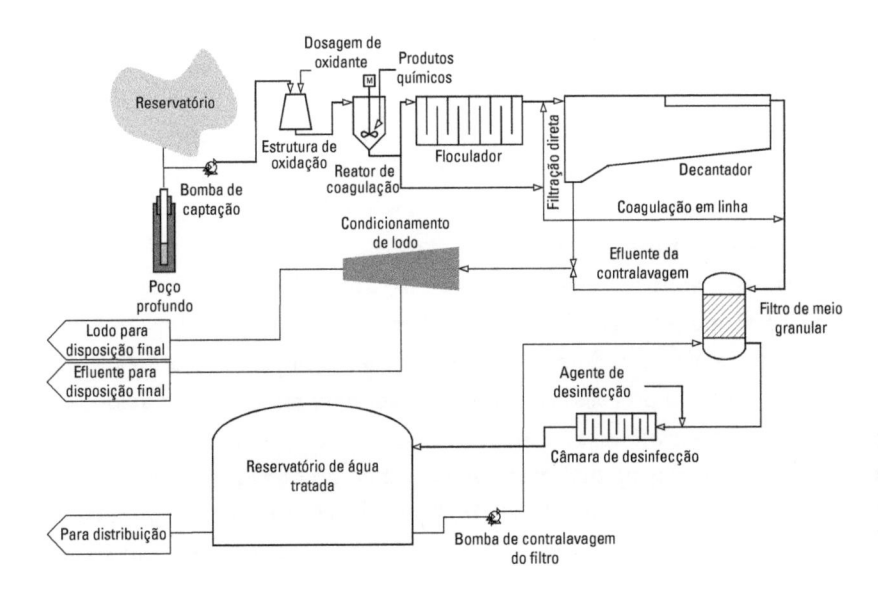

Fig. 4.1 *Representação esquemática dos possíveis arranjos de um sistema convencional de tratamento de água*

De modo geral, pode-se dizer que existem três técnicas para o abrandamento da água: o processo de abrandamento pela cal (carbonato de sódio), o processo por troca iônica e o processo de separação por membranas, cada um indicado para uma determinada faixa de dureza.

O processo da cal reduz a concentração de íons cálcio e magnésio, e o resultado é uma água com dureza final próxima de 80 mg/L (como $CaCO_3$) (Azevedo Netto et al., 1987; Kawamura, 1991). Dessa forma, é indicado para o tratamento de água com uma dureza superior a esse valor.

Já a troca iônica e a separação por membranas podem reduzir em até 100% a dureza da água, devendo-se observar que esses são os processos mais adequados para o abrandamento de água com uma dureza relativamente baixa, menor ou igual a 80 mg/L, que é o valor-limite do processo de abrandamento com cal.

A capacidade restrita das resinas dificulta a aplicação do processo de troca iônica em águas com concentrações elevadas de dureza, uma vez que seria preciso uma grande quantidade de resinas ou regenerações bastante frequentes. No caso dos processos de separação por membranas, há o risco de incrustação, caso o limite de solubilidade dos sais de cálcio ou magnésio seja atingido.

Para uma melhor compreensão dos processos de abrandamento, os processos com cal e de troca iônica são descritos mais detalhadamente a seguir.

4.2.1 Abrandamento com cal

O processo de abrandamento com cal nada mais é do que uma reação de precipitação química que visa transformar as espécies solúveis de cálcio e magnésio em espécies insolúveis, cujas principais reações químicas envolvidas são (Sanks, 1982; Kawamura, 1991; Davis; Cornwell, 1998):

$$CaO + H_2O \Rightarrow Ca(OH)_2 \quad (4.6)$$

$$CO_2 + Ca(OH)_2 \Rightarrow \downarrow CaCO_3 + H_2O \quad (4.7)$$

$$Ca(HCO_3)_2 + Ca(OH)_2 \Rightarrow \downarrow 2\,CaCO_3 + 2\,H_2O \quad pH \geq 9,5 \quad (4.8)$$

$$Mg(HCO_3)_2 + Ca(OH)_2 \Rightarrow \downarrow CaCO_3 + MgCO_3 + 2\,H_2O \quad pH \leq 9,5 \quad (4.9)$$

$$MgCO_3 + Ca(OH)_2 \Rightarrow \downarrow Mg(OH)_2 + \downarrow CaCO_3 \quad pH \geq 11 \quad (4.10)$$

$$MgSO_4 + Ca(OH)_2 \Rightarrow \downarrow Mg(OH)_2 + \downarrow CaSO_4 \quad (4.11)$$

$$CaSO_4 + Na_2CO_3 \Rightarrow \downarrow CaCO_3 + Na_2SO_4 \quad (4.12)$$

$$CaCl_2 + Na_2CO_3 \Rightarrow \downarrow CaCO_3 + 2NaCl \quad (4.13)$$

A adoção de um processo de separação de sólidos é fundamental após a precipitação, pois sempre se formam partículas insolúveis de carbonato de cálcio e hidróxido de magnésio. Os processos de coagulação, floculação, sedimentação e filtração, já apresentados neste capítulo, são úteis para esse fim.

Além da separação dos sólidos, a água abrandada também deve passar por um processo de estabilização, já que seu pH após o tratamento estará próximo de 11. Isso ocorre principalmente em virtude da presença de hidróxido de cálcio ($Ca(OH)_2$), que é utilizado em excesso (Davis; Cornwell, 1998). O processo de estabilização pode ser feito com ácidos ou com a recarbonatação da água (Kawamura, 1991).

O processo de recarbonatação, no qual participa o gás carbônico (CO_2), forma carbonato e bicarbonato de cálcio. O carbonato de cálcio é posteriormente removido por um processo adicional de separação, ou o processo de recarbonatação deve ocorrer antes da etapa de filtração. Já o processo de estabilização pela utilização de ácidos, no qual participa o ácido sulfúrico ou clorídrico, não forma carbonato de sódio. Assim, pode-se dispensar um tratamento adicional, mas o aumento da concentração dos íons sulfato ou cloreto, dependendo do ácido usado, é um inconveniente (Kawamura, 1991).

As principais reações envolvidas no processo de estabilização da água abrandada são as seguintes:

$$Ca(OH)_2 + 3\,CO_2 \Rightarrow \downarrow CaCO_3 + Ca(HCO_3)_2 + H_2O \quad pH = 8{,}8 \quad (4.14)$$

$$CaCO_3 + CO_2 + H_2O \Rightarrow Ca(HCO_3)_2 \quad pH \leq 8{,}3 \quad (4.15)$$

$$2\,CaCO_3 + H_2SO_4 \Rightarrow Ca(HCO_3)_2 + CaSO_4 \quad pH \leq 8{,}3 \quad (4.16)$$

$$2\,CaCO_3 + 2\,HCl \Rightarrow Ca(HCO_3)_2 + CaCl_2 \quad pH \leq 8{,}3 \quad (4.17)$$

4.2.2 Abrandamento por troca iônica

O processo de troca iônica pode ser definido como um intercâmbio reversível de íons de uma fase sólida, geralmente estacionária, em um líquido. Aqui, a água geralmente passa através de resinas mantidas no interior de um vaso, sendo que, durante essa passagem, os íons responsáveis pela dureza (cálcio e magnésio) são substituídos pelos íons da resina de troca iônica, geralmente na forma sódica. A equação seguinte representa todo o processo (Davis; Cornwell, 1998):

$$(Mg\ ou\ Ca)(HCO_3)_2 + 2\,NaR \leftrightarrow (Mg\ ou\ Ca)R_2 + 2\,NaHCO_3 \quad (4.18)$$

em que R é a resina de troca iônica.

Segundo a reação, os íons de cálcio ou magnésio são substituídos por uma quantidade equivalente de íons de sódio, ou seja, dois íons de sódio são deslocados para cada íon de cálcio ou magnésio, aumentando a concentração salina da água abrandada, fato que deve ser observado de acordo com a aplicação da água após seu abrandamento.

A operação pode ser mantida até que toda a capacidade de troca da resina seja exaurida. Depois, deve-se interromper o processo de abrandamento para que a regeneração da resina seja feita. A etapa de regeneração consiste na remoção dos íons cálcio e magnésio por meio da passagem de uma solução concentrada de cloreto de sódio através das resinas. Devido à ação da concentração mássica, essa técnica promove a substituição dos íons cálcio e magnésio pelo íon sódio, conforme representa a equação a seguir:

$$(Mg\ ou\ Ca)R_2 + 2\,NaCl_{(conc)} \leftrightarrow (Mg\ ou\ Ca)Cl_2 + 2\,NaR \quad (4.19)$$

Depois da regeneração, as resinas estão prontas para um novo ciclo de operação. Deve-se observar que o processo gera um efluente com elevada concentração salina, que deverá ser adequadamente gerenciado, de modo que sua disposição não cause problemas.

Também cabe ressaltar que o processo de regeneração envolve outras etapas além da regeneração propriamente dita, que serão explicadas durante a apresentação do processo de tratamento de água por troca iônica para obtenção de água com elevado grau de pureza.

4.2.3 Considerações sobre o processo de abrandamento para a situação brasileira

Pela análise dos dados sobre a qualidade das águas brasileiras (Aneel, 2000), principalmente da Região Sudeste, verifica-se que a concentração de íons cálcio e magnésio é baixa, com durezas que variam de 12,10 mg/L a 32,14 mg/L (como $CaCO_3$), o que se explica pelo fato das principais fontes hídricas utilizadas no Brasil serem superficiais.

Em muitos casos, tais valores podem aumentar durante o processo de tratamento convencional da água com a adição de hidróxido de cálcio nas etapas de coagulação e controle de corrosão e depósitos, o que, de qualquer forma, não eleva a dureza da água para valores superiores ao limite de classificação de uma água branda (75 mg/L de $CaCO_3$).

Por isso, se a água requisitada por uma determinada atividade deve ter dureza inferior à da água encontrada naturalmente, a troca iônica ou os processos de separação por membranas, nanofiltração ou osmose reversa são os mais indicados.

4.3 Troca iônica

O processo de troca iônica visa remover da água certas substâncias dissolvidas, principalmente os compostos iônicos, que são transferidos para uma fase sólida insolúvel denominada resina de troca iônica. Ao reter os íons indesejáveis presentes na água, a resina libera uma quantidade equivalente de outras espécies iônicas armazenadas em sua estrutura, que não implicam a formação de outros sais na água tratada (Nalco Chemical Company, 1988).

A capacidade da resina de troca iônica reter íons em sua estrutura é chamada de capacidade de troca. Em função dessa capacidade, que é limitada, a resina acaba sendo saturada com os íons inicialmente presentes na água em processo de tratamento. Nessas condições, deve-se interromper o processo de tratamento para que seja realizada a regeneração das resinas, com uma solução contendo os íons que estavam inicialmente presentes na resina.

Existem resinas próprias para cada espécie de íon, catiônicas, com capacidade de retenção de cátions (íons positivos), e aniônicas, específicas para a retenção de ânions (íons negativos). Dentro desses dois grupos de resinas existe ainda uma subdivisão, apresentada a seguir (Alves da Cunha, 1989). Cada uma delas é adequada para a remoção de íons específicos e tem peculiaridades em seus processos de regeneração.

- *Resina catiônica fortemente ácida (CFA)*: utilizada no tratamento de água para uso industrial, apresenta uma estrutura química formada pelo estireno e divinilbenzeno. Seus grupos funcionais, ou seja, pontos ativos para a troca de íons, são os radicais de ácido sulfônico ($R\text{-}SO_3^-H^+$). Pode operar em uma ampla faixa de pH e se condicionar para operar no ciclo sódico ou de hidrogênio, dependendo da aplicação que se deseja fazer das resinas, abrandamento da água ou desmineralização, respectivamente (Alves da Cunha, 1989; Clifford, 1990).
- *Resina catiônica fracamente ácida (CfA)*: utilizada no tratamento de águas industriais de elevada dureza, devida exclusivamente ao bicarbonato e carbonato de cálcio, e para valores de pH variando do neutro ao alcalino (Alves da Cunha, 1989; Clifford, 1990). Isso ocorre em razão do grupo funcional carboxilato (R--COOH) da resina não ser ionizado em baixos valores de pH (Clifford, 1990). Por isso, as resinas catiônicas fracamente ácidas não são capazes de remover cátions dos sais derivados de ácidos fortes, conforme mostra a equação da reação de troca iônica:

$$2\ RCOOH + CaCl_2 \leftrightarrow (RCOO)_2Ca + HCl \qquad (4.20)$$

Se a reação ocorresse no sentido indicado pela seta, produziria ácido clorídrico completamente ionizado, fazendo com que os íons H^+ fossem adicionados ao grupo funcional carboxilato e impedindo a troca dos íons H^+ pelos íons Ca^{2+} (Clifford, 1990). Uma outra forma de expressar que as resinas fracamente ácidas não removem dureza diferente de carbonato e bicarbonato de cálcio é dizer que elas não são capazes de "dividir sais neutros".

Embora as resinas catiônicas fracamente ácidas tenham essa limitação, elas são vantajosas para o abrandamento de água, pois o teor de sais dissolvidos na água tratada não aumenta, diferentemente de quando são usadas resinas fortemente ácidas (Clifford, 1990).

- *Resina aniônica fortemente básica* (AFB): divide-se em dois subgrupos, denominados tipo I e tipo II. O que diferencia um tipo de resina do outro é a basicidade de cada uma. As resinas do tipo I têm uma basicidade mais forte do que as resinas do tipo II e, por essa razão, produzem uma água efluente de melhor qualidade, com menos fuga de ânions, principalmente de sílica (Alves da Cunha, 1989).

As resinas do tipo II também são consideradas base forte e removem todos os ânions presentes na água, apresentando restrições apenas com relação à sílica. Por serem uma base menos forte que as do tipo I, entretanto, requerem uma menor quantidade de produtos químicos durante a etapa de regeneração. Essas resinas são amplamente utilizadas para o tratamento de águas com baixo teor de sílica em relação à quantidade total de ânions, nos processos em que a fuga de sílica não seja crítica ou nos casos com alto percentual de cloretos e sulfatos em relação ao total de ânions (Alves da Cunha, 1989).

O ponto ativo para a troca de íons das resinas aniônicas fortemente básicas é o grupo funcional de amina quaternária ($R-N(CH_3)^{+3}$), tão básico que é ionizado e pode ser útil como um trocador de íons para uma faixa de pH variando entre 1 e 13 (Clifford, 1990). Essas resinas podem ser condicionadas na forma OH^- (hidroxila) ou na forma Cl^- (cloreto), que são os ânions liberados durante a etapa de tratamento. Novamente, a opção por uma ou outra depende da qualidade da água que se deseja obter.

- *Resina aniônica fracamente básica* (AfB): é empregada em sistemas de tratamento de água que buscam remover primeiramente os ânions de ácido forte, entre eles o cloreto, o sulfato e o nitrato, pois esse tipo de resina não é capaz de remover os ânions fracamente ionizáveis, entre eles o bicarbonato e a sílica (Alves da Cunha, 1989).

A vantagem dessas resinas é sua perfeita regeneração com a quantidade estequiométrica de regenerante. Por essa razão, são mais eficientes do que as resinas fortemente básicas, tanto sob o ponto de vista do processo quanto ambiental e econômico, consome-se menos reagente e o efluente tem uma carga poluidora menor. Por outro lado, essas resinas são úteis apenas na faixa de pH ácido, no qual os grupos funcionais de aminas primárias, secundárias ou terciárias são protonados, podendo assim atuar como sítios positivamente carregados que possibilitam a troca de ânions (Clifford, 1990).

4.3.1 Seletividade das resinas

Uma informação de grande importância para seleção, dimensionamento e operação dos sistemas de tratamento de água para uso industrial pelo processo de troca iônica é a seletividade das resinas, isto é, sua ordem de preferência pelos íons envolvidos no processo de tratamento.

De modo geral, as resinas catiônicas e aniônicas disponíveis no mercado têm uma sequência de preferência entre os íons pelas resinas fortemente ácidas e fortemente básicas. Na Tab. 4.2, os valores são expressos em relação aos fatores de separação entre a resina (fase sólida) e água (fase líquida), definidos com base nas concentrações em equivalentes por litro de um íon qualquer e um íon de referência.

Conforme mencionado, os fatores de separação, representados por alfa ($\alpha_{i/j}$), referem-se à distribuição dos íons entre as fases sólida (resina) e líquida (solução), obtidos pela relação de equilíbrio da reação de troca, como mostra o esquema a seguir (Clifford, 1990):

$$R-j+i \rightarrow R-i+j \qquad K = \frac{\{\overline{R-i}\}\cdot\{j\}}{\{\overline{R-j}\}\cdot\{i\}} \qquad (4.21)$$

Os valores entre chaves representam a atividade iônica da solução. Para soluções diluídas, a atividade pode ser substituída pela concentração molar (Mahan, 1985), caso específico da água a ser submetida ao processo de tratamento por troca iônica.

O fator de separação pode ser representado pela seguinte expressão, com base em sua própria definição:

$$\alpha_{i/j} = \frac{y_i/x_i}{y_j/x_j} \qquad (4.22)$$

em que x e y representam as frações equivalentes dos íons i e j, na solução e na resina, respectivamente.

$$x_{i/j} = \frac{[\text{íons i ou j}]}{\text{Concentração total de íons}} \qquad (4.23)$$

$$y_{i/j} = \frac{\left[\overline{R-i}\text{ ou }\overline{R-j}\right]}{\text{Capacidade da resina}} \qquad (4.24)$$

Reorganizando as expressões, obtém-se a seguinte relação:

$$\alpha_{i/j} = \left[\overline{R-i}\right]\cdot[j] / \left[\overline{R-j}\right]\cdot[i] \qquad (4.25)$$

Além dessas relações, algumas regras gerais regem a sequência de seleção. Em soluções diluídas, com uma concentração de sólidos dissolvidos igual à encontrada nas águas naturais, as resinas têm maior afinidade pelos íons de carga mais elevada e menor grau de hidratação, por exemplo (Clifford, 1990).

As resinas aniônicas fracamente básicas têm a mesma sequência de seleção que as resinas fortemente básicas, com exceção do íon hidroxila, mais preferido pelas resinas fracamente básicas, além dos valores do fator de separação serem diferentes daqueles apresentados na Tab. 4.2.

4.3.2 Capacidade de troca das resinas

Conforme citado, as resinas de troca iônica possuem uma capacidade limitada. Tal propriedade está associada à quantidade de sítios ativos disponíveis na resina e, em conjunto com as características da água a ser tratada e da água a ser produzida, é um dos determinantes do porte do sistema de troca iônica.

Para facilitar o processo de seleção e dimensionamento dos sistemas de produção de água desmineralizada, os fabricantes de resinas colocam à disposição dos projetistas as principais características das resinas produzidas, inclusive sua capacidade de troca, as quais normalmente são oferecidas na forma de folha de dados.

Em geral, a capacidade de troca das resinas é expressa em número de equivalentes por litro de resina (eq/L). O número de equivalentes representa a quantidade de íons que

TÉCNICAS PARA O TRATAMENTO DE ÁGUA

Tab. 4.2 Afinidade relativa dos íons pelas resinas de troca iônica

Resina catiônica fortemente ácida*		Resina aniônica fortemente básica**	
Cátion	a_i/Na^+	Ânion	a_i/Cl^-
Ra^{2+}	13,0	CrO_4^{2-}	100,00
Ba^{2+}	5,8	SeO_4^{2-}	17,00
Pb^{2+}	5,00	SO_4^{2-}	9,10
Sr^{2+}	4,80	HSO_4^-	4,10
Cu^{2+}	2,60	NO_3^-	3,20
Ca^{2+}	1,90	Br^-	2,30
Zn^{2+}	1,80	$HAsO_4^{2-}$	1,50
Fe^{2+}	1,70	SeO_3^{2-}	1,30
Mg^{2+}	1,67	HSO_3^{3-}	1,20
K^+	1,67	NO_2^-	1,10
Mn^{2+}	1,60	Cl^-	1,00
NH^{4+}	1,30	HCO_3^-	0,27
Na^+	1,00	CH_3COO^-	0,14
H^+	0,67	F^-	0,07

*Os valores apresentados são aproximados e foram obtidos para uma solução de 0,01 N (SDT = 500 mg/L com $CaCO_3$).

**A resina aniônica fortemente básica é feita com uma matriz de poliestireno e divinilbenzeno, tendo como grupo funcional ativo o radical – $N'(CH_3)_3$.

Fonte: Clifford (1990).

podem ser retidos pela resina e pode ser obtido pela relação entre a massa atômica ou molecular do íon de interesse e sua valência.

A capacidade de troca das resinas disponíveis no mercado depende do grupo ativo ao qual elas pertencem, conforme apresentado na Tab. 4.3.

Tab. 4.3 Capacidade de troca iônica das resinas

Tipo de resina	Capacidade de troca (eq/L de resina)
Catiônica fortemente ácida	1,6 a 2,0
Catiônica fracamente ácida	3,8
Aniônica fortemente básica	1,0 a 1,3
Aniônica fracamente básica	1,3 a 1,7
Leito misto	2,8 (50% H^+ e OH^-)

Fonte: Dowex Ion Exchange Resins – product information (2002).

4.3.3 Sistemas de produção de água desmineralizada

A água desmineralizada é a mais adequada para processos químicos industriais e para qualquer outra aplicação em que não se pode introduzir elementos químicos além dos necessários, como a água de alto grau de pureza nas indústrias farmacêutica, alimentícia, eletrônica e de bebidas, muito embora a maior utilização de água desmineralizada seja feita em sistemas para geração de vapor a média e alta pressão.

O processo de desmineralização consiste na remoção de todos os cátions e ânions presentes na água a ser tratada, destacando-se o cálcio, o magnésio, o sódio e o potássio, como cátions, e o sulfato, o cloreto, o nitrato, o bicarbonato, o dióxido de carbono e a sílica ativa, como ânions.

Normalmente, dependendo da concentração de íons, utiliza-se pelo menos dois leitos de resinas: um catiônico e um aniônico, associados em série, o que completa o ciclo de desmineralização, conforme representado pelas equações a seguir (Alves da Cunha, 1989).
- Leito catiônico (na forma hidrogênio):

$$\overline{R-H} + Ca(SO_4)/Cl_2/(HCO_3)_2 \rightarrow \overline{R_2-Ca} + H_2SO_4 \qquad (4.26)$$

$$Mg(SO_4)/Cl_2/(HCO_3)_2 \rightarrow \overline{R_2-Mg} \quad HCl$$

$$Na_2(SO_4)/Cl/HCO_3 \rightarrow \overline{R-Na} \quad H_2CO_3$$

$$KCl/HCO_3 \rightarrow \overline{R-K} \quad HCl$$

- Leito aniônico (na forma hidróxido):

$$\overline{R-OH} + H_2SO_4 \rightarrow \overline{R_2-SO_4} + nH_2O \qquad (4.27)$$

$$HCl \rightarrow R-Cl$$

$$H_2CO_3 \rightarrow \overline{R_2-CO_3}$$

$$SiO_2/CO_2 \rightarrow \overline{R_2-CO_3}$$

$$\rightarrow \overline{R_2-SiO_2}$$

Após um determinado período de operação, as resinas ficam saturadas pois têm uma capacidade limitada. Deve-se então interromper o processo de tratamento para que seja feita a regeneração dos leitos de resina, procedimento que envolve as seguintes etapas:
- *Descompactação dos leitos*: a compactação ocorre porque a maior parte dos sistemas de troca iônica operam com o fluxo de água no sentido descendente, sob pressão. Portanto, os leitos devem sofrer expansão antes da etapa de regeneração, por meio da circulação de água e ar através do leito de resina, em sentido contrário ao do fluxo normal de operação.
- *Regeneração das resinas*: consiste na passagem de uma solução adequada, ácida ou básica, numa concentração suficientemente elevada para deslocar os cátions e ânions retidos nas resinas. Costuma-se utilizar ácido sulfúrico ou clorídrico, para regenerar o leito catiônico, e hidróxido de sódio, para regenerar o leito aniônico.
- *Lavagem do leito*: depois da regeneração, deve-se remover o excesso das soluções com água desmineralizada, para que outros íons não entrem no sistema. Considerando-se que os leitos de resinas podem estar compactados após a lavagem, faz-se necessária uma nova descompactação, nesse caso, com água desmineralizada e ar.

As reações do processo de regeneração das resinas de troca iônica são as seguintes:
- Leito catiônico (na forma hidrogênio):

$$\overline{R_2-Ca} + H_2SO_4/HCl \rightarrow \overline{R-H} + Ca(SO_4)/Cl_2 \qquad (4.28)$$

$$\overline{R_2-Mg} \rightarrow \quad Mg(SO_4)/Cl_2$$

$$\overline{R-Na} \rightarrow \quad Na_2(SO_4)/NaCl$$

$$\overline{R-K} \rightarrow \quad K_2(SO_4)/KCl$$

- Leito aniônico (na forma hidróxido):

$$\overline{R_2 - SO_4} / \overline{R - Cl} + NaOH \rightarrow \overline{R - OH} + Na_2SO_4 / NaCl \quad (4.29)$$

$$\overline{R_2 - CO_3} / \overline{R - HCO_3} \rightarrow \quad Na_2CO_3$$

$$\overline{R_2 - SiO_2} \rightarrow \quad Na_2SiO_2$$

Dependendo da aplicação da água desmineralizada e/ou da qualidade da água alimentada ao sistema, pode-se utilizar diferentes tipos de arranjos e combinações entre as resinas. O Quadro 4.1 apresenta os principais arranjos disponíveis.

Além desses arranjos, outros também podem atender às necessidades da indústria em função das qualidades da água bruta e da água a ser obtida. Nesses casos, deve-se avaliar todas as opções possíveis com o apoio dos fornecedores das resinas de troca iônica, os quais também podem contribuir com a formulação do melhor arranjo possível.

Quadro 4.1 Principais arranjos para os sistemas de produção de água desmineralizada

Arranjo	Aplicação	Qualidade da água	Vantagens e desvantagens
1 4	Quando não há necessidade de remover CO_2 e nem sílica	>Condutividade elétrica: 10 a 30 µS/cm >Sílica não removida	Baixo custo de equipamentos e de regeneração
1 4 6	Quando não há necessidade de remover sílica	>Condutividade elétrica: 10 a 20 µS/cm >Sílica não removida	Baixo custo de equipamentos e de regeneração, porém requer bombeamento após a torre de descarbonatação
1 3	Água bruta de baixa alcalinidade, com necessidade de remover sílica	>Condutividade elétrica: 5 a 15 µS/cm >Sílica: 0,02 a 0,10 mg/L	Baixo custo de equipamentos
1 6 3	Água bruta de alta alcalinidade, com necessidade de remover sílica	>Condutividade elétrica: 5 a 15 µS/cm >Sílica: 0,02 a 0,10 mg/L	Baixo custo de equipamentos, porém requer bombeamento após a torre de descarbonatação
1 4 6 3	Água bruta de alta alcalinidade, sulfatos e cloretos, com necessidade de remover sílica	>Condutividade elétrica: 5 a 15 µS/cm >Sílica: 0,02 a 0,10 mg/L	Médio custo de equipamentos e requer bombeamento após a torre de descarbonatação
2 1 6 4 3	Água bruta de alta dureza, alcalinidade, sulfatos e cloretos, com necessidade de remover sílica	>Condutividade elétrica: 5 a 15 µS/cm >Sílica: 0,02 a 0,10 mg/L	Alto custo de equipamentos e baixo custo de regeneração, e requer bombeamento após a torre de descarbonatação
1 6 3 1 3	Água bruta de alta alcalinidade e alto teor de sódio Água desmineralizada de alta pureza	>Condutividade elétrica: 1 a 5 µS/cm >Sílica: 0,01 a 0,05 mg/L	Alto custo de equipamentos e baixo custo de regeneração, e requer bombeamento após a torre de descarbonatação
5	Água bruta de baixa salinidade Água desmineralizada de alta pureza	>Condutividade elétrica: menor que 1,0 µS/cm >Sílica: 0,01 a 0,05 mg/L	Baixo custo de equipamentos e médio custo de regeneração
1 6 3 5	Água bruta de alta alcalinidade e alto teor de salinidade Água desmineralizada de alta pureza	>Condutividade elétrica: menor que 1,0 µS/cm >Sílica: 0,01 a 0,05 mg/L	Alto custo de equipamentos e baixo custo de regeneração, e requer bombeamento após a torre de descarbonatação

1 – Leito catiônico de resinas fortemente ácidas; 2 – Leito catiônico de resinas fracamente ácidas; 3 – Leito aniônico de resinas fortemente básicas; 4 – Leito aniônico de resinas fracamente básicas; 5 – Leito misto (resinas catiônicas e aniônicas); 6 – Torre de descarbonatação.

Fonte: Nalco Chemical Company (1988) e Alves da Cunha (1989).

4.3.4 Considerações finais sobre o processo de troca iônica

Pode-se concluir que o tratamento de água pelo processo de troca iônica e a obtenção de água com alto grau de pureza gera efluentes líquidos, que vêm da água utilizada para a expansão e lavagem dos leitos de resinas e solução de regeneração. Esses efluentes devem ser gerenciados adequadamente, para que não causem impactos negativos ao meio ambiente ou aos sistemas de controle de efluentes existentes. Para tanto, deve-se adotar estratégias para sua minimização.

4.4 Separação por membranas

Esse processo lança mão de membranas sintéticas, porosas ou semipermeáveis, para separar da água partículas sólidas de pequenos diâmetros, moléculas orgânicas e até mesmo compostos iônicos dissolvidos. Para que o processo de separação ocorra, utiliza-se um gradiente de pressão hidráulica ou um campo elétrico.

Basicamente, os processos de separação por membranas são divididos em cinco categorias (Wagner, 2001): microfiltração, ultrafiltração, nanofiltração, osmose reversa e eletrodiálise. O que difere cada uma das categorias é o diâmetro dos poros das membranas e o tipo e a intensidade da força motriz que promove a separação dos contaminantes. As membranas de osmose reversa e de eletrodiálise são as mais restritivas, ao passo que as de microfiltração são as menos restritivas. A Fig. 4.2 ilustra a capacidade dos principais processos de separação por membranas que utilizam pressão hidráulica. Destaca-se que o fato de a membrana ser mais restritiva não implica que ela pode ser utilizada para todos os possíveis contaminantes presentes na água, como será salientado na descrição de cada um dos processos.

À primeira vista, os processos de separação por membranas poderiam ser comparados aos processos de filtração convencional. Contudo, algumas características fazem com que tais processos sejam distintos:

- o fluxo de água pode ser paralelo às membranas, ou seja, não é necessário que todo o efluente passe através da membrana, mais comum nos processos que operam com pressões elevadas;

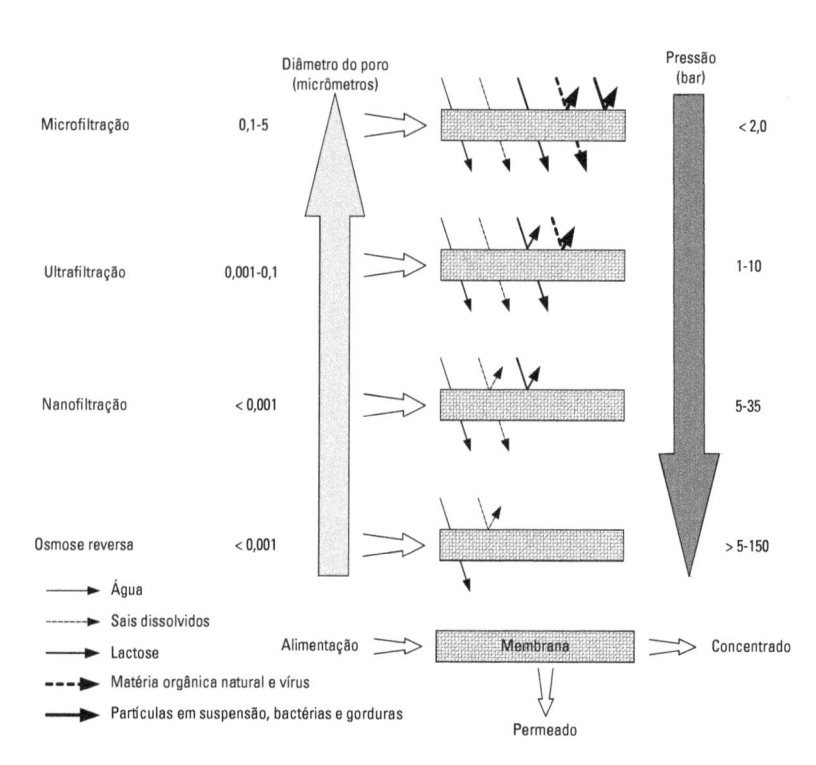

Fig. 4.2 *Capacidade de separação dos principais processos de separação por membranas*

TÉCNICAS PARA O TRATAMENTO DE ÁGUA

- as membranas são eficientes para a separação de partículas sólidas de pequenas dimensões e compostos orgânicos e inorgânicos dissolvidos;
- a pressão de operação dos sistemas de separação por membranas pode ser significativamente maior que nos processos de filtração convencional, no caso específico dos processos de nanofiltração e osmose reversa;
- no caso das membranas de micro e ultrafiltração, a qualidade da água produzida é significativamente superior à que pode ser obtida pelo processo convencional de tratamento;
- a área necessária para a implantação de sistemas de separação por membranas é significativamente menor;
- não é necessária a utilização contínua de produtos químicos para o tratamento da água, considerando-se o tamanho dos poros das membranas.

O desenvolvimento dos processos de separação por membranas representou um grande avanço no campo de tratamento da água. Antes, a remoção de contaminantes em níveis comparáveis aos obtidos por meio desse processo exigia técnicas cujos custos de implantação, operação e manutenção eram proibitivos. Atualmente, as membranas dos equipamentos de tratamento de água são confeccionadas em material polimérico e até mesmo cerâmico, de configurações variadas, como placas planas, tubulares, fibras ocas e enroladas em espiral. As duas últimas são as mais amplamente utilizadas e comercializadas na atualidade (Wagner, 2001) e estão representadas na Fig. 4.3.

No caso dos processos de separação por membranas que operam com um fluxo paralelo, ocorre a produção de correntes distintas: aquela que passou através da membrana e da qual foram removidos os contaminantes, chamada de permeado, e a que contém a maior parte dos contaminantes que inicialmente estavam presentes na alimentação do sistema, chamada de concentrado. Os processos de microfiltração e ultrafiltração, na maioria dos casos, em função da baixa pressão de operação, operam com fluxo similar ao dos filtros de meio granular, porém com uma frequência de contralavagem das membranas muito maior, com uma contralavagem a cada 40-50 minutos. Contudo, o volume de água na contralavagem é significativamente menor, obtendo-se eficiências de conversão de 95% ou mais (Singh; Hankins, 2016). É importante destacar que os processos de micro e ultrafiltração podem substituir o sistema convencional de tratamento de água, com a vantagem de não ser necessário utilizar produtos químicos de forma contínua para a remoção das partículas, o que não gera lodo, além do fato de a área para sua implantação ser significativamente menor. A Fig. 4.4 ilustra o arranjo esquemático de um sistema de tratamento de

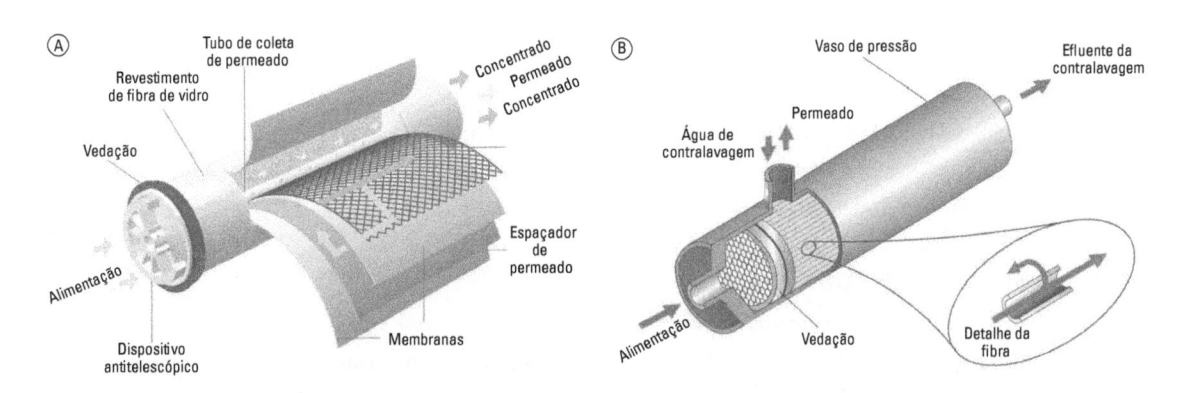

Fig. 4.3 *Representação de membranas nas configurações (A) enrolada em espiral e (B) fibra oca*
Fonte: adaptado de (A) Dupont (2022) e (B) Nasa (2001).

água por micro ou ultrafiltração com o uso de membranas de fibra oca operando com fluxo perpendicular.

A separação por membranas deve ser precedida por sistemas de pré-tratamento, de modo a proteger e melhorar o desempenho das membranas. Essa é uma condição básica a ser atendida quando se opta pela utilização do processo em questão. Além disso, assim como qualquer outra tecnologia para tratamento de água, a separação por membranas também tem vantagens e limitações que devem ser devidamente analisadas.

Com o objetivo de fornecer subsídios para uma avaliação adequada, são apresentados a seguir os processos de separação por membranas mencionados.

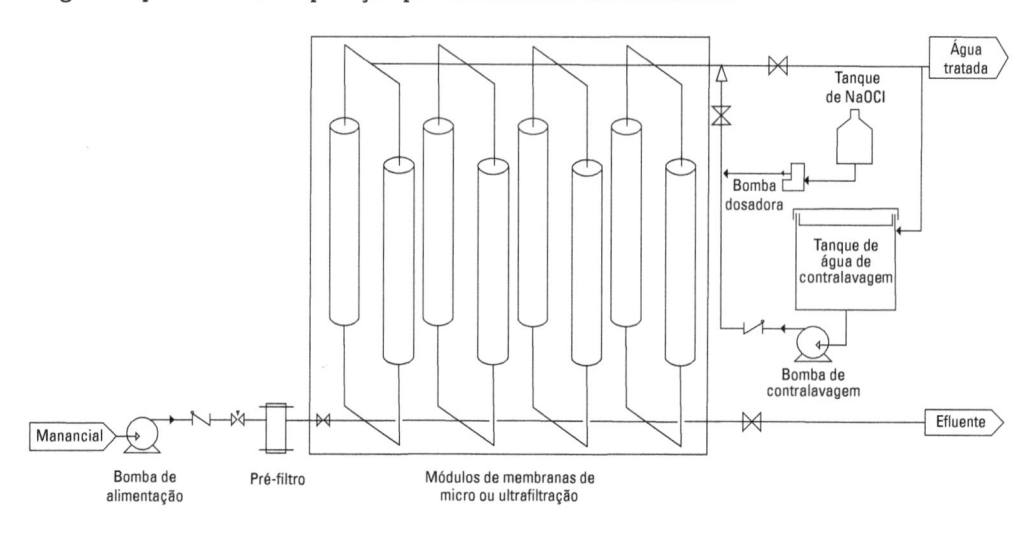

Fig. 4.4 *Representação do sistema de tratamento de água por micro ou ultrafiltração*

4.4.1 Microfiltração

As membranas de microfiltração podem ser consideradas filtros absolutos. São fabricadas em polímeros, metais ou cerâmicas, o diâmetro dos poros varia entre 0,02 μm a 4 μm e a pressão que promove a separação dos contaminantes é menor que 2,0 bar (Wagner, 2001). Além de remover coloides, o processo de microfiltração também remove metais dissolvidos de soluções diluídas por meio de agentes complexantes de alto peso molecular (Buckley et al., 1990).

O processo de tratamento por microfiltração gera um concentrado que representa menos de 5% do volume alimentado ao sistema, mas com uma concentração de sólidos que pode chegar a 70% (Idaho National Engineering Laboratory, 1992).

As principais vantagens do processo de microfiltração são a remoção seletiva de metais, a facilidade de integração a outro processo de tratamento, o baixo consumo de energia e o custo de investimento, que é relativamente baixo.

Entretanto, o processo também tem desvantagens: o afluente deve apresentar baixa carga de sólidos, muitas membranas estão sujeitas ao ataque químico, a corrente de concentrado pode apresentar problemas para disposição final, substâncias iônicas e gases dissolvidos não são afetados.

4.4.2 Ultrafiltração

Aqui, as membranas têm um diâmetro de poro que varia entre 0,002 μm e 0,2 μm. Consequentemente, a pressão de operação necessária para que o fluxo de permeado seja aceitável é significativamente maior que a do processo de microfiltração, devendo-se trabalhar com valores na faixa de 1 a 10 bar (Nalco Chemical Company, 1988; Wagner, 2001;

Kawamura, 1991). O diâmetro de poro nessa ordem de grandeza torna o processo de ultrafiltração adequado para remover coloides e compostos orgânicos com alto peso molecular.

Da mesma forma que o processo de microfiltração, a ultrafiltração também gera duas correntes distintas, das quais o permeado tem melhor qualidade. Muitas das vantagens e desvantagens do processo de microfiltração também são válidas nessa técnica.

4.4.3 Nanofiltração

Os sistemas de nanofiltração podem remover compostos orgânicos de massa molecular variando entre 250 e 1.000 g/mol e alguns sais, geralmente bivalentes. Operam com uma pressão superior à do processo de ultrafiltração, variando de 5 a 35 bar (Wagner, 2001).

Esses sistemas funcionam de forma adequada como abrandadores, sem causar os problemas de poluição associados aos processos convencionais, com a vantagem da possibilidade de remoção de compostos orgânicos (Osmonics, 1997).

4.4.4 Osmose reversa

Dentre os processos de separação por membranas descritos até aqui, o de osmose reversa é o mais discutido e amplamente utilizado. Dados disponíveis (VMR, 2023) indicam que o mercado mundial de membranas, em valor e para o ano de 2028, distribui-se de acordo com o apresentado na Fig. 4.5.

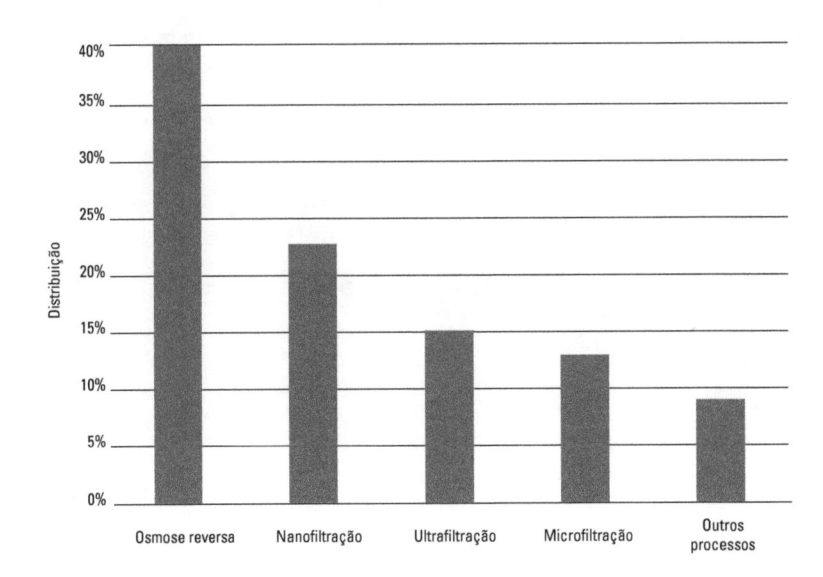

Fig. 4.5 *Estimativa da distribuição do mercado de membrana por tecnologia para o ano de 2028*

No final da década de 1950 e início da década de 1960, a tecnologia de osmose reversa teve aplicação prática nas indústrias como operação unitária, para reduzir o consumo de água e energia, controlar a poluição e recuperar materiais úteis de efluentes (Dupont, 2023).

Esse processo baseia-se no fenômeno natural da osmose, que consiste na passagem de água pura através de uma membrana semipermeável de uma solução salina diluída para uma mais concentrada, até que se atinja o equilíbrio. O resultado é a elevação do nível de líquido da solução mais concentrada, e essa diferença de nível entre as duas soluções é conhecida como pressão osmótica de equilíbrio. Se uma pressão hidráulica superior à pressão osmótica de equilíbrio for aplicada do lado da solução mais concentrada, a água passa a fluir através da membrana, da solução concentrada para a diluída. Esse fenômeno é conhecido como osmose

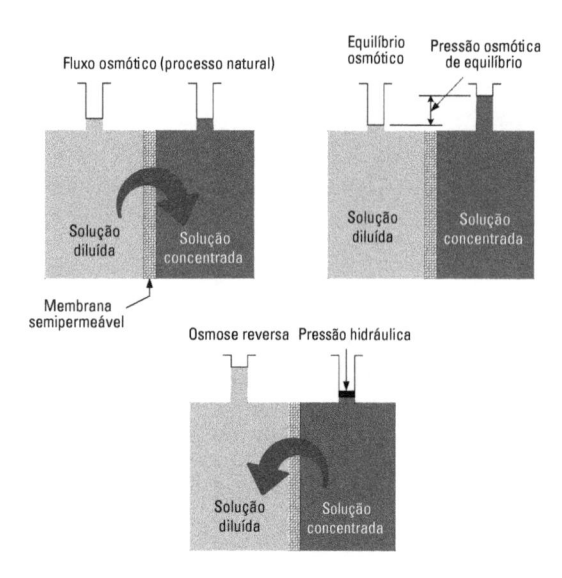

Fig. 4.6 *Representação esquemática do fenômeno de osmose reversa*

reversa (Parekh, 1988; Conlon, 1990). A Fig. 4.6 é uma representação esquemática dos fenômenos de osmose e osmose reversa.

O processo de osmose reversa é uma alternativa aos processos disponíveis de dessalinização, como a troca iônica e a evaporação, além de ser o mais econômico dentro de seu campo de aplicação. Como no caso da troca iônica e da evaporação, é utilizado para a obtenção de água com alto grau de qualidade, atuando como uma barreira para a maioria dos sais dissolvidos ou moléculas inorgânicas e orgânicas com massa molecular superior a cem. A taxa de rejeição de sais pode variar de 95% a mais de 99%, dependendo do tipo de membrana utilizada, da concentração de sais dissolvidos na corrente processada, do tipo de substância envolvida e das condições operacionais do sistema (Conlon, 1990).

O processo de osmose reversa é adequado para tratar águas cuja concentração de sais dissolvidos varia de 5 mg/L até 34.000 mg/L (Kiang; Metry, 1982), com uma recuperação de até 90% em relação ao volume alimentado ao sistema (Mierzwa, 1996). Entretanto, a recuperação de água por passagem no sistema chega no máximo a 75%, e a pressão de operação do sistema pode variar de 3,4 a 150 bar (Wagner, 2001). A Fig. 4.7 apresenta um arranjo esquemático do processo de separação por membranas para operação contínua, com a indicação das correntes de alimentação, permeado e concentrado.

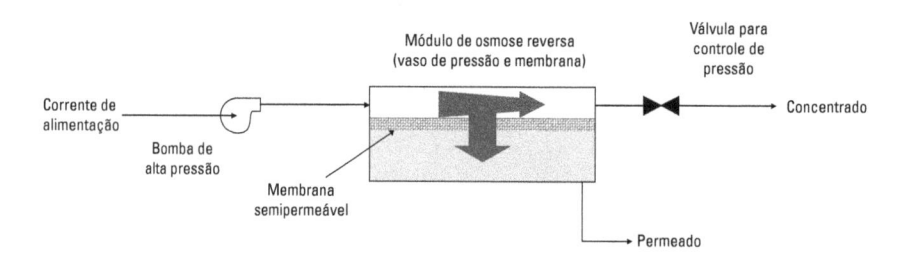

Fig. 4.7 *Representação esquemática do sistema contínuo de osmose reversa*

As principais vantagens do processo de osmose reversa são: o baixo consumo de energia, uma vez que não há mudança de fase da solução processada; o baixo custo de investimento e operação; ele não exige operadores altamente qualificados; e é adequado para o tratamento de efluentes cujos íons dissolvidos são os principais contaminantes.

Contudo, o mesmo processo também tem como desvantagens: não ser adequado para o tratamento de efluentes com material em suspensão; a membrana pode sofrer ataque químico por alguns materiais presentes na solução a ser tratada; as substâncias com baixa solubilidade podem precipitar na superfície das membranas; alguns compostos orgânicos, principalmente os de baixo peso molecular e gases dissolvidos, não são removidos e o concentrado gerado pode trazer problemas a seu destino final.

4.4.5 Eletrodiálise

De forma semelhante à osmose reversa, o processo de eletrodiálise purifica e concentra uma determinada solução por meio de um fluxo preferencial através de uma membrana semipermeável. Contudo, a transferência de massa através da membrana que separa as soluções se dá em razão de uma diferença de potencial elétrico aplicada entre as membranas. Além disso, são as espécies iônicas presentes nas soluções que permeiam através da membrana (Kiang; Metry, 1982; Idaho National Engineering Laboratory, 1992; Nalco Chemical Company, 1988).

O processo de eletrodiálise só é adequado para promover a separação de compostos iônicos, porque consiste numa diferença de potencial elétrico aplicada entre um conjunto de membranas seletivas de íons. Não é indicado para efluentes que contenham compostos moleculares e substâncias em suspensão como contaminantes. A Fig. 4.8 é uma representação esquemática do processo de eletrodiálise (Osmonics, 1997).

Como vantagens, o processo de eletrodiálise apresenta uma operação à pressão atmosférica e a possibilidade de obtenção de soluções concentradas com até 20% em sais. Entretanto, o processo também pode ser inadequado, pois os sólidos em suspensão e compostos orgânicos podem bloquear as membranas; os agentes oxidantes ou a presença de íons ferroso e manganoso em concentração superior a 0,3 mg/L pode danificar as membranas e pode ocorrer a eletrólise da água e consequente geração de hidrogênio e oxigênio, substâncias altamente reativas.

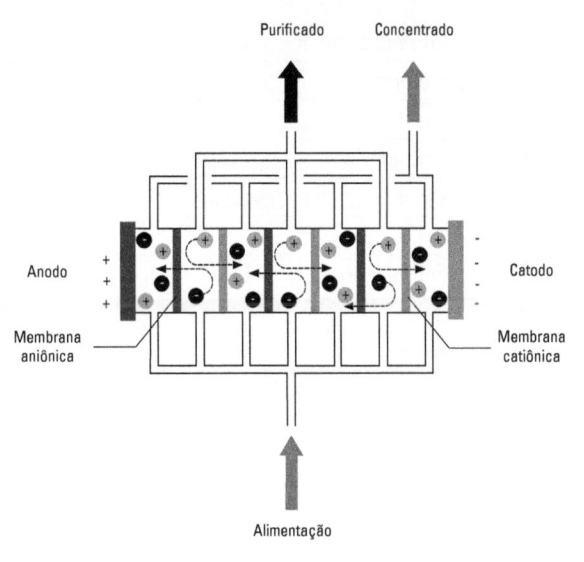

Fig. 4.8 *Representação do processo de eletrodiálise*

4.5 Oxidação fotoquímica – ultravioleta-peróxido de hidrogênio

Com a ampliação do uso de diversas substâncias e compostos químicos orgânicos para algumas aplicações industriais, é necessário reduzir suas concentrações na água para determinados tipos de processos, especificamente na indústria farmacêutica e eletrônica. Monitorar individualmente cada tipo de composto orgânico potencialmente presente na água e propor tecnologias de tratamento específicas é praticamente inviável, considerando-se a quantidade de substâncias disponíveis comercialmente, como já citado no Cap. 1. Nesse sentido, a utilização de processos complementares de tratamento, como os de oxidação avançada, com a combinação entre agentes físicos e químicos, tem se mostrado uma opção adequada, inclusive em estruturas de reúso de água para fins potáveis (WHO, 2017). A Tab. 4.4 mostra os principais tipos de processos de oxidação fotoquímica e os potenciais contaminantes que podem ser degradados.

- *Processo de UV-vácuo*: é baseado na utilização de radiação ultravioleta de alta energia, em comprimentos de onda inferiores a 200 nm, que é suficiente para gerar o radical hidroxil (•OH), a partir da quebra da ligação da molécula da água, sem a necessidade de qualquer agente químico precursor.
- *Processo UV/oxidação*: é baseado na geração do radical •OH pela ação da radiação ultravioleta em comprimentos de onda entre 200 nm e 280 nm, mediada por um agente oxidante, como o ozônio ou o peróxido de hidrogênio.
- *Processo foto-Fenton*: é baseado na utilização de sais de ferro, peróxido de hidrogênio e radiação ultravioleta para mediar a formação do radical •OH.

Tab. 4.4 Principais processos de oxidação fotoquímica disponíveis comercialmente ou com estudos em escala piloto

Grupo de contaminantes	Processo de oxidação fotoquímica			
	UV-vácuo (fotólise)	UV/oxidação	Foto-Fenton	Sensibilização
Compostos orgânicos voláteis	1	4	4	4
Compostos orgânicos semivoláteis	1	4	4	1
Bifenilas policloradas	1	1	si	1
Defensivos agrícolas	1	3	2	si
Dioxinas e furanos	1	1	2	1
Explosivos e produtos de degradação	1	4	1	1
Substâncias húmicas	1	1	1	1
Compostos inorgânicos	1	1	1	1
Tintas	si	3	1	1
Microrganismos	1	4	1	1

1 – Em fase de desenvolvimento; 2 – Aplicação em escala de bancada; 3 – Aplicação em escala piloto;
4 – Aplicação comercial; si – sem informação.
Fonte: EPA (1998).

- *Processo de sensibilização*: utiliza a radiação ultravioleta para poder excitar os elétrons da banda de condução de um semicondutor, criando uma vacância, que pode reagir tanto com a água como com radicais hidroxila (OH·), para a geração do radical hidroxil. É importante não confundir o radical hidroxila, responsável pela alcalinidade da água, com o radical hidroxil, que é o agente oxidante. No processo pode ocorrer a formação de peróxido de hidrogênio, que acaba gerando o radical ·OH, mediada pelo elétron que foi deslocado da banda de condução (EPA, 1998).

Dentre os processos indicados, destaca-se o de oxidação fotoquímica com peróxido de hidrogênio (UV-H_2O_2), que viabiliza a formação do radical ·OH, uma espécie química muito reativa, capaz de oxidar, em um curto intervalo de tempo, diversos compostos orgânicos, com a vantagem de não introduzir nenhum outro constituinte à água. Isso se justifica pelo fato de os principais produtos de reação serem o oxigênio, a água, o gás carbônico e, eventualmente, alguns elementos inorgânicos que poderiam estar associados aos compostos orgânicos oxidados (Mierzwa; Rodrigues; Teixeira, 2018).

Em comparação ao processo de oxidação com ozônio, considerado um dos oxidantes mais energéticos disponíveis, a cinética de oxidação com o radical hidroxil gerado pelo processo UV-H_2O_2 é significativamente maior, como pode ser verificado pelos dados apresentados na Tab. 4.5.

A aplicação do processo de oxidação UV-H_2O_2 é baseada nos fundamentos de cálculo de reatores, onde é necessário determinar a constante cinética de degradação necessária para viabilizar o projeto dos reatores de oxidação. Para sua utilização, podem ser empregadas lâmpadas de vapor de mercúrio baixa ou média pressão, ou então lâmpadas tipo Excimer, cujas principais diferenças em relação às lâmpadas de vapor de mercúrio estão associadas ao comprimento de onda da radiação ultravioleta (UV) gerada, à potência elétrica para acionamento de cada tipo e à sua vida útil. Em geral, as lâmpadas de baixa pressão geram radiação ultravioleta praticamente monocromática, em um comprimento de onda próximo de 254 nm, enquanto as lâmpadas do tipo Excimer emitem radiação UV em 172 nm ou UV-vácuo (Merzwa; Rodrigues; Teixeira, 2018). Por outro lado, as lâmpadas de vapor de mercúrio de média pressão emitem radiação em diferentes comprimentos de onda, desde a faixa de radiação UV até a faixa da luz visível, tendo como desvantagem o maior consumo de energia associado. Uma diferença relevante entre as lâmpadas de vapor de mercúrio de baixa pressão e as lâmpadas tipo Excimer é a vida útil, de 9.000 e 2.500 horas, respectivamente.

Tab. 4.5 Constantes de reação do ozônio e do radical hidroxil para oxidação de compostos orgânicos em água

Composto	Constante de reação ($M^{-1} \cdot s^{-1}$)	
	Ozônio	Radical hidroxil
Acetilenos	50	10^8-10^9
Álcoois	10^{-2}-1	10^8-10^9
Aldeídos	10	10^9
Alcanos	10^{-2}	10^6-10^9
Compostos aromáticos	1-10^2	10^8-10^{10}
Ácidos carboxílicos	10^{-3}-10^{-2}	10^7-10^9
Alcenos clorados	10^{-1}-10^3	10^9-10^{11}
Cetonas	1	10^9-10^{10}
Compostos orgânicos nitrogenados	10-10^2	10^8-10^{10}
Olefinas	1 a $4,5 \times 10^5$	10^9-10^{11}
Fenóis	10^3	10^9-10^{10}
Compostos orgânicos contendo enxofre	10 a $1,6 \times 10^3$	10^9-10^{10}

Fonte: EPA (1998).

Dosagem de produto químico em calha Parshall

GERAÇÃO DE EFLUENTES NA INDÚSTRIA

Qualquer atividade que envolva a utilização ou o tratamento de água é potencialmente capaz de gerar efluentes que, na maioria dos casos, são lançados para o meio ambiente. Pode-se considerar que as principais fontes de geração de efluentes nas indústrias são os processos de tratamento de água e demais atividades que a utilizam, cujo gerenciamento adequado é fundamental para que não ocorram problemas em decorrência de seu lançamento para o meio ambiente.

No caso do tratamento de água para uso industrial, ou seja, da produção de água para consumo, diversas etapas do tratamento geram efluentes. Já os efluentes gerados pelas diversas atividades industriais devem ser identificados com base em uma análise dos processos e operações que utilizam a água, tanto como matéria-prima quanto como produto auxiliar.

Alguns processos industriais são comuns a várias indústrias, e outros são bastante particulares. No primeiro caso, a identificação, quantificação e caracterização do efluente podem ser obtidas facilmente; já no segundo caso, só se pode obter dados indicativos, principalmente por meio de pesquisas em bibliografias especializadas. Informações mais detalhadas só são obtidas por meio de uma avaliação minuciosa de cada processo ou operação desenvolvida. Além disso, uma prática comum adotada em diversas indústrias é a coleta conjunta de todos os efluentes, o que resulta em problemas para o tratamento deles.

O gerenciamento adequado dos efluentes é importante para minimizar impactos ambientais, o que exige a adoção de procedimentos específicos de coleta e tratamento. Para uma melhor compreensão do assunto, as principais atividades industriais responsáveis pela geração de efluentes são avaliadas a seguir. Apresentam-se também as principais tecnologias de tratamento antes do lançamento desses efluentes para o ambiente.

5.1 Geração de efluentes nos processos de tratamento de água

Os principais processos de tratamento de água para uso industrial são: convencional, abrandamento, troca iônica e processos de separação por membranas, discutidos anteriormente. Assim, as etapas e operações que possam gerar efluentes por esses processos serão destacadas.

5.1.1 Sistema convencional de tratamento

Os principais pontos de geração de efluentes do sistema convencional são os decantadores e os filtros. Os decantadores produzem um lodo constituído, basicamente, pelos sólidos em suspensão inicialmente presentes na água bruta e pelos compostos químicos utilizados nos processos de coagulação e floculação da água, os quais reagiram entre si e formaram produtos insolúveis. O teor de sólidos depende de como é feita a descarga do lodo dos decantadores e é sempre maior no processo de descarga em bateladas do que no processo semicontínuo (Ferreira Filho; Sobrinho, 1998).

Nos filtros que removem as partículas que persistiram na água decantada, a etapa responsável pela geração de efluentes é a lavagem, cujo objetivo é remover do meio filtrante as partículas retidas durante o procedimento de filtração e, dessa forma, possibilitar que o filtro volte a operar normalmente.

Verifica-se que os principais contaminantes nos efluentes gerados por um sistema convencional de tratamento de água são sólidos em suspensão, inclusive partículas coloidais, microrganismos e produtos químicos empregados nas etapas de coagulação e floculação. O volume dos efluentes aumenta em função da capacidade de tratamento da instalação.

Com base nas características das águas superficiais da Região Sudeste do Brasil (Aneel, 2000) e dados sobre projeto, gerenciamento de resíduos (Ferreira Filho; Sobrinho, 1998) e produção de lodo dos sistemas de tratamento de água (Sanks, 1982; Azevedo Netto et al., 1987), apresenta-se a seguir uma estimativa da geração de efluentes dos sistemas convencionais.

Efluentes dos decantadores

Em geral, o sulfato de alumínio, na dosagem de 20 mg/L, é utilizado como coagulante para o tratamento de uma água com um teor médio de 48 mg/L de sólidos em suspensão totais (Aneel, 2000), além de um polímero, na dosagem de 1 mg/L, como auxiliar de floculação. A produção de sólidos por metro cúbico de água tratada será:

$$PL = \left(4,89 \cdot D_{coagulante} + SS + O_a\right) \cdot 10^3 \tag{5.1}$$

em que:
PL = produção de sólidos secos (kg/m³);
$D_{coagulante}$ = dosagem de sulfato de alumínio (mg/L);
SS = concentração de sólidos suspensos totais na água bruta (mg/L);
O_a = dosagem de outros aditivos (mg/L).

Com a substituição dos valores dos parâmetros, calcula-se que a produção de lodo é de 0,147 kg de sólidos por metro cúbico de água tratada. Sabendo-se que a concentração de sólidos no lodo produzido nos decantadores é de 1,4% em massa (Ferreira Filho; Sobrinho, 1998) e admitindo-se que a massa específica do lodo seja da ordem de 1,14 kg/L, o volume de lodo produzido será:

$$V_{lodo} = \frac{PL}{\%_{sólidos} \cdot \rho_{lodo}} \cdot 100 \tag{5.2}$$

em que:
ρ_{lodo} = massa específica do lodo (kg/L);
V_{lodo} = volume de lodo por metro cúbico de água tratada (L/m³);
$\%_{sólidos}$ = concentração de sólidos no lodo (% em massa).

Com uma nova substituição dos valores, conclui-se que o volume de lodo produzido em um decantador é de 10,4 L por metro cúbico de água tratada. O material é então encaminhado para a remoção do excesso de água, processo que inclui desde leitos de secagem até equipamentos como filtros-prensa, prensas desaguadoras e decantadores centrífugos. Dependendo do equipamento utilizado, pode-se obter uma torta com concentração de sólidos entre 20% e 40% em massa de material seco e um efluente. Com base na produção de lodo como sólidos secos, adotando-se uma concentração de 30% em massa, a remoção de água origina os seguintes materiais:

Lodo para disposição final = 0,49 kg/m³ de água tratada
Volume de efluente = 10,1 L/m³ de água tratada

Efluentes dos filtros

No fim de seu período de campanha, ou seja, quando atingir a perda de carga máxima permitida, o filtro deve ser submetido a um processo de limpeza conhecido como contralavagem, que tem por objetivo remover do meio filtrante os sólidos retidos durante a filtração. O consumo de água, para tanto, depende de vários fatores, como a altura do meio filtrante e a distância de penetração dos sólidos nesse meio (Cleasby, 1990).

A lavagem consiste na injeção de água pelo fundo do filtro, em sentido contrário ao fluxo normal de filtração, com uma taxa de aplicação (velocidade ascensional da água) variando entre 37 m/h e 49 m/h, por um período de, aproximadamente, 6,5 minutos (Azevedo Netto et al., 1987; Cleasby, 1990).

A concentração de sólidos na água de lavagem dos filtros depende de fatores como a eficiência do decantador e o modo de operação e lavagem dos filtros, e é expressa em Unidades de Turbidez (UT), com valores médios variando entre 200 e 800 Unidades de Turbidez (Sanks, 1982). Assim, se a taxa de aplicação para a água de lavagem é de 43 m/h, e o tempo de lavagem é 6,5 minutos, o volume de efluentes que a lavagem de um filtro produzirá é:

$$V_{efluente} = q \cdot t \tag{5.3}$$

em que:
$V_{efluente}$ = volume de água de lavagem por área de filtração (m³/m²);
q = taxa de aplicação da água de lavagem (m/h);
t = tempo de lavagem do filtro (h).

Com a substituição dos valores na expressão, o volume de efluentes gerado pela operação de lavagem do filtro será igual a 4,66 m³/m².

A Tab. 5.1 apresenta as principais características dos efluentes gerados no sistema convencional de tratamento de água. Deve-se observar que os valores são estimados com base nos dados disponíveis em literatura e são valores médios que dependem da capacidade da estação de tratamento, já que estão associados à vazão de água tratada e à área dos filtros.

5.1.2 Abrandamento de Água

O processo de abrandamento consiste na remoção dos íons responsáveis pela dureza da água, principalmente o cálcio e magnésio, por meio de precipitação química ou de troca

Tab. 5.1 Efluentes gerados em um sistema convencional de tratamento de água

Origem	Volume	Contaminantes	
		Parâmetro	Concentração
Decantadores	10,4 L/m³ de água tratada	Sólidos suspensos	1,4% em massa
Filtros	4,7 m³/m² por operação de lavagem	Sólidos suspensos	200 a 800 UT

iônica. Como as águas da Região Sudeste do Brasil não necessitam desse processo, pois seu valor médio de dureza é 18,40 mg/L em $CaCO_3$ (Aneel, 2000), será considerada apenas a geração de efluentes pelo abrandamento por troca iônica e osmose reversa.

Para simplificar a apresentação dos dados relacionados à geração de efluentes e por causa da semelhança com o processo de obtenção de água desmineralizada (tanto por troca iônica como por osmose reversa), os efluentes do processo de abrandamento serão apresentados junto com os efluentes dos respectivos processos de tratamento de água.

5.1.3 Troca iônica (desmineralização)

A troca iônica envolve as etapas de desmineralização, expansão, regeneração e lavagem dos leitos de resinas, exatamente nessa sequência.

A etapa de desmineralização, ou seja, a remoção dos íons indesejáveis, é feita até que se atinja a capacidade de troca das resinas, ou quando a qualidade da água efluente dos leitos não atende às especificações para uso. Não há geração de efluentes líquidos até o início da regeneração, que começa com a expansão do leito de resinas (ou, na linguagem técnica, com a contralavagem) e cujo principal objetivo é descompactar as resinas e remover qualquer material que tenha se depositado sobre a superfície do leito.

A operação de contralavagem utiliza água de processo a uma vazão que possibilite uma expansão de 50% do leito, por um período de aproximadamente dez minutos, resultando numa taxa de aplicação igual a 13,70 m/h e 5,20 m/h para os leitos catiônico e aniônico, respectivamente (Rohm and Haas, 19--), com profundidade mínima de 61 cm. Nessa condição, para cada litro de resina, o volume de água para a expansão do leito será de 3,74 e 1,42 L/L_{resina} para os leitos catiônico e aniônico. Os principais contaminantes na água de contralavagem dos leitos serão sólidos em suspensão.

Em seguida, as resinas de troca iônica são regeneradas com uma solução ácida ou alcalina, de composição e concentração adequadas para cada tipo de resina, que passa através dos leitos. Os principais compostos utilizados para esse fim são (Rohm and Haas, 19--):

- Resinas catiônicas: Ácido clorídrico (solução de 5% a 10% em massa);
  Ácido sulfúrico (solução de 5% a 8% em massa);
  Cloreto de sódio (solução a 10% em massa).
- Resinas aniônicas: Hidróxido de sódio (solução de 2% a 4% em massa);
  Hidróxido de amônio (solução a 4% em massa);
  Carbonato de sódio (solução a 4% em massa);
  Cloreto de sódio (solução a 4% em peso).

A quantidade necessária de regenerante depende do tipo de resina que passará pelo processo. É comum aplicar um excesso de 10% a 200% de regenerante em relação à quantidade estequiométrica (Rohm and Haas, 19--). Tomando-se como base a capacidade média de troca das resinas, bem como os valores médios para a concentração das soluções de regeneração e do excesso de regenerante (Rohm and Haas, 1986, 19--), a quantidade e a composição média dos efluentes gerados estão relacionadas na Tab. 5.2.

Pelo fato de um sistema de produção de água desmineralizada geralmente dispor de dois leitos ou tipos de resinas (catiônicas e aniônicas), o volume total de efluente produzido será a soma dos volumes de efluente produzido em cada leito. Caso o leito seja misto, deve-se calcular a quantidade de efluentes com base na proporção de resinas utilizada. Já no caso do processo de abrandamento de água, apenas o volume de efluente gerado no leito catiônico deve ser considerado.

Terminada a operação de regeneração, os leitos de resina devem ser submetidos a uma lavagem, cujo objetivo é remover o excesso da solução regenerante para que a operação

Tab. 5.2 Efluentes gerados no processo de regeneração dos leitos de resina de troca iônica

Tipo de resina	Capacidade de troca ($eq./L_{resina}$)	Regenerante*	Concentração da solução de regeneração (% em massa)	Quantidade de regenerante 100% de excesso ($eq./L_{resina}$)	Volume de efluente (L/L_{resina})	Composição do efluente (SDT como $CaCO_3$ – g)
CFA	1,9	HCl	5	3,8	2,7	106
		H_2SO_4	4		4,7	61
		NaCl	10		2,2	130
CfA	3,6	HCl	5	7,2	5,3	102
		H_2SO_4	4		8,8	61
		NaCl	10		4,2	129
AFB	1,2	NaOH	4	2,4	2,4	75
		NH_4OH			2,1	86
		Na_2CO_3			3,2	56
		NaCl			3,5	51
AfB	1,5	NaOH	4	3,0	3,0	75
		NH_4OH			2,6	87
		Na_2CO_3			4,0	56
		NaCl			4,4	51

*Somente um dos regenerantes é utilizado.

de desmineralização, ou de abrandamento, recomece. A etapa de lavagem demanda água desmineralizada, em quantidade e em vazão de aplicação recomendadas pelo fabricante das resinas. Em geral, o volume de água de lavagem pode variar de acordo com os valores listados na Tab. 5.3.

Tab. 5.3 Volume de água necessário para a lavagem dos leitos de resina após a regeneração

Tipo de resina	Volume de água desmineralizada (L/L_{resina})
Catiônica fortemente ácida	3,4 a 10,0
Catiônica fracamente ácida	6,7 a 10,0
Aniônica fortemente básica	5,4 a 10,0
Aniônica fracamente básica	6,7 a 10,0

Fonte: Rohm and Haas (19--).

A água de lavagem é utilizada para remover o volume residual de regenerante que permanece no leito, equivalente ao volume de resinas. Considerando-se os dados citados anteriormente, pode-se estimar a composição do efluente originado pela operação de lavagem dos leitos, de acordo com a Tab. 5.4.

Em instalações com leitos mistos de resinas, ou seja, uma mistura de resinas catiônicas e aniônicas, as resinas devem ser misturadas com água desmineralizada e ar após a lavagem. Nesse caso, a água que participou da operação de mistura pode retornar ao tanque de alimentação do sistema e, por isso, não é considerada efluente.

Apesar de os efluentes do processo de regeneração serem produzidos em diferentes etapas e terem diferentes características, seu direcionamento é quase sempre para um único ponto.

5.1.4 Processos de separação por membranas

A separação por membranas tem a corrente de concentrado como principal efluente, na qual estão os contaminantes inicialmente presentes na corrente de alimentação.

GERAÇÃO DE EFLUENTES NA INDÚSTRIA

Tab. 5.4 Composição estimada do efluente gerado na operação de lavagem dos leitos de resinas

Tipo de resina	Volume de efluente	Contaminante*	Concentração (g/L)
CFA	3,4 a 10,0	HCl H_2SO_4 NaCl	15,11 a 5,11 11,65 a 3,96 29,72 a 10,10
CfA	6,7 a 10,0	HCl H_2SO_4 NaCl	7,40 a 4,96 5,98 a 4,00 4,97 a 10,00
AFB	5,4 a 10,0	NaOH NH_4OH Na_2CO_3 NaCl	7,40 a 4,00
AfB	6,7 a 10,0	NaOH NH_4OH Na_2CO_3 NaCl	5,97 a 4,00

*Apenas um dos contaminantes deve estar presente, já que a regeneração é feita com um único composto.

O volume de concentrado e a concentração de contaminantes dependem de dois fatores básicos: a taxa de recuperação de água do sistema e a taxa de rejeição para o contaminante presente, ligada ao tipo de membrana utilizada. Se esta apresenta uma alta taxa de rejeição para um contaminante qualquer, pode-se considerar, para uma estimativa da composição do concentrado, que a passagem do contaminante para o permeado é praticamente nula, resultando numa variação da concentração, ilustrada na Fig. 5.1.

Segundo o gráfico, a composição do efluente produzido durante a operação normal é função das características da água de alimentação, pois são estas que determinam a taxa máxima de recuperação de água.

Como a separação por membranas é um processo físico, os principais contaminantes que estarão presentes no efluente gerado por esse sistema são aqueles inicialmente presentes na corrente de alimentação, porém numa concentração superior. A geração de efluentes será maior, porque os sistemas de separação por membranas exigem um subsistema de limpeza química cujo principal papel é manter as membranas e, consequentemente, todo o sistema operando nas condições ótimas, especificadas no projeto da unidade.

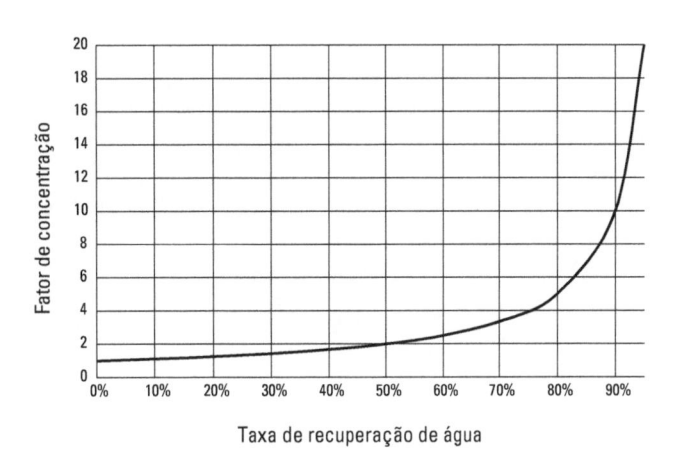

Fig. 5.1 *Variação da concentração de contaminantes no concentrado dos processos de separação por membranas em função da taxa de recuperação de água*

A limpeza química requer compostos químicos específicos, nas concentrações recomendadas pelo fornecedor do sistema. Para cada tipo de contaminação ou problema existe um composto químico apropriado. Como ilustração, a Tab. 5.5 mostra os principais compostos e seus respectivos usos para a limpeza de membranas de osmose reversa, os quais podem ser aplicados para outros processos de separação por membranas.

O volume de solução necessário depende do porte do sistema de tratamento. Deve se basear no volume de vasos de pressão, tubulações e demais componentes do sistema (Dupont, 2023; Hydranautics, 1998).

Após o processo de limpeza química deve-se enxaguar o sistema na vazão da bomba de limpeza química, utilizando-se água de processo ou o próprio permeado da unidade, por um período que varia de 10 a 15 minutos, e essa água é considerada um efluente. Na Tab. 5.6 estão os valores recomendados por dois fornecedores de membranas de osmose reversa para a vazão de circulação da solução de limpeza química e água de enxágue.

Os volumes de água para o enxágue das membranas de osmose reversa num período de enxágue de 15 minutos são os mostrados na Tab. 5.7.

Tab. 5.5 Principais compostos químicos utilizados para limpeza das membranas de osmose reversa

Composto	Concentração recomendada* (% em massa)	Principais usos
Hidróxido de sódio Sal do ácido etilenodiaminotetracético	0,1 0,1 pH 12	Incrustação por sulfatos, sílica, biofilmes e filmes orgânicos
Hidróxido de sódio Dodecilsulfonato de sódio	0,1 0,05	Coloides inorgânicos, biofilmes e filmes orgânicos adsorvidos
Trifosfato de sódio Fosfato trissódico Sal do ácido etilenodiaminotetracético	1,0 1,0 1,0	Biofilmes orgânicos adsorvidos
Ácido clorídrico	0,2	Depósitos de carbonatos
Ácido fosfórico	0,5	Depósitos de carbonatos e óxidos metálicos
Ácido cítrico	2,0	Depósitos de carbonatos e óxidos metálicos
Ácido sulfâmico	0,2	Depósitos de carbonatos e óxidos metálicos
Bissulfito de sódio	1,0	Óxidos metálicos
Metanol ou etanol ou propanol	50	Filmes orgânicos adsorvidos

*As soluções são preparadas a partir do permeado da osmose reversa.
Fonte: Dupont (2023).

Tab. 5.6 Recomendações para a vazão de circulação da solução de limpeza química e água de enxágue para sistemas de osmose reversa

Diâmetro do elemento (polegadas)	Pressão (bar)		Vazão por vaso (m³/h)	
	Hydranautics	Dow	Hydranautics	Dow
2,5			0,70 a 1,20	0,70 a 1,10
4,0	1,4 a 4,1	Não especificado	1,80 a 2,40	1,80 a 2,30
6,0			3,60 a 4,50	Não especificado
8,0			6,90 a 9,00	7,00 a 9,00

Fonte: Dupont (2023) e Hydranautics (1998).

Em resumo, os principais efluentes gerados por um sistema de tratamento com membranas, que devem ser gerenciados adequadamente, são:
- concentrado da unidade (5% a 55% da vazão de alimentação, dependendo do processo de separação);
- solução de limpeza química (volume equivalente ao volume dos vasos e demais componentes do sistema);
- água de enxágue das membranas, após a operação de limpeza química (Tab. 5.7).

5.2 Geração de efluentes em sistemas de resfriamento semiabertos

Um grande número de indústrias desenvolve operações que envolvem troca térmica, ou seja, aquecimento e resfriamento, nos quais a água é o fluido de troca térmica – seja na

GERAÇÃO DE EFLUENTES NA INDÚSTRIA

Tab. 5.7 Volume de água utilizado para o enxágue das membranas de osmose reversa após a limpeza química

Diâmetro do elemento (polegadas)	Volume (L/vaso)	
	Hydranautics	Dow
2,5	175 a 300	175 a 275
4,0	450 a 600	450 a 575
6,0	900 a 1.125	Não especificado
8,0	1.725 a 2.250	1.750 a 2.250

forma de vapor para as operações de aquecimento, ou no estado líquido para as de resfriamento.

As operações de resfriamento, que utilizam sistemas semiabertos, são úteis em situações que exigem vazões elevadas de água com pouca disponibilidade. Quando a água passa pelos equipamentos de troca térmica, sofre um aquecimento que pode variar de 5 °C a 10 °C, e depois segue para uma torre de resfriamento que reduzirá sua temperatura, devido à evaporação de uma pequena fração de seu próprio volume. É importante que o vapor e a fração de água removida por arraste sejam repostos, para que a capacidade de troca térmica do sistema mantenha-se estável.

A Fig. 5.2 representa esquematicamente um sistema de resfriamento semiaberto e seus fluxos de água.

O sistema de resfriamento semiaberto foi a primeira iniciativa de reúso implantada de forma a reduzir a captação de água dos mananciais, uma vez que, no passado, as operações de troca térmica eram feitas utilizando sistemas de circuito aberto, o que demandava um grande volume de água, principalmente em indústrias de grande porte.

Para demonstrar, a seguir é desenvolvido o balanço de massa e energia desse sistema considerando-se as seguintes hipóteses:

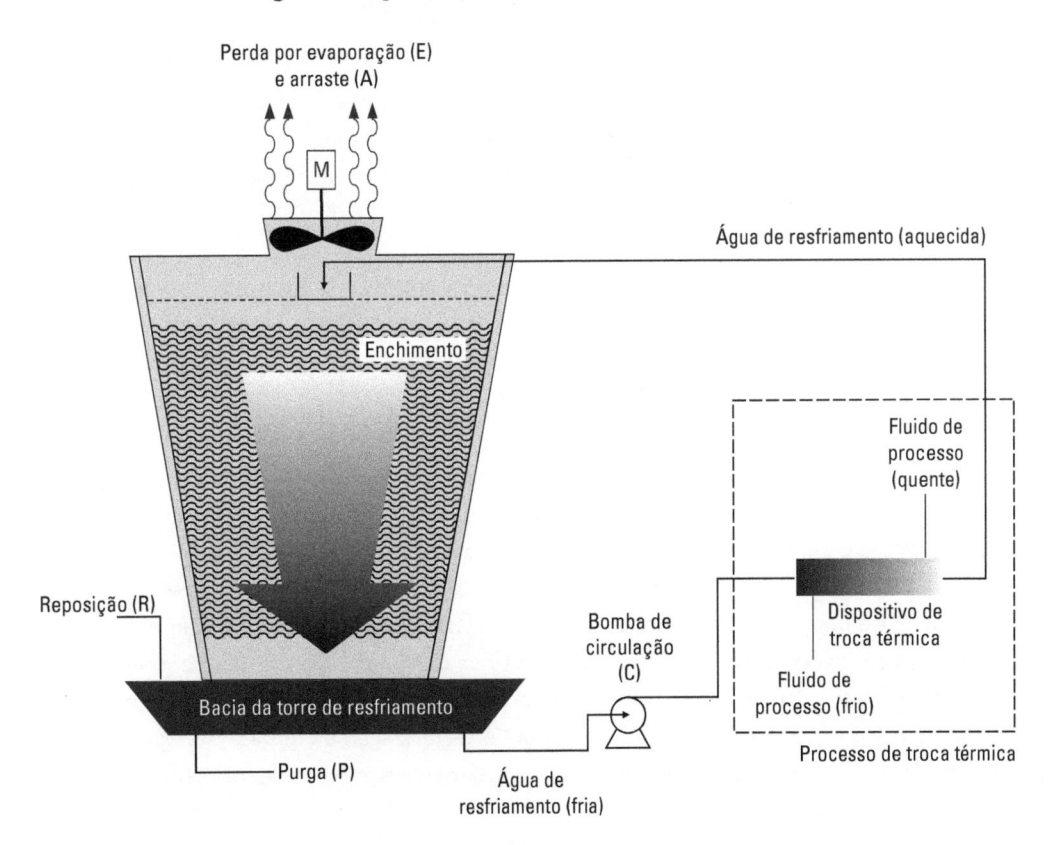

Fig. 5.2 *Representação de um sistema semiaberto de resfriamento*

1. a perda por arraste nos sistemas é uma característica do equipamento, ou seja, definida pelo fornecedor;
2. todo o calor absorvido pela água de resfriamento que circula pelo processo (calor sensível) é dissipado na torre, principalmente pela evaporação de uma parcela da água que circula (calor latente de vaporização);
3. a evaporação da água resulta na concentração das substâncias presentes na água de reposição, o que requer o descarte, ou purga, de uma parcela da água;
4. a água evaporada, perdida por arraste e purgada deve ser reposta, para manter o volume de água do circuito de resfriamento;
5. as correntes envolvidas no processo são diluídas, de maneira que não há variação da massa específica delas;
6. há um limite para o aumento da concentração das substâncias presentes na água de reposição e na água que circula no circuito de resfriamento;
7. as concentrações de sais nas correntes de circulação, purga e arraste são as mesmas.

A quantidade de efluente gerado, ou seja, a quantidade de água a ser purgada do sistema, depende da qualidade da água de reposição e da concentração máxima permitida de sais na água de resfriamento, com destaque ao cálcio e à sílica e aos parâmetros operacionais do sistema (Drew, 1979). Deve-se ressaltar, no entanto, que os fatores determinantes da purga dos sistemas de resfriamento são a qualidade da água de reposição e a concentração máxima de sais na água de resfriamento. Essa condição define o parâmetro de ciclos de concentração (N), que é dado pela relação entre as concentrações de sais na água do circuito de resfriamento e na água de reposição, conforme a expressão:

$$N = \frac{C_{circulação}}{C_{Reposição}} \qquad (5.4)$$

em que:

$C_{circulação}$ = concentração de saturação do sal com menor solubilidade, ou concentração máxima de sais dissolvidos, na água do circuito de resfriamento;

$C_{reposição}$ = concentração do sal com menor solubilidade, ou de sais dissolvidos, na água de reposição.

O sal com menor solubilidade é definido como sendo o contaminante de controle para a operação do sistema de resfriamento, e o parâmetro N ajuda a determinar a quantidade de água que deve ser removida do sistema de resfriamento para que a concentração de sais fique próxima à concentração máxima permitida.

A partir dessas informações pode-se fazer os balanços de massa e energia no sistema, para que seja possível estabelecer as correlações entre os parâmetros indicados no Quadro 5.1, admitindo-se, ainda, que a concentração de sais nas correntes de circulação, arraste e purga é igual e na corrente de evaporação é zero.

A partir das informações do Quadro 5.1 e do fluxograma da Fig. 5.2 é possível realizar os balanços de massa e energia no sistema de resfriamento, lembrando que a perda por arraste é uma característica específica do projeto da torre de resfriamento (hipótese n° 1), a variação de temperatura é um parâmetro de projeto que deve ser definido, o fluxo de calor no processo é um dado de projeto e a entalpia de vaporização da água é uma propriedade termodinâmica que pode ser obtida na literatura, considerando-se o valor médio de temperatura da água no sistema.

Quadro 5.1 Parâmetros utilizados para os balanços de massa e energia em sistemas de resfriamento de circuito semiaberto

Parâmetro	Unidade	Parâmetro	Unidade
F_R (Vazão de reposição)	m³/h	C_R (Concentração na reposição)	g/m³
F_C (Vazão de circulação)		C_C (Concentração na circulação)	
F_E (Vazão de evaporação)		C_E (Concentração na evaporação)	
F_P (Vazão de purga)		C_P (Concentração na purga)	
F_A (Vazão de arraste)		C_A (Concentração no arraste)	
Q_P (Fluxo de calor no processo)	Mcal/h	c_{esp} (Calor específico da água)	Mcal/t·°C
Q_E (Fluxo de calor na evaporação)		h_{vap} (Entalpia de vaporização da água)	Mcal/t
Δt (variação de temperatura da água de circulação)	°C	N (ciclos de concentração)	-

- *Balanço de massa global*

Para a água, considerando-se a hipótese nº 5 definida anteriormente:

$$F_R = F_E + F_P + F_A \quad (5.5)$$

Para o contaminante de controle:

$$F_R \cdot C_R = F_E \cdot C_E + F_P \cdot C_P + F_A \cdot C_A \quad (5.6)$$

Pela hipótese nº 7, $C_P = C_A = C_C$.

Na corrente de evaporação a concentração do contaminante de controle é zero, pois só ocorre a evaporação da água ($C_E = 0$).

Substituindo-se na Eq. 5.5, tem-se:

$$F_R \cdot C_R = C_C \cdot (F_P + F_A) \quad (5.7)$$

Ao isolar F_R na Eq. 5.6 e igualar com a Eq. 5.4, sabendo-se que $C_C/C_R = N$:

$$F_P = \frac{F_E}{(N-1)} - F_A \quad (5.8)$$

Substituindo-se a Eq. 5.7 na Eq. 5.4 e arranjando-se:

$$F_R = \frac{F_E \cdot N}{(N-1)} \quad (5.9)$$

A Eq. 5.8 apresenta duas variáveis desconhecidas, F_P e F_E, de maneira que se torna necessário desenvolver outra equação para possibilitar a obtenção de seus valores. Assim, é realizado o balanço de energia no sistema, considerando-se a hipótese nº 2.

- *Balanço de energia*

No processo:

$$Q_P = F_C \cdot c_{esp} \cdot \Delta t \quad (5.10)$$

Na torre de resfriamento:

$$Q_E = F_E \cdot h_{vap} \quad (5.11)$$

Pela hipótese nº 2, $Q_P = Q_E$:

$$F_E = \frac{F_C \cdot c_{esp} \cdot \Delta t}{h_{vap}} \quad (5.12)$$

Considerando-se que a variação da temperatura da água de resfriamento (Δt), o fluxo de calor do processo (Q_P) e a entalpia de vaporização da água (h_{vap}) sejam conhecidos, é possível calcular as vazões de circulação (F_C), pela Eq. 5.10, de evaporação (F_E), pela Eq. 5.12, de arraste, com base nas especificações da torre de resfriamento, e de purga (F_P), pela Eq. 5.8.

As Eqs. 5.8, 5.9 e 5.12 podem ser modificadas considerando-se uma relação percentual entre as vazões de reposição, evaporação, purga e arraste e a vazão de reposição:

$$P = \frac{E}{(N-1)} - A \quad (5.13)$$

$$R = \frac{E \cdot N}{(N-1)} \quad (5.14)$$

$$E = \frac{100 \cdot c_{esp} \cdot \Delta t}{h_{vap}} \quad (5.15)$$

em que:
R = reposição do sistema (% da vazão de circulação);
P = purga do sistema (% da vazão de circulação);
E = evaporação (% da vazão de circulação);
A = arraste (% da vazão de circulação);
N = ciclos de concentração.

Isolando-se o número de ciclos de concentração na Eq. 5.13 e substituindo-se o valor de E da Eq. 5.15, obtém-se:

$$N = \frac{100 \cdot c_{esp} \cdot \Delta t}{h_{vap} \cdot (P+A)} + 1 \quad (5.16)$$

A expressão mostra que existirá um ciclo de concentração máximo para cada valor adotado para a variação de temperatura da água de resfriamento, tendo-se nessa condição a mínima geração de efluentes, ou seja, a purga do sistema tende a zero.

A construção de um gráfico da variação da purga de um sistema de resfriamento em função dos ciclos de concentração a partir dos dados apresentados na Tab. 5.8, para alguns valores da variação de temperatura da água de resfriamento (Fig. 5.3), facilita a identificação da condição ideal para a operação de um sistema de resfriamento. Deve-se observar que o ciclo máximo de concentração também depende da composição da água de reposição e da concentração máxima permitida de sais na água de resfriamento.

Os ciclos de concentração, para cada intervalo de variação de temperatura, são apresentados na Tab. 5.9.

A análise do gráfico apresentado na Fig. 5.3 permite constatar que o ciclo de concentração tem grande influência sobre a purga do sistema de resfriamento até um valor próximo de 6, e que, a partir daí, a redução na purga é menos acentuada.

É importante observar que o ciclo de concentração deve obrigatoriamente ser calculado com base na composição química da água de reposição e de resfriamento, devido aos possíveis problemas de corrosão e incrustação, associados à presença de determinados compostos químicos. Uma atenção especial deve ser dada aos problemas de incrustação,

Tab. 5.8 Variação da purga do sistema de resfriamento em função dos ciclos de concentração

Ciclos de concentração	Purga (%)*				Reposição (%)*			
	Variação de temperatura da água (°C)				Variação de temperatura da água (°C)			
	5	7,5	10	15	5	7,5	10	15
2	0,783	1,215	1,649	2,521	1,725	2,591	3,458	5,202
3	0,351	0,568	0,785	1,221	1,294	1,943	2,594	3,902
4	0,208	0,352	0,496	0,787	1,150	1,727	2,305	3,468
5	0,136	0,244	0,352	0,570	1,078	1,619	2,161	3,251
6	0,093	0,179	0,266	0,440	1,035	1,554	2,075	3,121
7	0,064	0,136	0,208	0,354	1,006	1,511	2,017	3,035
8	0,043	0,105	0,167	0,292	0,986	1,480	1,976	2,973
9	0,028	0,082	0,136	0,245	0,970	1,457	1,945	2,926
10	0,016	0,064	0,112	0,209	0,958	1,439	1,921	2,890
11	0,006	0,050	0,093	0,180	0,949	1,425	1,902	2,861
12	0,000	0,038	0,077	0,156	0,943	1,413	1,886	2,837
13	0,000	0,028	0,064	0,137	0,943	1,403	1,873	2,818
14	0,000	0,020	0,053	0,120	0,943	1,395	1,862	2,801
15	0,000	0,013	0,044	0,106	0,943	1,388	1,853	2,787
16	0,000	0,006	0,035	0,093	0,943	1,382	1,844	2,774
17	0,000	0,001	0,028	0,083	0,943	1,376	1,837	2,764
18	0,000	0,000	0,022	0,073	0,943	1,375	1,831	2,754
19	0,000	0,000	0,016	0,065	0,943	1,375	1,825	2,746
20	0,000	0,000	0,011	0,057	0,943	1,375	1,820	2,738
25	0,000	0,000	0,000	0,028	0,943	1,375	1,809	2,709
30	0,000	0,000	0,000	0,010	0,943	1,375	1,809	2,691

* Valores expressos em porcentagem da vazão de recirculação de água no sistema.

$$\text{Purga} = \frac{k_{\Delta t} \cdot \Delta t}{(N-1)} - 0{,}08 \; ; \; \text{Reposição} = \frac{k_{\Delta t} \cdot \Delta t \cdot N}{(N-1)} \; ; \; k_{\Delta t} = \frac{100 \cdot c_{esp}}{h_{vap_{\Delta t}}}$$

$$h_{vap_5} = 579{,}6 \frac{Mcal}{T} \; ; \; h_{vap_{7,5}} = 579{,}0 \frac{Mcal}{T} \; ; \; h_{vap_{10}} = 578{,}3 \frac{Mcal}{T} \; ; \; h_{vap_{15}} = 576{,}8 \frac{Mcal}{T} \; ; \; c_{esp} = 1 \frac{Mcal}{T \cdot {}^\circ C}$$

Os valores de entalpia referem-se aos valores médios para as faixas de variação de temperatura, com a temperatura mínima igual a 29 °C.

principalmente em razão da presença de íons cálcio, magnésio, sílica, carbonatos, bicarbonatos e sulfatos, constituintes típicos da água (Drew, 1979).

De modo geral, quando se utiliza água superficial como fonte para a água de reposição em sistemas de resfriamento, o cálcio e a sílica são os compostos que acabam limitando os ciclos de concentração máximos. As concentrações recomendadas de cálcio e sílica na água de refrigeração são 1.800 mg/L e 150 mg/L, respectivamente (Drew, 1979), devendo-se adotar, para a determinação do ciclo máximo de concentração, o valor mais restritivo.

Com base no ciclo de concentração definido para a operação do sistema de resfriamento e nas características da água de reposição, pode-se determinar a composição do efluente gerado. Basta multiplicar a concentração de cada composto presente na água de reposição pelo valor do ciclo de concentração utilizado.

A água utilizada nos sistemas de resfriamento pode provocar corrosão dos materiais do circuito de refrigeração, formar depósitos nas tubulações e equipamentos e causar problemas relacionados ao crescimento biológico. Essas condições reduzem a eficiência

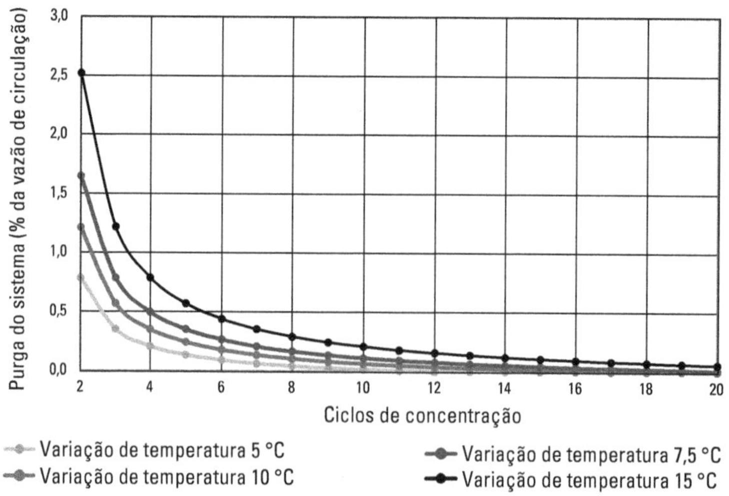

Fig. 5.3 *Variação da purga do sistema de resfriamento em função dos ciclos de concentração*

- Variação de temperatura 5 °C
- Variação de temperatura 10 °C
- Variação de temperatura 7,5 °C
- Variação de temperatura 15 °C

Tab. 5.9 Ciclos máximos de concentração, para cada intervalo de variação de temperatura

Variação de temperatura (°C)	Ciclos de concentração máximos
5	11,8
7,5	17,2
10	22,6
15	33,5

operacional e aumentam os custos de manutenção. Por isso, a adoção de um programa de tratamento químico da água que circula no sistema é fundamental para diminuir a ocorrência e os efeitos desses problemas (Drew, 1979). A utilização de produtos químicos é comum para esse fim e, mais recentemente, têm sido desenvolvidos métodos físico-químicos de tratamento que não incorporam compostos químicos à água de resfriamento. Dois exemplos são os sistemas de ultrassom, utilizados para controle de depósitos e crescimento biológico (Spirax Sarco, 19--a), e os sistemas de células eletrolíticas, utilizadas principalmente para controlar os depósitos (Spirax Sarco, 19--b).

Contudo, mesmo o avanço dos métodos físico-químicos não diminuiu o emprego de técnicas convencionais de tratamento de água por adição química nos sistemas de resfriamento, seja pelas limitações dos métodos mais recentes, seja pelo desconhecimento das técnicas alternativas de tratamento da água.

O tratamento convencional de água de sistemas de resfriamento consiste na adição de produtos químicos adequados, ou seja, inibidores de corrosão, de formação de depósitos (floculantes ou dispersantes) e de crescimento biológico (biocidas), cujas concentrações necessárias dependem das características da água de alimentação e da composição dos produtos comerciais disponíveis no mercado (Drew, 1979). O Quadro 5.2 mostra os principais compostos utilizados para o tratamento da água de sistemas de resfriamento. É importante observar que muitos deles são tóxicos e de uso restrito, como os compostos que contêm cromo e compostos fenólicos clorados, por causarem problemas ambientais.

5.3 Efluentes gerados em sistemas de produção de vapor

Assim como os sistemas de resfriamento, o uso de sistemas de produção de vapor é bastante comum nos diversos setores industriais, seja para a geração de energia, como fonte de aquecimento, seja para o desenvolvimento de operações auxiliares, limpeza e higienização de materiais e equipamentos nas indústrias farmacêutica e alimentícia.

GERAÇÃO DE EFLUENTES NA INDÚSTRIA

Quadro 5.2 Compostos utilizados para o tratamento da água nos sistemas de resfriamento semiabertos

Inibidores de corrosão	Inibidores de depósitos	Biocidas
Cromato-zinco	Quelantes (EDTA)	Cloro
Zinco-lignina	Lignossulfonatos	Hipocloritos
Zinco-fosfonato	Polifosfato	Cloroisocianatos
Polifosfato-fosfonato-polímero	Poliacrilatos	Dióxido de cloro
Polifosfato-zinco	Polimetacrilatos	Ozônio
Azol aromático-fosfonato-lignina	Copolímeros de anidrido maleico	Compostos fenólicos clorados
	Anidrido polimaleico	Compostos organoestanosos
	Ésteres fosfáticos	Sais de amônio quaternário
	Fosfonatos	Compostos organossulfurosos
		Acroleína
		Sais de cobre
		Aminas

Fonte: Drew (1979).

O vapor é produto do aquecimento e da consequente vaporização da água a partir de combustíveis fósseis, biomassa ou energia elétrica, dependendo da capacidade da instalação e das opções disponíveis em cada região. A aplicação do vapor produzido provoca a condensação da água que pode ou não retornar para o sistema de produção de vapor. É importante observar que ocorrem perdas no sistema durante o transporte do vapor até o ponto de consumo, tanto por condensação do vapor nas linhas de distribuição como por vazamentos. Por isso, a água perdida sempre deve ser reposta.

Mesmo quando se trata de água de qualidade bastante restritiva, normalmente obtida pelo processo de troca iônica ou osmose reversa, a concentração de sais, na água que permanece no interior da caldeira, aumenta por causa da reposição de água no sistema e da adição de produtos químicos na caldeira de produção de vapor. Quando evapora, a água deixa para trás os sais dissolvidos, por serem pouco voláteis.

O aumento na concentração de sais na água da caldeira, da mesma forma que nos sistemas de resfriamento, pode causar sérios problemas de corrosão e formação de depósitos, reduzindo a eficiência da produção de vapor ou até facilitando o rompimento dos tubos do gerador de vapor (Drew, 1979). Isso é evitado com a adição de produtos químicos na água da caldeira e com a purga de uma pequena fração da água do gerador de vapor, que mantém a concentração de sais dentro de limites aceitáveis.

As demais perdas que ocorrem durante a distribuição e o uso do vapor, incluindo-se a purga, é que constituem o efluente principal dos sistemas de produção de vapor. São bastante variáveis e dependem dos procedimentos operacionais e das características dos equipamentos utilizados. A quantidade de água condensada após a utilização do vapor que não retorna para o sistema de produção (caldeira) também é variável.

Em virtude de suas características de água destilada, os efluentes gerados pelo sistema de distribuição e uso de vapor não devem ocasionar problemas em seu destino final, caso não incorporem outros contaminantes durante o uso do vapor ou transporte do condensado.

A purga dos sistemas de produção de vapor se associa aos ciclos de concentração, que são limitados, nos geradores de vapor, pela concentração de sólidos em suspensão ou sólidos totais dissolvidos, pela alcalinidade ou pela concentração de sílica (Drew, 1979).

A Fig. 5.4 ilustra um arranjo esquemático de um sistema de produção de vapor para a geração de energia e outros usos.

Uma alternativa para se determinar os ciclos de concentração é medir a concentração de cloretos na água de reposição e na água da caldeira. A medida da condutividade elétrica,

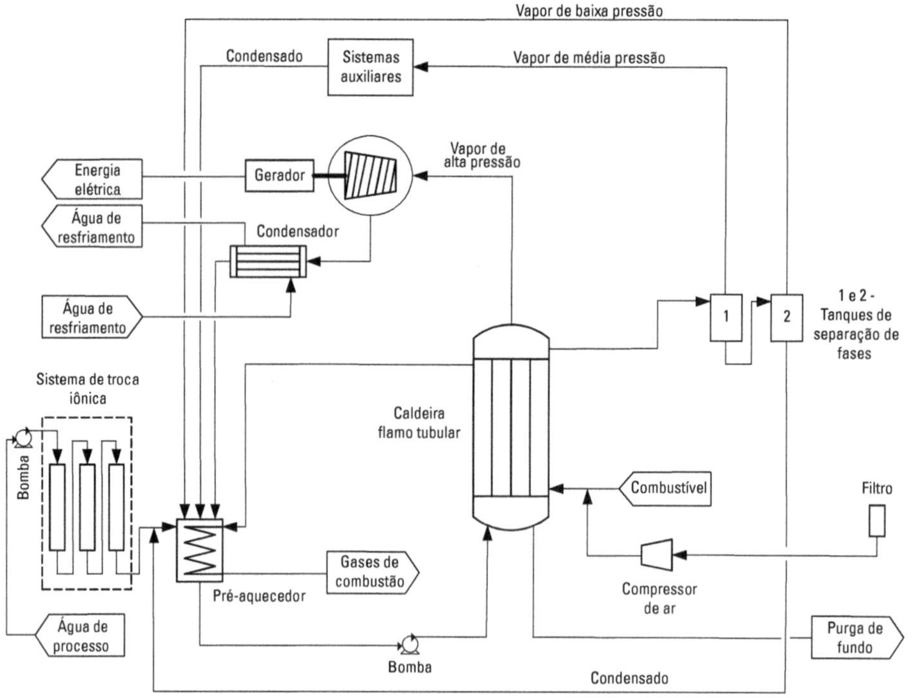

Fig. 5.4 *Representação esquemática de um sistema de produção de vapor*

mediante a aplicação de fatores de conversão adequados, é outra opção válida. Considerando-se que a purga representa a única forma de saída de sólidos do sistema, um balanço de massa da quantidade de sais no sistema determina a expressão dos ciclos de concentração, apresentada a seguir.

$$[SDT]_{reposição} \cdot \dot{M}_{reposição} = [SDT]_{purga} \cdot \dot{M}_{purga} \qquad (5.17)$$

em que:
[SDT] = concentração de sólidos dissolvidos totais (mg/L);
$\dot{M}$ = vazão mássica de água (kg/h).

Com a reorganização da expressão, determinam-se os ciclos de concentração (C) do sistema de produção de vapor:

$$C = \frac{\dot{M}_{reposição}}{\dot{M}_{purga}} = \frac{[SDT]_{purga}}{[SDT]_{reposição}} \qquad (5.18)$$

Com base na concentração de sólidos dissolvidos totais e nos padrões de qualidade de água para geração de vapor em centrais de geração de energia, as taxas mínimas de purga estão relacionadas na Tab. 5.10.

Como composição desse efluente deve-se considerar os limites estabelecidos para a qualidade da água nos sistemas de produção de vapor, que foram apresentados na Tab. 3.2, além dos produtos químicos utilizados no tratamento da água da caldeira, cujas concentrações recomendadas são apresentadas na Tab. 5.11 (Aquatec, 1986).

Além da operação normal contínua dos sistemas de geração de vapor, a preparação dos equipamentos para o início da operação do sistema também gera efluentes.

A limpeza química, a operação de preparação mais importante, é imprescindível. Durante as operações de montagem e mesmo durante o funcionamento, os componentes

Tab. 5.10 Taxa de purga dos sistemas de geração de vapor em relação à vazão da água de reposição

Tipo de sistema	SDT na água de reposição (mg/L)	SDT permitidos (mg/L)	Taxa de purga* (% da água de reposição)
Baixa pressão (< 10 bar)		700	0,07
Média pressão (10 a 50 bar)	0,5	500	0,10
Alta pressão (> 50 bar)		200	0,25

*Valores mínimos, uma vez que a dosagem de produtos químicos não foi considerada.

Tab. 5.11 Tolerâncias para os compostos químicos utilizados em caldeiras

Produto*	Tolerâncias	
	Sistemas com pressão ≤ 20 bar	Sistemas com pressão > 20 bar
Fosfato	30 a 50 ppm (PO_4)	20 a 40 ppm (PO_4)
Alcalinidade	300 a 400 ppm ($CaCO_3$)	300 a 400 ppm ($CaCO_3$)
Sulfito	30 a 50 ppm (SO_3)	20 a 40 ppm (SO_3)
Hidrazina**	0,1 a 0,2 ppm (N_2H_4)	0,05 a 0,15 ppm (N_2H_4)

*Os produtos não são utilizados simultaneamente.
**Concentração na água de alimentação.

do sistema de produção de vapor estão sujeitos a corrosão, depósitos e contaminações por óleo, graxa e poeira (Aquatec, 1986), que podem prejudicar o desempenho do sistema.

A limpeza química dos componentes do sistema de geração de vapor é feita com soluções ácidas e alcalinas, posteriormente descartadas como efluentes, e com a água que remove o excesso das soluções utilizadas no procedimento de limpeza (enxágue). Os compostos químicos mais comuns são listados a seguir (Nemerow; Dasgupta, 1991) e algumas concentrações típicas constam na Tab. 5.12. Além desses compostos, ácidos e outros íons dissolvidos compõem os efluentes gerados pelas operações de limpeza química, que contribuem com o aumento da concentração de sais e da toxicidade do efluente:

- ácido clorídrico;
- ácido acético;
- bromato de potássio;
- hidróxido de amônia;
- hidróxido de sódio;
- inibidores de corrosão;
- detergentes;
- fosfatos.

A capacidade do sistema influi no volume de efluente, cuja frequência de geração é função das características operacionais e da qualidade da água de reposição. Após o início

Tab. 5.12 Concentrações típicas de alguns compostos utilizados na limpeza química de caldeiras

Composto	Concentração recomendada (g/L)*
Fosfato trissódico (Na_3PO_4)	4,8
Carbonato de sódio (Na_2CO_3)	2,0
Hidróxido de sódio (NaOH)	2,0
Sulfito de sódio (Na_2SO_3)	0,3
Nitrato de sódio ($NaNO_3$)	1,28
Detergente	667 ppm (v/v)

*Exceto quando especificado.
Fonte: adaptado de Nemerow e Dasgupta (1991).

da operação do sistema de produção de vapor, adota-se uma frequência semestral para a limpeza (Nemerow; Dasgupta, 1991).

5.4 Efluentes gerados nas demais atividades industriais

Além dos efluentes já apresentados, os processos de beneficiamento e transformação da matéria-prima em produtos que utilizam água também geram efluentes com características físicas, químicas e biológicas variadas, de acordo com o ramo de atividade da indústria.

Uma das maneiras mais simples de estimar, pelo menos qualitativamente, a composição do efluente gerado por um processo industrial é pelo conhecimento e avaliação das matérias-primas e insumos que os sistemas produtivos utilizam, o que reforça a importância de se conhecer o processo produtivo detalhadamente, desde o recebimento e a preparação da matéria-prima até as etapas de processamento e operações complementares.

Muitas vezes, a preparação e a transformação das matérias-primas em produtos finais envolvem operações bastante complexas, como transformações químicas, e também operações mais simples, como o fracionamento e a embalagem de substâncias sólidas, líquidas ou gasosas (Shreve; Brink Jr., 1980).

Qualquer que seja o caso, deve-se considerar que as atividades industriais geram subprodutos e/ou resíduos, já que a conversão da matéria-prima em produto final não é 100% eficiente, na maioria dos casos. Podem existir impurezas na matéria-prima e em muitos compostos intermediários, inclusive a água, além da possibilidade de ocorrerem perturbações que ocasionam produtos fora da especificação requerida. Nem todo produto que está sendo fracionado acaba sendo embalado, e todos os equipamentos e componentes necessários às operações de transformação e fracionamento devem ser limpos depois de utilizados.

Além disso, as características dos efluentes variam em virtude da tecnologia escolhida, do regime de operação, contínuo ou intermitente, do custo da matéria-prima e insumos, do tempo de funcionamento da indústria e da qualificação dos operadores. Por isso, estabelecer uma composição genérica para os efluentes dos diversos setores industriais é praticamente impossível.

A literatura oferece dados referenciais sobre origem, quantidade e composição de efluentes típicos de vários segmentos industriais e apresenta informações sobre a origem dos principais efluentes gerados nos processos industriais e suas características (Nemerow; Dasgupta, 1991). Entretanto, é importante destacar que esses dados não são completos e válidos para todo e qualquer segmento industrial e, por isso, são insuficientes e devem ser empregados criteriosamente.

A análise detalhada de cada um dos processos desenvolvidos, feita na própria indústria, empregando os recursos disponíveis, proporciona informações mais numerosas e precisas. Em alguns casos, é necessário que os efluentes gerados por um determinado processo passem por uma caracterização física, química e/ou biológica, para que possam ser avaliados realisticamente.

6
TÉCNICAS PARA TRATAMENTO DE EFLUENTES

A escolha da tecnologia mais adequada para o tratamento de um efluente depende da análise detalhada dos tipos e características dos contaminantes que deverão ser eliminados ou minimizados, já que a maioria dos processos e operações unitárias de tratamento, com pequenas exceções, são aplicáveis para classes muito específicas de contaminantes. Além disso, alguns contaminantes presentes nos efluentes podem afetar de forma negativa o desempenho de um determinado processo, o que requer a utilização de sistemas de pré-tratamento.

De modo geral, todos os contaminantes existentes podem ser agrupados em seis classes, conforme mostra o Quadro 6.1. Para cada uma dessas classes há técnicas de tratamento próprias. Contudo, na maior parte dos casos, apenas a combinação de duas ou mais técnicas de tratamento é eficiente.

Quadro 6.1 Agrupamento por classes dos possíveis contaminantes presentes nos efluentes

Classe	Contaminantes	Exemplos
1	Sais inorgânicos dissolvidos	Íons metálicos e não metálicos (Cl^-, F^-, SO_4^{2-}, NO_3^-, Ca^{2+}, Cr^{6+}, Na^+, K^+, Mg^{2+}, CN^-, HCO_3^-, NH_4^+ etc.)
2	Gases dissolvidos	NH_3 e H_2S
3	Compostos orgânicos dissolvidos	Solventes, defensivos agrícolas, produtos de higiene pessoal, fármacos, tensoativos e açúcares, entre outros
4	Sólidos em suspensão	Areia, sílica coloidal, sais insolúveis, sólidos suspensos diversos
5	Microrganismos	Bactérias, vírus, protozoários, fungos, leveduras
6	Óleos e graxas	

Fonte: Parekh (1988).

A opção por uma determinada técnica de tratamento ou por uma combinação entre duas ou mais técnicas é o que define um sistema de tratamento e deve ser fundamentada no conhecimento sobre o potencial de cada técnica e dos mecanismos envolvidos na redução do contaminante de interesse. Para auxiliar essa escolha, estão listadas a seguir as técnicas mais utilizadas para o tratamento de efluentes (Kiang; Metry, 1982; Martin; Johnson, 1987; Nalco Chemical Company, 1988; Idaho National Engineering Laboratory, 1992; Tchobanoglous, 1996):

- neutralização;
- filtração e centrifugação;

- precipitação química;
- coagulação/floculação e sedimentação ou flotação;
- tratamento biológico;
- processo de separação por membranas;
- adsorção em carvão ativado;
- troca iônica;
- oxidação ou redução química;
- oxidação fotoquímica;
- processos de separação térmica;
- extração com ar ou vapor.

Embora essa relação não inclua todas as técnicas disponíveis, ela serve como um roteiro para atender a uma gama significativa das necessidades de tratamento das indústrias brasileiras. Informações sobre outras técnicas de tratamento e maiores detalhes sobre as já apresentadas constam em literatura especializada, com fontes citadas no decorrer das descrições de cada uma. Além disso, é importante a pesquisa sobre novas técnicas ou processos que são desenvolvidos como resultado de inovações tecnológicas.

É importante observar que algumas das técnicas utilizadas para o tratamento de água para uso industrial também podem ser aplicadas para o tratamento de efluentes.

Para uma melhor compreensão sobre os fundamentos associados às técnicas de tratamento relacionadas anteriormente, a seguir é apresentada uma descrição resumida de cada uma delas.

6.1 Neutralização

A neutralização é um processo unitário utilizado para ajustar o pH dos efluentes num valor aceitável, geralmente entre 5 e 9, conforme padrão estabelecido em norma (São Paulo, 1976; Brasil, 2011). Adota-se esse procedimento para reduzir ou eliminar a reatividade e a corrosividade do efluente por meio do uso de ácido ou álcali, conforme o caso.

O processo de neutralização pode ser contínuo ou intermitente, dependendo da quantidade e da forma que os efluentes são gerados. Utiliza-se substâncias ácidas (ácido sulfúrico ou ácido clorídrico) para diminuir o pH, e substâncias alcalinas (hidróxido de cálcio, hidróxido de sódio ou carbonato de sódio) para aumentar o pH.

A neutralização demanda equipamentos bastante simples, como bombas dosadoras, tanques, misturadores e medidores de pH para o controle do processo, e o custo de implantação e operação do sistema não é alto. Entretanto, essa técnica não é adequada para a remoção de uma série de contaminantes, pois pode provocar reações enérgicas e gerar subprodutos tóxicos.

Em muitos casos o processo de neutralização é utilizado como uma operação intermediária, ou complementar, dentro de um outro processo de tratamento (Idaho National Engineering Laboratory, 1992).

6.2 Filtração e centrifugação

A filtração é o processo pelo qual as substâncias insolúveis são separadas e retidas quando a corrente líquida passa por um meio ou barreira permeável, denominada meio filtrante. O processo de separação é por retenção das partículas no meio filtrante, e todo o efluente precisa passar através do meio poroso para que a separação ocorra.

Em razão do acúmulo de material sólido na superfície do filtro e nos vazios no meio filtrante, a resistência à passagem de fluido torna-se maior, em decorrência do aumento da perda de carga, e o fluxo de líquido diminui. Por essa razão, os sistemas de filtração são projetados para operar com valores pré-definidos de perda de carga, que estabelecem o momento em que o processo de filtração deve ser interrompido para a limpeza ou substituição do meio filtrante.

Atualmente, o mercado oferece vários tipos de sistemas de filtração, com meios filtrantes descartáveis ou reutilizáveis, destacando-se os seguintes (Mierzwa, 1996; Osmonics, 1997):
- filtros tipo cartucho;
- filtros com meio granular;
- filtros a vácuo;
- filtros-prensas;
- prensas desaguadoras.

A escolha do sistema deve levar em consideração a concentração de sólidos presentes, o diâmetro da menor partícula que se deseja remover e a quantidade de efluente a ser filtrado, pois cada sistema é adequado a um tipo de corrente. Os filtros tipo cartucho são mais adequados para efluentes contendo baixa concentração de sólidos, menor que 0,01% em massa, e para vazões não muito elevadas; os filtros com meio granular também são indicados para correntes com baixa concentração de sólidos, porém vazões maiores (Montgomery, 1985; Idaho National Engineering Laboratory, 1992). Os demais sistemas são indicados para correntes com grande concentração de sólidos, como para a secagem de lodos gerados em estações de tratamento de água e efluentes, de modo que o volume para disposição final diminua (Kiang; Metry, 1982).

É importante observar que a técnica de filtração é uma operação complementar das técnicas de floculação e/ou sedimentação. É econômica, consome pouca energia, é facilmente operada e bem desenvolvida tecnologicamente.

A centrifugação também serve para separar os componentes de uma mistura, só que, nesse caso, por meio da ação da força centrífuga criada pela rotação em alta velocidade da mistura em um vaso rígido. O que importa aqui é a massa específica dos componentes sólidos na corrente líquida. O componente com maior massa específica migra para a periferia do vaso em rotação e o de menor massa específica tende a permanecer próximo ao centro de rotação da centrífuga (Kiang; Metry, 1982). Por isso, esse também é um processo empregado nos casos em que a concentração de sólidos é relativamente alta, superior a 0,5% em massa (Idaho National Engineering Laboratory, 1992).

Hoje, há no mercado equipamentos capazes de operar continuamente; contudo, o efluente das centrífugas pode requerer um processo de tratamento adicional.

6.3 Precipitação química

A precipitação química consiste em mudar a solubilidade e tornar insolúveis algumas, ou todas, as substâncias dissolvidas numa corrente líquida, pela alteração do equilíbrio químico (Kiang; Metry, 1982; Idaho National Engineering Laboratory, 1992), com base nos seguintes procedimentos ou em uma combinação entre eles:
- adição de uma substância que reage quimicamente com a substância em solução, formando um composto insolúvel;
- adição de uma substância que altera o equilíbrio de solubilidade, de forma a não mais favorecer a permanência da substância em solução;
- adição de compostos que reagem entre si formando um precipitado, que irá arrastar ou adsorver a substância a ser removida (coprecipitação);
- alteração da temperatura de uma solução saturada ou próxima à saturação, para diminuir a solubilidade da substância presente.

As reações de precipitação mais comuns removem espécies iônicas inorgânicas, principalmente íons metálicos, de vários meios aquosos. Contudo, em alguns casos, pode-se retirar também alguns compostos orgânicos (Mierzwa et al., 1993).

A presença de determinados compostos pode prejudicar o processo de precipitação, pois eles podem reagir com as substâncias a serem removidas e formar complexos altamente solúveis. Nesses casos, deve-se eliminar o composto complexante antes do processo de precipitação química (Idaho National Engineering Laboratory, 1992). O estado de oxidação das substâncias iônicas precipitáveis também é importante, já que os íons podem ficar altamente solúveis em alguns estados de oxidação. É o caso do cromo hexavalente, que deve ser reduzido para cromo trivalente, a fim de que possa ser precipitado (Kiang; Metry, 1982; Idaho National Engineering Laboratory, 1992).

Depois, os sólidos formados devem ser separados da massa líquida, o que é realizado por um processo complementar, como o de coagulação, floculação e sedimentação, ou por filtração. Ainda assim, pode ser que o efluente precise passar por um processo adicional de tratamento como, por exemplo, a neutralização, já que, na maioria dos casos, a precipitação eleva o pH do efluente para valores acima de 9.

O Quadro 6.2 exemplifica alguns processos de precipitação química amplamente utilizados.

6.4 Coagulação, floculação e sedimentação ou flotação

Os processos de coagulação, floculação e sedimentação já foram discutidos na apresentação das técnicas para tratamento de água e, portanto, não serão abordados nesta seção.

Uma alternativa ao processo de sedimentação, para separar os flocos formados pela coagulação e floculação, é a flotação. Esse processo foi inicialmente desenvolvido para a concentração de minérios na indústria de mineração (Kiang; Metry, 1982), mas com o passar do tempo, a flotação passou a ser aplicada em outros campos que envolvem a separação de materiais sólidos de correntes líquidas.

A flotação consiste em pressurizar uma fração clarificada do efluente e dissolver parte do oxigênio no líquido. Posteriormente, o efluente pressurizado é liberado no interior de um dispositivo adequado e formam-se pequenas bolhas de ar, em razão da expansão do ar, que aderem às partículas e as fazem flutuar. Na superfície do dispositivo há um sistema que remove o material sólido flotado e o líquido sai pelo fundo do equipamento.

Esse dispositivo separador de sólidos é conhecido como flotador. Modelos que incorporam os processos de coagulação, floculação, flotação e filtração num só equipamento estão disponíveis no mercado (Krofta, 1990).

Mesmo depois da passagem pelo decantador ou flotador, ainda há partículas em suspensão na corrente líquida, que não puderam ser removidas por causa de sua baixa velocidade de sedimentação ou flotação. Dessa forma, deve-se adotar um processo complementar de separação, que para esse caso é a filtração.

6.5 Tratamento biológico

Os processos biológicos, inicialmente desenvolvidos para tratamento de esgotos, em geral são os mais eficientes para tratar efluentes com material orgânico biodegradável (Martin; Johnson, 1987) e consistem no contato entre o efluente e uma cultura adequada de microrganismos que degradam os compostos orgânicos.

São as condições ambientais adequadas das câmaras de aeração (processos aeróbios) ou dos biodigestores (processos anaeróbios ou aeróbios) que formam os microrganismos (Kiang; Metry, 1982). A água também é vital para que as reações de decomposição ocorram,

Quadro 6.2 Processos usuais de precipitação química

Composto químico utilizado	Compostos removidos	pH para precipitação	Vantagens	Desvantagens
Hidróxido de cálcio (cal)	As, Cd, Cr(III), Cu, Fe, Mn, Ni, Pb e Zn Eficiência de remoção: > 99,0% para Cr, Cu, Pb e Fe 98,6% para o Zn 97,0% para o Ni	9,4	Comumente utilizado Efetivo Econômico	O lodo é desidratado facilmente Gera um grande volume de lodo Interfere com agentes complexantes quando da estabilização da lama de hidróxidos Dosagem excessiva pode reduzir a qualidade de efluentes A lama gerada não é adequada para a recuperação do metal
Hidróxido de sódio (soda cáustica)	As, Cd, Cr(III), Cu, Fe, Mn, Ni, Pb, Zn e Ag Eficiência de remoção: > 99% para Cd, Cr, Pb, Ni e Zn 98% para o Cu 76% para a Ag	9 a 11	Gera um volume menor de lodo Excelente eficiência de neutralização O lodo é adequado para a recuperação de metais	Mais caro que o óxido de cálcio Requer equipamentos de grande porte para a separação dos sólidos, porque o material precipitado é muito fino
Óxido ou hidróxido de magnésio	As, Cd, Cr(III), Cu, Fe, Mn, Ni, Pb e Zn	8 a 9	Efetivo para o tratamento de efluentes com baixa concentração de metais (≤ 50 mg/L) Pequeno volume de lodo Fácil desidratação do lodo Mais eficiente quando realizado em bateladas	Reagente de custo bastante elevado Requer uma quantidade de três a quatro vezes superior à estequiométrica, para elevar o pH a valores entre 8 e 9
Sulfetos solúveis (sulfeto de sódio)	As, Cd, Cr(III), Fe, Mn, Pb, Zn Eficiência de remoção: 82% para o Pb 88% para o Cr 93% para o Zn 95% para o Cd 98% para o Cu e Ni	9	A solubilidade dos sulfetos metálicos é menor que a dos hidróxidos Os cromados não requerem a etapa de redução Não é afetado pela maioria dos agentes quelantes Lodo adequado para a recuperação dos metais	Pode gerar gás sulfídrico, em condições ácidas O efluente tratado pode ter sulfeto em excesso após o tratamento A formação rápida de precipitado pode dificultar a precipitação

Fonte: Idaho National Engineering Laboratory (1992).

uma vez que os microrganismos precisam de enzimas para catalisar as reações de decomposição – as quais, por sua vez, precisam de água para que permaneçam ativas.

A matéria orgânica pode ser degradada por microrganismos aeróbios e anaeróbios. Eventualmente, os aeróbios podem decompor substâncias simples ou compostos em dióxido de carbono e água, ao passo que os anaeróbios só podem degradar substâncias simples em metano e dióxido de carbono (Tchobanoglous, 1996).

Um fator importante é que, na maioria dos casos, os processos biológicos não alteram ou destroem compostos inorgânicos. Na verdade, baixas concentrações de alguns compostos inorgânicos solúveis, como íons metálicos, podem inibir a atividade enzimática dos microrganismos. As cargas negativas funcionam como trocadores de íons, o que resulta na adsorção de íons positivos sobre a parede de suas células (Kiang; Metry, 1982). Espécies aniônicas, como cloretos e sulfatos, não são afetadas pelos processos biológicos, principalmente os aeróbios.

Considerando que os processos biológicos estão entre os mais antigos para o tratamento de efluentes, a literatura dispõe de vários títulos que abordam esse tema e suas variantes, com informações mais detalhadas sobre a aplicação de cada processo, parâmetros operacionais e eficiência de remoção dos contaminantes.

Apenas para ilustrar, o Quadro 6.3 mostra os principais processos utilizados para o tratamento de efluentes orgânicos. Dentre os diversos tipos apresentados, um dos mais

Quadro 6.3 Principais processos biológicos para tratamento de efluentes orgânicos

Tipo de tratamento	Nome comum	Uso
Processos aeróbios		

Com crescimento em suspensão	Processos de lodos ativados convencionais
	  Fluxo pistonado
	  Mistura completa
	  Com membranas submersas
	  Aeração em etapas
	  Oxigênio puro
	  Reatores em batelada em série
	  Estabilização por contato
	  Aeração prolongada
	  Valos de oxidação
	  Poço profundo
		Remoção de DBO carbonácea e conversão de amônia em nitrato (nitrificação), dependendo do processo selecionado

Com crescimento aderido	Crescimento em leitos móveis e nitrificação	Remoção de DBO carbonácea e nitrificação
	Lagoas aeradas	Remoção de DBO carbonácea e nitrificação

	Digestão aeróbia
	  Com ar
	  Com oxigênio puro
		Estabilização de lodo e remoção de DBO carbonácea

	Filtros biológicos
	  Alta taxa de aplicação
	  Baixa taxa de aplicação
		Remoção de DBO carbonácea e nitrificação

	Leito de britas	Remoção de DBO carbonácea
	Contatores biológicos rotacionais	Remoção de DBO carbonácea e nitrificação
	Reatores com meio suporte fixo	Remoção de DBO carbonácea e nitrificação
Processos anóxicos		
Com crescimento em suspensão	Crescimento em suspensão e desnitrificação	Desnitrificação
Com crescimento aderido	Filme fixo e desnitrificação	Desnitrificação
Processos anaeróbios		

Com crescimento em suspensão	Digestão anaeróbia
	  Taxa de aplicação convencional (um estágio)
	  Alta taxa de aplicação (um estágio)
	  Dois estágios
		Estabilização de lodo e remoção de DBO carbonácea

Com crescimento aderido	Processo anaeróbio de contato	Estabilização de lodo e remoção de DBO carbonácea
	Filtro anaeróbio	Remoção de DBO carbonácea, estabilização de esgotos e desnitrificação

TÉCNICAS PARA TRATAMENTOS DE EFLUENTES

Quadro 6.3 (continuação)

Tipo de tratamento	Nome comum	Uso
	Lagoas*	
Aeróbias		Remoção de DBO carbonácea
De maturação		Remoção de DBO carbonácea e nitrificação
Facultativas		Remoção de DBO carbonácea e desnitrificação
Anaeróbias		Remoção de DBO carbonácea e estabilização de esgotos e lodos

*Opção de uso limitado para regiões com grande disponibilidade de área.
Fonte: Tchobanoglous (1996) e Metcalf e Eddy (2017).

difundidos é o processo por lodos ativados com crescimento em suspensão. Consiste no contato, por um período de tempo adequado, entre o efluente contendo os contaminantes indesejados e uma massa de microrganismos mantida em suspensão, ao mesmo tempo que se adiciona oxigênio para promover a degradação.

Tecnologia bem desenvolvida é uma das principais vantagens dos processos biológicos, bem como serem úteis para o tratamento de efluentes industriais e poderem ser adaptados para o tratamento de um efluente específico.

Algumas das principais desvantagens são: a possibilidade de liberação de compostos orgânicos voláteis para a atmosfera; a necessidade de pré-tratamento dos efluentes; e a possível inibição da atividade dos microrganismos ou a destruição de todas as colônias existentes, de acordo com a variação das características do efluente.

A Fig. 6.1 ilustra um arranjo esquemático do processo de tratamento por lodos ativados, com suas operações de pré e pós-tratamento.

Uma inovação relevante em relação aos processos de tratamento de esgotos por lodos ativados foi o desenvolvimento dos processos com membranas submersas, ou, em inglês,

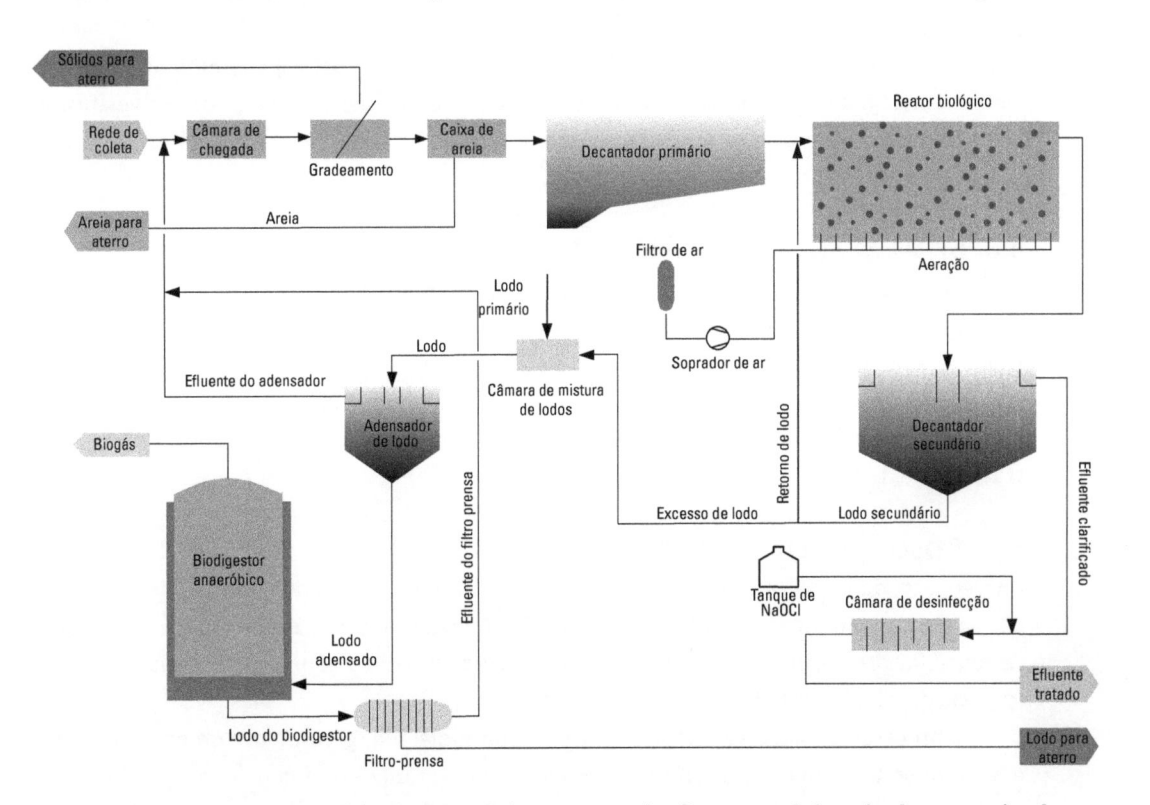

Fig. 6.1 *Representação esquemática do processo de tratamento de efluentes por lodos ativados convencional*

membrane bioreactor (MBR), os quais utilizam membranas de micro ou ultrafiltração como processo de separação sólidos-líquido. Essa inovação permitiu que os processos de lodo ativado pudessem operar com uma maior concentração de microrganismos no reator biológico, que era uma limitação do processo convencional, por causa da ineficiência do decantador secundário para a separação de sólidos.

As membranas ficam submersas no reator biológico, eliminando a necessidade do decantador secundário. Como a concentração de microrganismos no reator é maior, seu volume também é reduzido. Além disso, é possível eliminar o decantador primário do processo, considerando-se as características específicas de operação do sistema com membranas submersas. Essas modificações, por sua vez, resultaram em sistemas de tratamento muito mais compactos e eficientes, onde a eficiência de remoção de matéria orgânica pode chegar a mais de 98%, produzindo um efluente tratado com DBO inferior a 2 mg O_2/L, com turbidez inferior a 0,2 unidade (Judd, 2010).

Atualmente, no Brasil, algumas companhias de saneamento e empresas têm implantado sistemas de tratamento de efluentes domésticos e industriais utilizando os sistemas MBR, com destaque para a Companhia de Saneamento Básico do Estado de São Paulo (Sabesp), em parceria com a empresa GS-Inima, e para a Sociedade de Abastecimento de Água e Saneamento S/A (Sanasa).

A Sabesp, em parceria com a GS-Inima, opera o sistema Aquapolo, que produz água de reúso para o Polo Petroquímico de Capuava, localizado no município de Mauá (SP). O Aquapolo utiliza um sistema MBR terciário para a melhoria da qualidade do efluente da estação de tratamento de esgotos do ABC, operada pela Sabesp.

A Sanasa implantou um sistema de tratamento de esgotos no município de Campinas (SP) que é exemplo em termos de inovação e proteção ambiental, a Estação Produtora de Água de Reúso (Epar) Capivari II. Essa estação utiliza o sistema MBR para o tratamento dos esgotos da região onde se encontra instalada, produzindo um efluente com elevado grau de qualidade, e nela foi desenvolvido o primeiro estudo sobre reúso potável de água no Brasil (Hespanhol; Rodrigues; Mierzwa, 2019).

Para efeito de comparação, na Fig. 6.2 é apresentado o arranjo esquemático de um sistema biológico de tratamento com membranas submersas, em que pode ser verificada a simplificação do processo de tratamento em relação ao sistema convencional, mostrado na Fig. 6.1.

6.6 Separação por membranas

Os processos de separação por membranas, apresentados no Cap. 4 como uma opção de tratamento de água, também podem ser utilizados para o tratamento de efluentes. Deve-se avaliar adequadamente o potencial de uso para cada aplicação, o que também requer ensaios de laboratório e em escala piloto, mas, de maneira geral, a abordagem para sua utilização no tratamento de efluentes deve ser a mesma que a adotada para tratamento de água.

6.7 Adsorção em carvão ativado

Carvão ativado é qualquer forma de carvão amorfo que tenha sido tratado para produzir um material com alta capacidade de adsorção. Carvão mineral, madeira, casca de coco, resíduos da produção do papel e resíduos à base de petróleo são as principais matérias-primas do carvão ativado (Kiang; Metry, 1982).

O processo de adsorção ocorre quando uma molécula, geralmente do contaminante a ser removido, atinge a superfície do carvão e lá permanece, por causa da ação de forças físicas e/ou químicas (Snoeyink, 1990; Idaho National Engineering Laboratory, 1992).

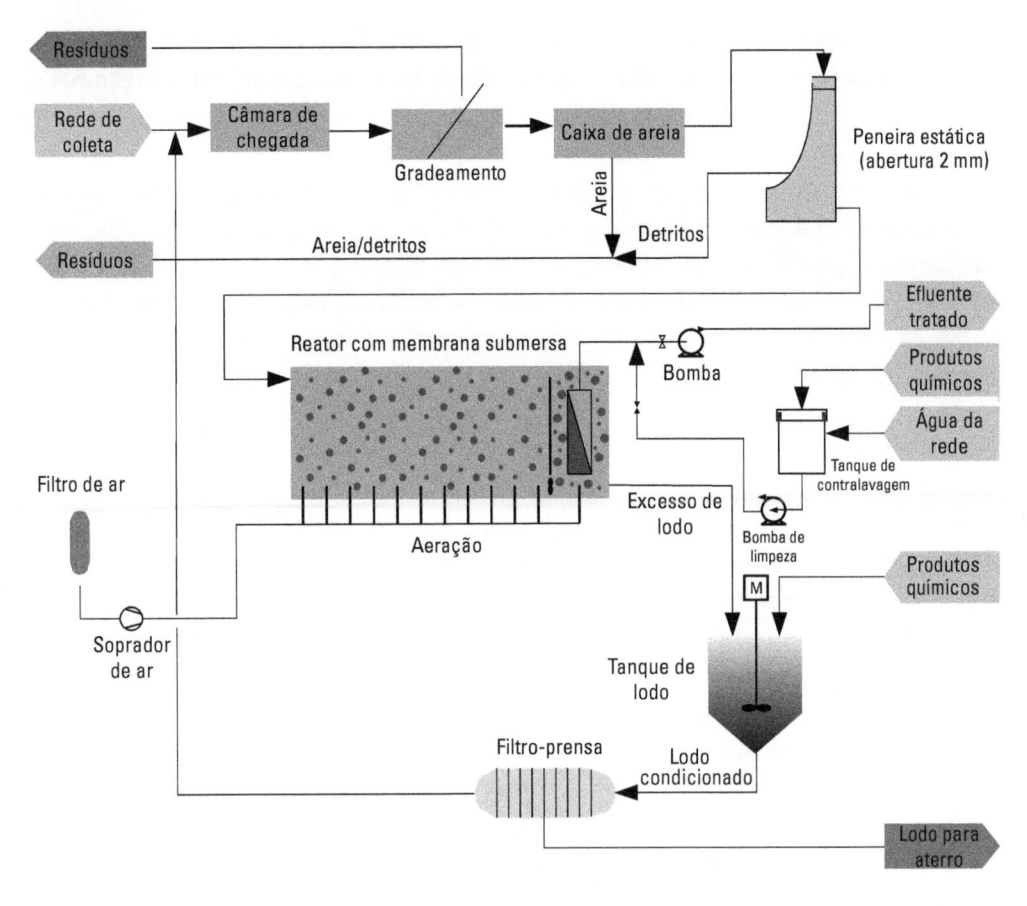

Fig. 6.2 *Representação esquemática do processo de tratamento de efluentes por sistema biológico com membranas submersas*

Tanto o carvão em pó como o granulado são eficientes. A diferença é que a aplicação do carvão em pó é limitada, cabendo apenas em situações atípicas, como problemas de odores ou a remoção de contaminantes não característicos da instalação.

O carvão na forma granular é o mais amplamente aplicado, principalmente em colunas estacionárias, através das quais o efluente flui. A superfície do carvão adsorve o contaminante por este apresentar uma baixa solubilidade no efluente e ter uma grande afinidade pelo carvão, e pela combinação entre os dois fatores (Idaho National Engineering Laboratory, 1992).

Teoricamente, não existem limites para a concentração do contaminante na corrente de alimentação, mas, na prática, a concentração máxima é da ordem de 10.000 mg/L de carbono orgânico total (Kiang; Metry, 1982). Além dos compostos orgânicos, alguns metais e outros compostos inorgânicos dissolvidos no efluente podem ser removidos, em menor escala.

Outro fator importante é que a presença de sólidos, óleos e graxas em suspensão no efluente prejudica o desempenho do processo, seja pela grande perda de carga no leito de carvão, que acaba funcionando como um filtro, seja pelo entupimento dos poros do carvão, que resulta na perda de capacidade de retenção dos contaminantes. Além disso, a capacidade de retenção dos contaminantes é limitada e associa-se diretamente à quantidade de carvão presente nos leitos, requerendo a substituição periódica do carvão. Como o processo de adsorção não destrói o contaminante, o carvão exaurido deve ser gerenciado de forma adequada para que, posteriormente, sua disposição não degrade o solo ou a água.

Considerando todos os fatores que podem influenciar a eficiência do processo de adsorção, é importante que a implantação de sistemas de tratamento que lançam mão dessa técnica se baseie em ensaios de laboratório e em escala piloto. O processo de adsorção em carvão ativado tem como vantagens a eficiência na remoção de compostos orgânicos que não podem ser tratados pelos processos biológicos e a concentração de muitos contaminantes, que pode ser reduzida para valores abaixo de 10 mg/L.

O processo também apresenta algumas desvantagens, como: a eficiência ser reduzida pelos sólidos em suspensão, óleos e graxas; a capacidade de o carvão reter contaminantes ser limitada; problemas ambientais por causa da disposição final do carvão exaurido poderem ocorrer caso ele não seja regenerado; e a implantação de sistemas de tratamento baseados nesse processo requerer ensaios de laboratório e em escala piloto (Idaho National Engineering Laboratory, 1992).

6.8 Troca iônica

A troca iônica também já foi discutida anteriormente, de forma que esta seção só apresentará as peculiaridades do processo quando aplicado ao tratamento de efluentes.

O processo de troca iônica, muito utilizado nas indústrias para a produção de água com elevado grau de pureza, também pode tratar efluentes que contenham espécies iônicas dissolvidas, como metais (Al^{3+}, Pb^{2+}, Sr^{2+} etc.), ânions inorgânicos (F^-, NO_3^-, SO_4^{2-}, CN^- etc.) e ácidos orgânicos (carboxílicos, fenóis etc.), entre outros (Nalco Chemical Company, 1988; Idaho National Engineering Laboratory, 1992).

A utilização da troca iônica apresenta como vantagens: a geração de um efluente tratado com qualidade superior à de outros processos; a frequente remoção seletiva das espécies indesejáveis; um processo consolidado e com equipamentos amplamente testados; a disponibilidade de sistemas automáticos e manuais no mercado; e a possibilidade de uso para tratamento de grandes e pequenos volumes de efluentes.

Já as desvantagens do processo são: os produtos químicos envolvidos no processo de regeneração, que podem ser perigosos; as limitações existentes com relação à concentração do efluente a ser tratado; as paradas para regeneração; os efluentes gerados terem uma concentração relativamente alta de contaminantes e outros compostos; a presença de substâncias orgânicas, microrganismos, partículas em suspensão e substâncias oxidantes poder degradar ou reduzir a capacidade das resinas; e pequenas variações nas características da corrente de alimentação prejudicarem o processo.

6.9 Oxidação ou redução química

As reações de oxidação-redução química são aquelas nas quais o estado de oxidação de pelo menos um dos reagentes envolvidos é elevado, e o outro, reduzido (Kiang; Metry, 1982; Idaho National Engineering Laboratory, 1992), conforme representa a reação entre o cianeto e o permanganato em meio alcalino. Na reação, o estado de oxidação do cianeto é elevado de –1 para +1, ao passo que o do permanganato diminui de –1 para –2:

$$2\,MnO_4^- + CN^- + 2\,OH^- \leftrightarrow 2\,MnO_4^{2-} + CNO^- + H_2O \tag{6.1}$$

Embora as reações de oxidação ocorram ao mesmo tempo em que as de redução, na prática, utiliza-se os termos oxidação ou redução separadamente, de acordo com o contaminante presente. Quando se utiliza um agente oxidante para reagir com o contaminante de interesse, por exemplo, diz-se que o processo é de oxidação e, quando o agente é redutor, diz-se que o processo é de redução.

Os processos de oxidação-redução diminuem a toxicidade de uma determinada corrente e podem ser utilizados para compostos orgânicos, metais e alguns compostos inorgânicos. Existem vários compostos com potencial de oxidação, mas somente alguns são adequados para uso. A Tab. 6.1 apresenta em ordem decrescente os agentes oxidantes mais utilizados para o tratamento de efluentes e seus respectivos potenciais de oxidação.

Tab. 6.1 Principais agentes oxidantes utilizados para o tratamento de efluentes

Oxidante	Reação parcial	Potencial de oxidação E^0 (volts)
Flúor	$F_2 + 2 H^+ + 2 e^- \rightarrow 2 HF (aq)$	3,060
Ozônio	$O_3 + 2 H^+ + 2 e^- \rightarrow O_2 + H_2O$	2,070
Peróxido de hidrogênio	$H_2O_2 + 2 H^+ + 2 e^- \rightarrow 2 H_2O$	1,770
Permanganato	$MnO_4^- + 4 H^+ + 2 e^- \rightarrow MnO_2 + 2 H_2O$	1,695
Cloro	$Cl_2 + 2 e^- \rightarrow 2 Cl^-$	1,359
Dicromato	$Cr_2O_7^{2-} + 14 H^+ + 6 e^- \rightarrow 2 Cr^{3+} + 7 H_2O$	1,330

Algumas reações de oxidação são rápidas e completas, ao passo que outras ocorrem parcialmente, por causa da dosagem do agente de oxidação, do pH do meio reativo, do potencial de oxidação do oxidante utilizado ou da formação de compostos intermediários estáveis. O Quadro 6.4 relaciona algumas aplicações para os agentes oxidantes mais comumente utilizados.

Quadro 6.4 Aplicação dos agentes de oxidação para o tratamento de efluentes

Oxidante	Contaminante
Ozônio	Sulfeto, odores, cianetos, compostos orgânicos
Ar	Sulfitos, sulfetos, íons ferrosos (muito lentamente)
Cloro gás	Sulfeto, mercaptanas
Cloro gás em meio alcalino	Cianeto (CN)
Dióxido de cloro	Cianeto, pesticidas (Diquat e Paraquat)
Hipoclorito de sódio	Cianeto, chumbo
Hipoclorito de cálcio	Cianeto
Permanganato de potássio	Cianeto, odores, chumbo
Permanganato	Fenol, pesticidas (Diquat e Paraquat), compostos orgânicos contendo enxofre, formaldeído, manganês
Peróxido de hidrogênio	Fenol, cianeto, compostos contendo enxofre, chumbo

Fonte: Kiang e Metry (1982).

Deve-se observar que os agentes oxidantes mais enérgicos não são seletivos e, por isso, afetam qualquer substância facilmente oxidável presente no efluente. Isso pode implicar a ineficiência do processo, já que o agente oxidante pode ser todo consumido por um composto orgânico qualquer, como um solvente, sem que a reação com o contaminante de interesse aconteça.

Muitas das características do processo de oxidação também valem para o processo de redução, principalmente com relação à não seletividade. O Quadro 6.5 lista alguns agentes redutores e suas principais aplicações.

Além da escolha do composto químico mais apropriado, outros fatores podem influenciar a eficiência do tratamento, como dosagem do composto, já que muitos casos exigem um excesso do reagente em relação à quantidade estequiométrica, dispersão na massa líquida, pH e temperatura de operação e, em alguns casos, a necessidade de utilização de catalisadores (Idaho National Engineering Laboratory, 1992).

As vantagens desses processos são a simplicidade, a disponibilidade de equipamentos e reagentes, a operação contínua ou em batelada e o baixo custo de implantação e operação.

Quadro 6.5 Principais agentes redutores e suas aplicações

Compostos	Aplicação
Dióxido de enxofre (frequentemente gases de exaustão) Sulfitos (bissulfito de sódio, metabissulfito de sódio, hidrossulfitos de sódio) Sulfato ferroso Zinco metálico em pó	Cromo hexavalente
Borohidreto de sódio	Mercúrio, tetralquil chumbo e prata

Fonte: Kiang e Metry (1982).

A principal desvantagem é a dificuldade de implantação dos sistemas de tratamento, já que devem ser especificamente projetados para cada aplicação, com base em testes de laboratório e em escala piloto. Além disso, os compostos químicos utilizados e os possíveis subprodutos são frequentemente perigosos.

6.10 Oxidação fotoquímica

O processo de oxidação fotoquímica já foi apresentado no capítulo sobre técnicas para tratamento de água, porém ele também pode ser utilizado para o tratamento de efluentes. Ressalta-se que sua utilização requer que o efluente apresente características específicas, já que muitos constituintes presentes podem afetar de forma adversa seu desempenho, principalmente aqueles que interferem na transmissão da radiação ultravioleta no meio ou possam atuar como sequestrantes do radical hidroxil. Informações mais detalhadas sobre as limitações do uso do processo de oxidação fotoquímica podem ser obtidas em Mierzwa, Rodrigues e Teixeira (2018).

6.11 Separação térmica

Os processos de separação térmica para o tratamento de efluentes são a evaporação e a destilação. Em ambos os casos, utiliza-se energia térmica para separar os contaminantes da corrente que está sendo tratada.

A evaporação é a conversão física de um componente do estado líquido para o gasoso, deixando para trás os contaminantes inicialmente presentes na mistura, por eles apresentarem pontos de ebulição significativamente mais altos que o solvente. Geralmente, a evaporação é feita com o objetivo de remover uma parte do solvente de uma mistura de sais dissolvidos e sólidos suspensos, e é mais utilizada para vaporizar água, soluções aquosas ou lamas (Idaho National Engineering Laboratory, 1992).

As operações de condensação e resfriamento também fazem parte do processo de evaporação, gerando uma corrente líquida com alto grau de pureza. Em geral, o fator de descontaminação, ou seja, a relação entre a concentração do contaminante no efluente de alimentação e na corrente evaporada, é bastante grande e pode variar entre 10^4 e 10^6.

Outra característica a ser ressaltada é que o volume de resíduos originado pelo processo de evaporação é bastante reduzido, facilitando a disposição final. Contudo, em razão da mudança de fase da água, o consumo de energia é grande, elevando o custo de tratamento de efluentes por essa técnica, se comparado ao custo das demais (Idaho National Engineering Laboratory, 1992).

Os principais equipamentos disponíveis vão dos mais simples, como os do tipo tubos submersos, até os mais arrojados, como os do tipo filme fino agitado. Estes funcionam como evaporador e cristalizador simultaneamente, e seu fator de redução de volume do efluente pode ser superior a 25 (Mierzwa; Bello, 2000). A Fig. 6.3 é uma representação esquemática de um evaporador de filme fino agitado.

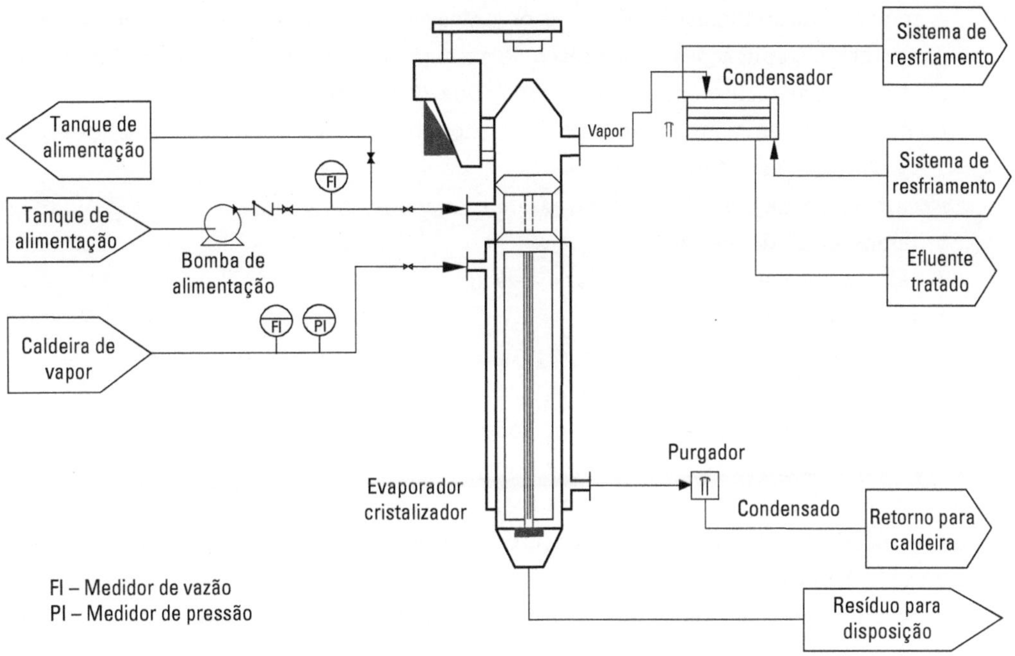

Fig. 6.3 *Representação esquemática de um evaporador de filme fino agitado*

Já o processo de destilação, muitas vezes confundido com o processo de evaporação, consiste em aquecer uma mistura de líquidos e, posteriormente, remover calor da fase vaporizada. O líquido condensado recebe o nome de destilado, e está enriquecido com o componente mais volátil, ao passo que o produto não vaporizado está enriquecido com o componente menos volátil (Idaho National Engineering Laboratory, 1992). Um exemplo típico de destilação é a separação do etanol da água, quando a composição volumétrica entre essas substâncias é menor de 96%, ou seja, abaixo do ponto de azeótropo.

A relação de equilíbrio entre a fase líquida e a fase vapor do(s) componente(s) é importante para o dimensionamento dos equipamentos de destilação, que podem ser de estágio simples ou múltiplos, destacando-se que estes últimos são mais eficientes (Idaho National Engineering Laboratory, 1992).

Um ponto positivo do processo de destilação é a possibilidade de recuperação de solventes, embora seu custo de implantação e operação seja superior aos de outros processos, como o de extração com ar ou vapor, além de ser considerado complexo (Idaho National Engineering Laboratory, 1992). Os efluentes que contêm misturas de compostos orgânicos voláteis, como misturas entre solventes e misturas de solventes em água e vice-versa, são os mais adequados para o processo de evaporação.

6.12 Extração com ar ou vapor

O processo de tratamento por extração pode ser feito com ar ou com vapor, e consiste em transferir os contaminantes voláteis de uma fase líquida (geralmente a água) para uma fase gasosa por meio de dispositivos adequados como câmaras de aeração, sistemas de aspersão e colunas com enchimento, sendo este último o mais eficiente (Kiang; Metry, 1982; Kawamura, 1991). No processo injeta-se ar pela base e o efluente pela parte superior da coluna. À medida que as duas correntes passam através do enchimento da coluna, em razão do aumento da superfície de contato, os componentes mais voláteis são transferidos da fase líquida para a gasosa. Quando as duas correntes deixam a coluna, a fase gasosa estará enriquecida com os componentes voláteis, e a líquida estará empobrecida.

A remoção de amônia de efluentes orgânicos tratados por processos biológicos é uma das principais aplicações do processo de extração com ar, cuja eficiência, quando se utilizam torres com enchimento, pode chegar a 90% (Kiang; Metry, 1982).

Os fatores a serem considerados no dimensionamento das unidades de extração com ar são os seguintes (Kawamura, 1991):
- características dos compostos a serem removidos;
- temperatura de operação;
- relação entre a quantidade de ar e a de água;
- tempo de contato;
- área superficial necessária para o processo de transferência de massa.

Já o processo de extração com vapor pode ser comparado ao processo de destilação, uma vez que a diferença de volatilidade é o que determina a separação dos constituintes do efluente (Idaho National Engineering Laboratory, 1992). Os contaminantes, que devem ser mais voláteis do que a substância que os contém, são vaporizados por causa da ação do aquecimento com vapor.

Uma unidade de extração por vapor constitui-se de um fervedor, uma seção de extração, um condensador e os reservatórios para a armazenagem das correntes líquidas envolvidas no processo.

A extração com vapor é indicada para remover pequenas quantidades de compostos orgânicos voláteis contidos em um grande volume de água. Compostos que formam azeótropos de baixo ponto de ebulição, compostos instáveis, reativos, em temperaturas elevadas e compostos com potencial de explosão ou ignição em aquecedores do tipo chama direta são alguns exemplos. Mesmo assim, o processo de extração por ar ou vapor não tem potencial suficiente para aplicações em um sistema de tratamento de efluentes, em face de quatro razões (Martin; Johnson, 1987):
- o processo não é facilmente montado para efluentes perigosos com contaminantes voláteis e não voláteis;
- a extração por ar não tem um apelo como um pré-tratamento para outro processo, além de requerer um controle rígido em razão do potencial de poluição do ar;
- o processo de extração por vapor é bastante eficiente no tratamento de efluentes com grande concentração de compostos altamente voláteis;
- os custos de implantação e operação são significativamente elevados.

No caso particular do processo de extração de amônia com ar, além desses fatores, existem outros processos mais eficazes. Por exemplo, bastam alguns ajustes químicos, como a conversão da amônia gasosa para íons amônio, feita com um ajuste de pH, para posterior tratamento por osmose reversa (Mierzwa; Bello, 2000).

6.13 Procedimento para a seleção preliminar das tecnologias para tratamento de efluentes

Considerando-se a ampla diversidade de contaminantes presentes nos efluentes, a pré-seleção das opções tecnológicas para seu tratamento pode ser uma tarefa bastante difícil, e muitas vezes o responsável pela definição do arranjo tecnológico mais adequado de tratamento pode ter dificuldade para estruturar um arranjo de tratamento. Nessa condição, é possível que o responsável pelo projeto procure empresas fabricantes de equipamentos, que na maioria dos casos oferecerão a solução tecnológica comercializada por elas. Isso com frequência levará a projetos mais complexos e, muitas vezes, inadequados para o atendimento das necessidades do cliente.

Por princípios de engenharia, é importante definir a melhor solução para a demanda existente e não adaptar essa demanda às soluções que estão disponíveis. Como uma forma de facilitar a identificação de opções tecnológicas para o tratamento de efluentes, é proposto o Quadro 6.6, que relaciona as principais tecnologias de tratamento de água e efluentes disponíveis com os principais grupos de contaminantes que podem estar presentes. Cabe ressaltar que os grupos de contaminantes indicados foram definidos com base na proposta de Parekh (1988).

Quadro 6.6 Opções tecnológicas para tratamento de águas e efluentes por grupo de contaminantes

Tecnologia	Grupo de contaminantes			
	Inorgânicos	Orgânicos	Sólidos em suspensão	Microrganismos
Processo convencional de clarificação e variantes	NA	NA	E/B	E[1]
Flotação por ar dissolvido	NA	P	E	NA
Microfiltração	NA	NA	E	E/B[2]
Ultrafiltração	NA	P	E	E[2]
Processos biológicos	NA	E/B	B/E	NA
Desinfecção	NA	NA	NA	E
Nanofiltração ou osmose reversa	E/B	P	NA	NA
Eletrodiálise	B[3]	NA	NA	NA
Oxidação fotoquímica	NA	E/B	NA	NA
Oxidação ou redução química	P	B	NA	NA
Adsorção em carvão ativado	NA	B/E	NA	NA
Evaporação	E	P[4]	E	E
Destilação	NA	P[5]	NA	NA
Extração com ar ou vapor	NA	P	NA	NA

E – efetivo; B – boa eficiência; P – possível, dependendo das características do contaminante e da tecnologia de tratamento; NA – não aplicável, ou a tecnologia de tratamento é afetada de forma adversa pelo grupo de contaminante.
Notas:
1 – Caso seja complementado pelo processo de desinfecção.
2 – Remoção física, não garante proteção contra recrescimento, caso não seja dosado um agente de desinfecção no efluente final.
3 – Apenas para elementos ionizados.
4 – Depende da pressão de vapor do contaminante.
5 – Caso as substâncias ou compostos envolvidos apresentem diferentes pressões de vapor.

Em relação às associações feitas no Quadro 6.6, deve-se destacar que, para os processos de osmose reversa e nanofiltração, em função das pressões envolvidas, a presença de sólidos em suspensão pode danificar as membranas; já no caso da eletrodiálise, os sólidos em suspensão, ou substâncias não iônicas, não são afetados.

Como princípio básico, não há uma única tecnologia que pode lidar com todos os contaminantes, além do fato de alguns contaminantes poderem afetar de forma adversa as tecnologias disponíveis. Assim, torna-se necessário estruturar um sistema de tratamento que combine duas ou mais tecnologias para obter os resultados desejados.

OTIMIZAÇÃO DO USO DA ÁGUA NA INDÚSTRIA 7

Uma das questões mais relevantes sobre a escassez de água está associada à forma como ela é utilizada, além, é claro, dos aspectos econômicos relacionados a seu uso, ou seja, o custo da água para os consumidores. De maneira geral, para as indústrias, o custo da água está relacionado, principalmente, com sua captação, tratamento e distribuição, diferente de qualquer outro tipo de matéria-prima ou insumo utilizado nos processos.

Para a maioria das indústrias, muitas vezes o desenvolvimento dos projetos dos sistemas produtivos não contempla de forma adequada as atividades auxiliares que dependem da utilização da água; o foco é sempre direcionado às operações e aos processos unitários do processo produtivo. Além disso, o modelo de gestão de recursos hídricos praticado ao longo dos anos não levava em consideração indicadores de demanda para a aprovação da outorga de direito de uso da água. Essa condição, associada à ausência de qualquer tipo de instrumento econômico relacionado, levava a pedidos de outorga, na maioria das vezes, superiores aos que seriam efetivamente necessários.

Além disso, outras questões de engenharia não eram consideradas, principalmente os avanços tecnológicos referentes a processos e operações auxiliares, ou seja, os processos produtivos não eram atualizados.

Com o passar do tempo, à medida que houve aumento dos problemas de escassez de água, passaram a ser desenvolvidos indicadores de comparação em relação ao consumo de água para alguns setores produtivos, como na indústria de bebidas e refrigerantes e alimentícia, entre outros. O que se verificou foi que indústrias do mesmo segmento utilizam quantidades diferentes de água para produzir a mesma quantidade de produto (CNI, 2013).

Essa constatação mostra a necessidade de uma avaliação adequada dos processos produtivos e auxiliares desenvolvidos na indústria, de maneira que seja possível identificar oportunidades de redução do consumo de água.

Assim, neste capítulo é detalhado o procedimento que deve ser utilizado para a identificação de oportunidades de redução do consumo de água nos processos produtivos, priorizando-se as ações de prevenção da poluição.

7.1 Avaliação dos processos industriais para identificar oportunidades de otimização do uso da água

A crescente demanda de produtos industrializados por parte da população, aliada ao acelerado desenvolvimento tecnológico observado a partir do século XVIII (Millard, 1995), passou a transformar mais intensamente os recursos naturais disponíveis no planeta em produtos úteis e lucrativos. O contexto de cada época deve sempre ser considerado, já que os conceitos de utilidade e lucratividade são variáveis e influenciados por uma série de fatores, como mudanças de valores, evolução tecnológica e ampliação do conhecimento humano.

À medida que o consumo de produtos considerados úteis e lucrativos aumentava, os métodos de produção sofriam modificações significativas, visando a uma otimização a fim de se produzir cada vez mais com cada vez menos. O resultado foi o surgimento de indústrias especializadas, dedicadas à produção de materiais específicos, tanto de uso final como intermediário, utilizados como matéria-prima, insumos ou produtos auxiliares.

Mesmo que superficial, o conhecimento das atividades industriais é fundamental para o desenvolvimento de qualquer iniciativa que busque otimizar o uso da água, pois isso é o que fomenta a habilidade de identificar os principais pontos de consumo de água, a quantidade e a qualidade exigidas para cada aplicação e os pontos de geração de efluentes.

Também é preciso considerar que as atividades industriais sofrem influência direta das condições locais, que promovem significativas alterações nos métodos de produção, se comparadas aos dados disponíveis em literatura. Isso ocorre porque os dados de literatura não são atualizados na mesma velocidade em que as alterações acontecem. Assim sendo, a integração entre os seguintes procedimentos é eficaz na análise das atividades industriais:

- avaliação dos processos industriais com base em dados disponíveis na literatura;
- avaliação dos processos industriais com base em documentos disponíveis na própria indústria, como fluxogramas de processo, documentos descritivos, rotinas operacionais etc.;
- visitas de campo, para constatar se os dados dos documentos analisados continuam consistentes e identificar possíveis alterações que não tenham sido registradas.

A análise dos aspectos relacionados ao consumo de água e à geração de efluentes será mais precisa, contribuindo significativamente para desenvolver e implementar estratégias de otimização do uso da água.

7.1.1 Avaliação com base em dados de literatura

Considerando-se que as atividades industriais exercem e sofrem influência dos seres humanos e do meio ambiente, diversos cientistas e pesquisadores dedicaram-se a descrevê-las e analisá-las, a fim de oferecer ao público interessado informações dificilmente obtidas por outros meios. Isso porque muitas atividades ficam restritas a algumas regiões e, muitas vezes, as próprias indústrias não têm interesse em divulgar informações sobre seus processos produtivos.

Atualmente, o número de publicações que tratam de atividades industriais é bastante extenso: pode-se encontrar livros que abordam o assunto de maneira genérica, abrangendo diversos segmentos, bem como livros, revistas e outras publicações especializadas com um maior nível de detalhes, descrevendo todos os processos desenvolvidos em uma única atividade industrial. Esse tipo de material apresenta os processos da fabricação de um determinado produto e os fluxogramas de processo com a quantidade dos principais insumos utilizados. Dois exemplos são os livros de Patel (2023) e Bralla (2007). Informações sobre um único processo, visando otimizar o uso de recursos naturais e prevenir a poluição, constam em artigos técnicos publicados em periódicos não especializados da área de processos industriais e também são úteis (EPA, 1993; Cheremisinoff; Rosenfeld, 2010).

Embora as informações disponíveis em literatura sejam bastante úteis, é importante ressaltar que, na maioria dos casos, elas se referem aos processos industriais de outros países, cujas condições operacionais e nível de desenvolvimento são completamente diferentes das brasileiras. Além disso, a atividade pode já estar ultrapassada, principalmente em virtude dos grandes avanços tecnológicos, de restrições de ordem legal e econômica ou da escassez de recursos naturais.

7.1.2 Avaliação de documentos disponíveis na indústria

A avaliação de documentos disponíveis na própria indústria, como descrição de sistemas, fluxogramas de processo, manuais de operação e rotinas operacionais, pode ser uma das formas mais eficientes para obter dados sobre uso, quantidade e qualidade da água e geração de efluentes, já que esse tipo de informação deve fazer parte direta ou indiretamente dos documentos.

É importante destacar que, além da qualidade dos documentos disponíveis, ou seja, abrangência, nível de detalhamento e clareza, o conhecimento técnico e a experiência das pessoas que analisarão as informações também são muito importantes. Em muitos casos, as operações consideradas secundárias, como fornecimento de vapor para aquecimento ou água de resfriamento, operações de partida e parada das unidades industriais, paradas para manutenção e outras atividades diretamente associadas ao consumo de água ou à geração de efluentes, por exemplo, podem passar despercebidas. Quanto maior for o nível de detalhamento, melhor será a compreensão das atividades industriais em questão, pois se pode estabelecer uma relação lógica entre todas as etapas do processo de produção e vincular os respectivos consumos de água em cada etapa, o grau de qualidade exigido para cada uso específico e a geração e composição dos efluentes.

Muitas vezes é possível identificar oportunidades para a otimização do uso dos recursos naturais e outros insumos por meio da análise desses documentos. Assim, deve-se manter um registro dessas oportunidades, que também devem ser analisadas detalhadamente, quando do desenvolvimento das estratégias de gerenciamento de águas e efluentes ou da implantação de um programa de prevenção à poluição.

7.1.3 Visitas de campo

Após as avaliações dos dados disponíveis em literatura e em documentos da própria indústria, caso estejam disponíveis, é de fundamental importância visitar as instalações industriais e, assim, confrontar as informações teóricas com a realidade e a rotina vivenciadas na prática. Esse procedimento é importante, já que muitos aspectos desconsiderados no projeto original de implantação de um processo industrial, que poderiam interferir no desempenho global da unidade, muitas vezes não são incorporados aos respectivos documentos de engenharia. Além disso, alterações e otimizações de processos vão sendo feitas ao longo do tempo, em razão de avanços tecnológicos, restrições legais, diminuição ou aumento da capacidade de produção e incorporação de novos produtos à linha de produção, entre outros.

É aconselhável que a visita de campo seja acompanhada pelos profissionais responsáveis das respectivas áreas, para que possam descrever mais detalhadamente as atividades desenvolvidas, esclarecer quaisquer dúvidas que possam surgir e fornecer informações que possam ser úteis para a criação de estratégias de gerenciamento de águas e efluentes, tais como as operações de limpeza e lavagem, os procedimentos de manutenção, as condições de equipamentos, tubulações e componentes, associados ou não ao processo produtivo, a captação, tratamento, armazenamento e distribuição de água, a coleta, transferência e tratamento dos efluentes gerados e os procedimentos adotados para o descarte dos efluentes tratados.

Todas as informações coletadas nessa etapa devem ser compiladas e documentadas adequadamente para que, juntamente com os dados de outras etapas, seja obtido um documento que reflita a realidade vivenciada na indústria.

As informações sobre consumo de água e geração de efluentes nem sempre estão prontamente disponíveis, o que requer a realização de medidas de campo, por meio das mais variadas técnicas disponíveis e a coleta de amostras de efluentes para posterior caracterização.

7.1.4 Compilação das informações obtidas

Após o estágio de avaliação, é preciso agrupar todas as informações de maneira simples e clara, com a indicação das demandas de água e geração dos efluentes. A maneira mais simples de organizar tais levantamentos é elaborando um diagrama de blocos, conforme exemplifica a Fig. 7.1.

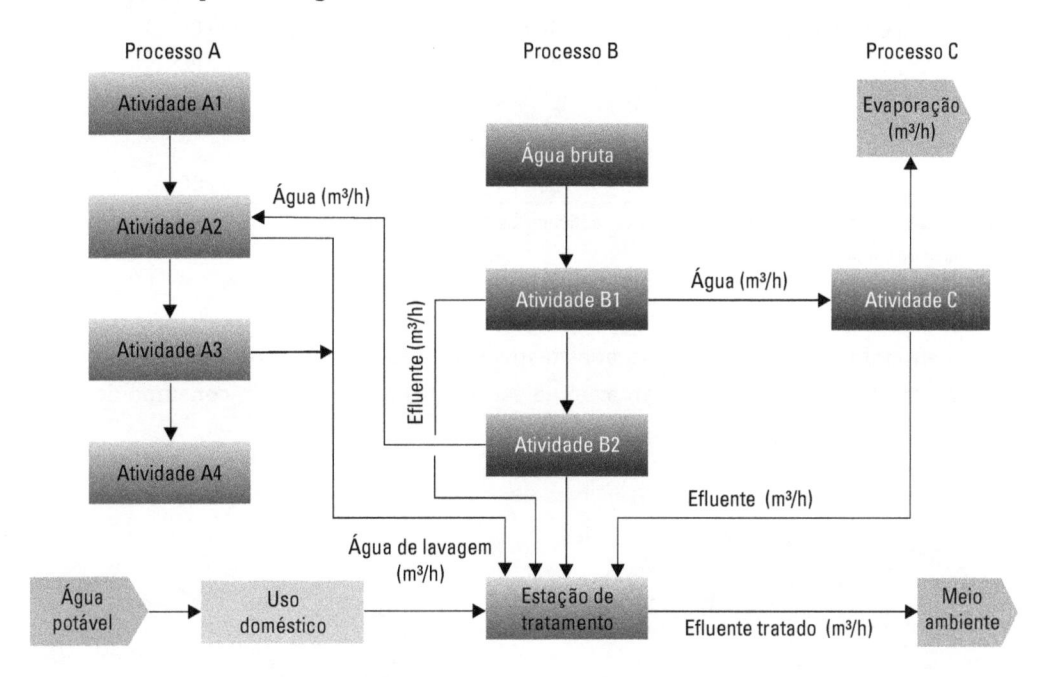

Fig. 7.1 *Diagrama de blocos para indicação dos fluxos de água e efluentes em uma unidade industrial*

Para que o desenvolvimento de opções para a otimização do uso da água seja possível, além do diagrama, as demandas por categorias de uso também são importantes.

As categorias de uso variam de acordo com o tipo de indústria avaliada e podem ser classificadas como melhor convier ao responsável pela avaliação. Como sugestão, pode-se utilizar uma classificação que considere o uso que está sendo dado à água ou o processo no qual está sendo utilizada, relacionando o volume ou a vazão de água utilizada em cada categoria identificada. O Quadro 7.1 apresenta um exemplo de distribuição de consumo de água por categoria de uso.

Algumas dessas categorias podem ser subdivididas, o que possibilita uma avaliação mais precisa de toda a unidade e auxilia a identificação de oportunidades para a aplicação de medidas para redução do consumo e para reúso de água. É importante destacar que tabelas adicionais podem ser construídas, relacionando a demanda de água para cada categoria de uso em cada um dos processos desenvolvidos, conforme exemplifica o Quadro 7.2.

Quadro 7.1 Exemplo da distribuição do consumo de água por categoria de uso

Categoria de uso	Demanda (volume/tempo)
Matéria-prima	Demanda 1
Uso doméstico	Demanda 2
Lavagem de equipamentos	Demanda 3
Irrigação de áreas verdes	Demanda 4
Geração de vapor	Demanda 5
Sistemas de resfriamento	Demanda 6
Produção de água desmineralizada	Demanda 7
Total	Demanda

Quadro. 7.2 Exemplo da distribuição do consumo de água nas categorias de uso por setor

Categoria de uso	Setor	Demanda (volume/tempo)
Lavagem de equipamentos	Setor 1	Demanda CLS-1
	Setor 2	Demanda CLS-2
	Setor 3	Demanda CLS-3
Resfriamento	Setor 2	Demanda CRS-2
	Setor 3	Demanda CRS-3
Geração de vapor	Setor 1	Demanda CGS-1

CLS – consumo para lavagem no setor; CRS – consumo para resfriamento no setor; CGS – consumo para geração de vapor no setor.

Os dados das duas tabelas anteriores permitem a construção de gráficos que mostram de maneira mais expressiva as atividades responsáveis pelas maiores demandas e as áreas com maior potencial para a implantação de estratégias de redução do consumo de água, conforme ilustram as Figs. 7.2 e 7.3.

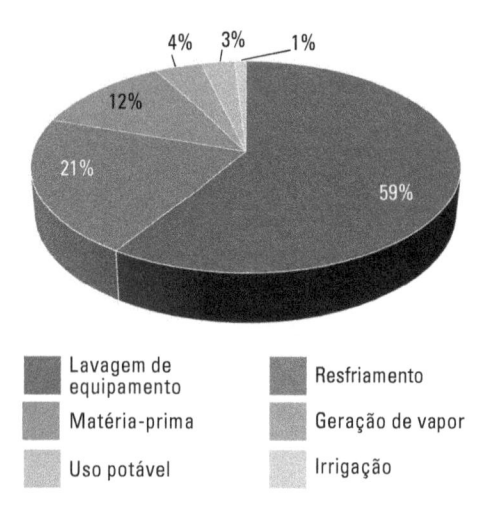

Fig. 7.2 Exemplo de um gráfico de distribuição de consumo de água por categoria de uso

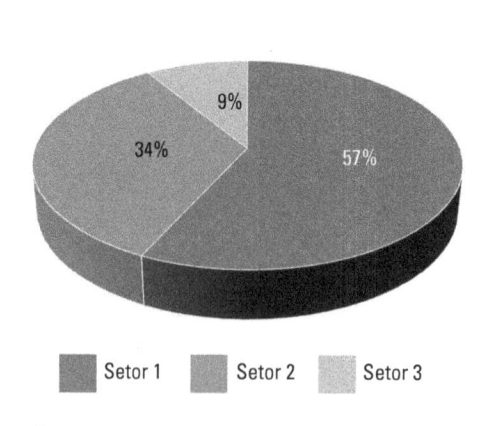

Fig. 7.3 Exemplo de um gráfico de distribuição de consumo de água de resfriamento por setor industrial

Por questões de ordem prática, as áreas e atividades de maior potencial para redução do consumo de água são aquelas que apresentam as maiores demandas por categoria de uso, às quais devem se direcionar os esforços iniciais.

O estudo de identificação das principais demandas de água e geração de efluentes é conhecido como balanço hídrico da unidade industrial. Ele contém informações relevantes

OTIMIZAÇÃO DO USO DA ÁGUA NA INDÚSTRIA

para o início das atividades de racionalização do uso da água sem considerar os aspectos relacionados à sua qualidade e à composição dos efluentes.

7.2 Exemplo prático de um levantamento de demanda de água e geração de efluentes

Para efeito de demonstração a seguir é apresentado o desenvolvimento de um estudo para otimização do uso e reúso de água na empresa Kodak Brasileira Indústria e Comércio Ltda, a partir de um projeto piloto em parceria com a Universidade de São Paulo (USP) e a Companhia de Tecnologia de Saneamento Ambiental (Cetesb) (Mierzwa, 2002).

A unidade industrial da Kodak Brasileira localizava-se em São José dos Campos (SP), à margem da rodovia Presidente Dutra, no km 158. Ocupando uma área de, aproximadamente, 832.000 m², considerada, na época, o maior complexo industrial da América Latina de produtos fotossensíveis, com 24 edifícios que incluíam prédios de produção, suporte, administração e estação de tratamento de efluentes. Lá era desenvolvido o processo completo de industrialização de papel e filme de raios X, chamado de sensibilização, considerado o principal processo produtivo da empresa, alvo dos maiores investimentos em tecnologia, recursos e desenvolvimento de mão de obra altamente especializada para atuar nas seguintes atividades: produção de nitrato de prata, produção de dispersão e emulsão, produção de chapas de raios X e papel fotográfico, produção de fotoquímicos e área de utilidades.

A água utilizada pela Kodak provinha de poços artesianos, com capacidade de 3.600 m³/dia. Depois de captada, a água era tratada e distribuída para os diversos consumidores. Com base no método de avaliação proposto, foi feito o levantamento das demandas de água e geração de efluentes de cada setor industrial, o qual resultou nos dados da Tab. 7.1.

Tab. 7.1 Dados sobre demanda de água e geração de efluentes na Kodak

Unidade industrial	Demanda de água (m³/dia)[a]	Usos (m³/dia)	Geração de efluentes (m³/dia)
Produção de fotoquímicos	Água tratada (471)	Lavagem de equipamentos (256)	Efluente (256)
		Incorporado ao produto (215)	
Produção de nitrato de prata, dispersões e emulsões	Água tratada (542) Água destilada (32)	Produção de gelatina (16)	Efluente (400) Água rica (142)*
		Lavagem de equipamentos (542)	
		Evaporada (16)	
Produção de água destilada	Água tratada (48)	Produção de água destilada (40)	Purga (8)
Produção de chapas de raios X e papel fotográfico	Água destilada (8)	Lavagem de equipamentos (8)	Água rica (8)*
		Perda por evaporação (16)[b]	
Recuperação de prata	–	–	150
Torre de resfriamento[c]	Água tratada (322)	Processos de troca térmica, evaporação (250)	Purga (72)
Geração de vapor	Água tratada (60)	Evaporação (56)	Purga (4)
Uso doméstico	Água tratada (288)	Usos diversos (288)	Efluente (288)[d]
Estação de tratamento de esgotos	–	–	Efluente tratado (1.178)

a – os valores apresentados para as demandas de água são valores médios e podem variar em função do regime de operação das unidades; b – esta parcela é resultante da água incorporada nas emulsões e dispersões fotossensíveis; c – torres das áreas de utilidades e fotoquímicos; d – foi considerado, de forma conservativa, que não ocorrem perdas de água.
*Este efluente é considerado na unidade de recuperação de prata.
Fonte: Mierzwa (2002).

ÁGUA NA INDÚSTRIA uso racional e reúso

A Fig. 7.4 ilustra os pontos de consumo de água e geração de efluentes. O agrupamento por categoria de uso das demandas de água pelas unidades industriais conduziu aos dados apresentados na Tab. 7.2 e na distribuição percentual da Fig. 7.5.

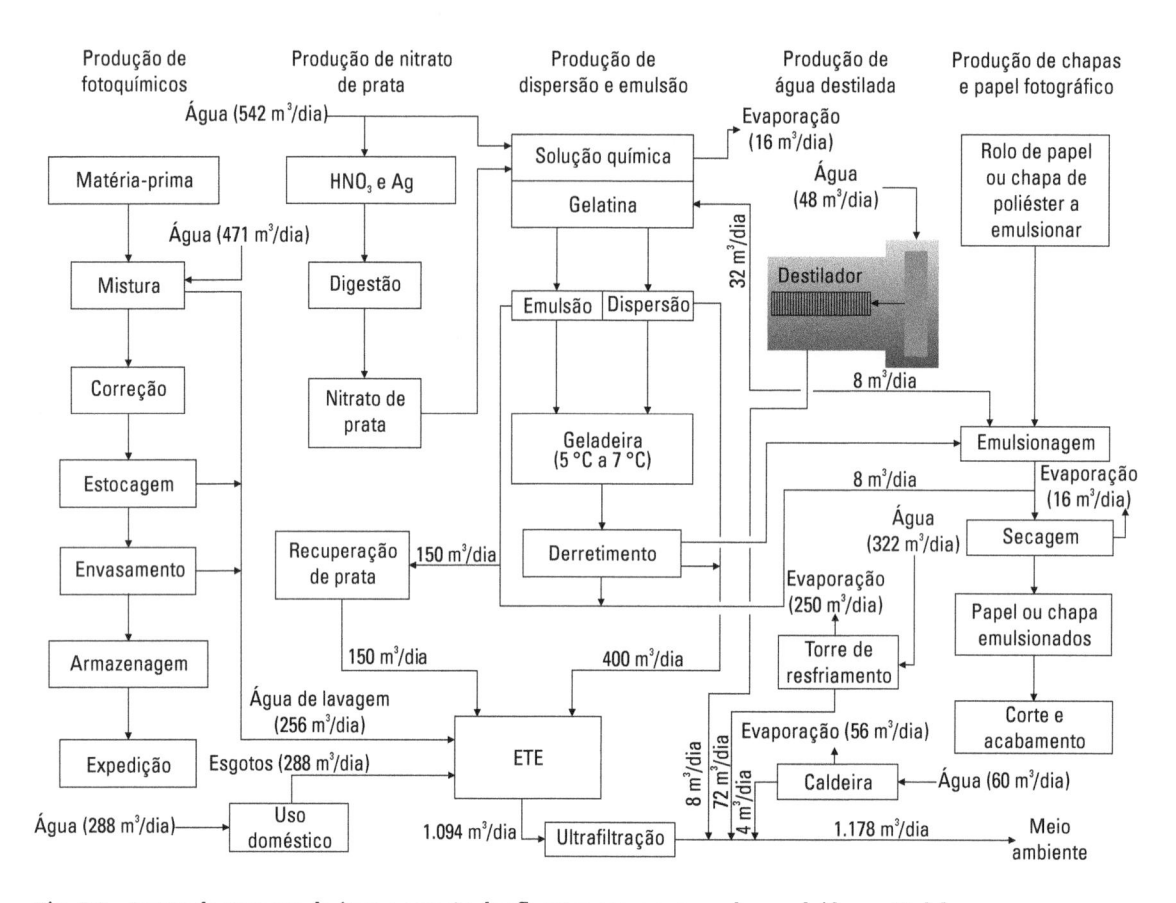

Fig. 7.4 Pontos de consumo de água e geração de efluentes nos processos desenvolvidos na Kodak

Com base nos valores obtidos, foi constatado que o consumo de água era mais crítico nas áreas de Produção de Fotoquímicos e de Emulsões e Dispersões, representando 1.053 m³/dia, aproximadamente 60,8% do volume total de água consumido pela empresa. Desse volume, aproximadamente 798 m³/dia (75,8%) eram utilizados nas operações de lavagem de equipamentos, concluindo-se que essas eram as áreas com maior potencial para a otimização do uso da água.

Tab. 7.2 Distribuição do consumo de água na Kodak por categoria de uso

Categoria de uso	Demanda (m³/dia)
Lavagem de equipamentos	798
Resfriamento	322
Incorporada ao produto	215
Uso doméstico	288
Geração de vapor	60
Produção de água destilada	48
Total	1.731

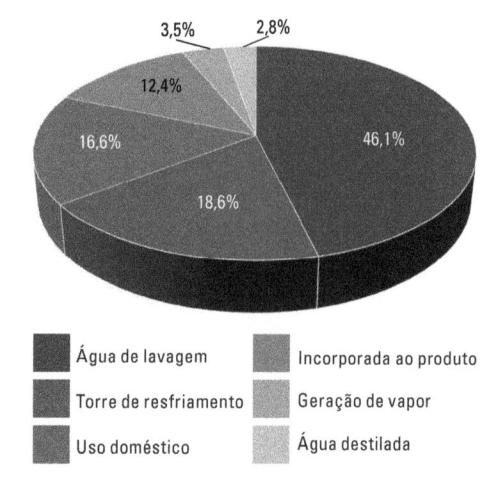

Fig. 7.5 Distribuição do consumo de água na Kodak

7.3 Identificação de opções para otimizar o uso da água e minimizar efluentes

Uma vez identificadas as maiores demandas de água por categoria de consumo e os principais setores responsáveis, a fase de identificação de oportunidades para a redução do consumo de água e, consequentemente, da geração de efluentes deve começar. Isso deve ser feito sistematicamente, podendo-se lançar mão de recursos já explorados por programas conhecidos de melhoria do desempenho ambiental das empresas, como programas de prevenção da poluição, por exemplo.

A partir do momento em que os seres humanos passaram a ter consciência dos problemas causados pela exploração indiscriminada dos recursos naturais e pelo lançamento de poluentes no meio ambiente, foi preciso pensar em novas estratégias de exploração dos recursos naturais e do controle da poluição.

No início, as estratégias restringiam-se à elaboração de normas cada vez mais limitadas de controle da poluição ambiental, impondo às indústrias padrões de emissão de poluentes e, consequentemente, diminuindo o ritmo de degradação da qualidade ambiental. Entretanto, o aumento das atividades industriais e a complexidade das relações entre os diversos poluentes lançados pelas indústrias ao meio ambiente tornaram essas estratégias ineficazes, exigindo reformulações e novas alternativas. Em vez de solucionar os problemas gerados pela poluição já existente, deveriam ser criadas alternativas que evitassem a geração de mais poluição. Assim, não seria preciso adotar métodos de controle, e os efeitos adversos em seres humanos e no meio ambiente seriam menores.

A busca por um modelo mais eficiente para controlar a degradação do meio ambiente, principalmente em decorrência do desenvolvimento das atividades industriais, originou o conceito de *prevenção da poluição*, definido como "qualquer prática que reduz a quantidade ou o impacto ambiental e na saúde, de qualquer poluente antes de sua reciclagem, tratamento ou disposição final, incluindo modificação de equipamentos ou tecnologias, reformulação ou reconfiguração de produtos, substituição de matérias-primas, melhoria organizacional, treinamento e/ou controle de inventário" (Duncan, 1994).

A conservação de recursos e de energia são formas de prevenção da poluição e o principal objetivo de qualquer iniciativa é reduzir os impactos ambientais inerentes a todo o ciclo de vida do produto. As questões relacionadas ao consumo de água e gerenciamento de efluentes também devem ser avaliadas com base no conceito de prevenção da poluição, que é, sem sombra de dúvida, a maneira mais lógica e racional de se trabalhar em qualquer atividade, já que abrange todos os princípios de um programa saudável de gerenciamento ambiental.

Os princípios básicos de prevenção da poluição conduzem a procedimentos de gerenciamento de acordo com a hierarquia de atuação apresentada na Fig. 7.6, onde se verifica a relevância de cada ação em função da área ocupada por cada ação na figura.

Fig. 7.6 *Princípios básicos de prevenção da poluição*

Em muitos casos, a identificação de oportunidades para a aplicação dos conceitos de prevenção da poluição é bastante simples, bastando uma análise superficial dos processos que estão sendo desenvolvidos ou dos procedimentos operacionais adotados. Em outras situações, identificar oportunidades para a aplicação desse conceito requer a utilização de medidas mais complexas, como uma análise mais minuciosa dos sistemas de produção, cuja ferramenta adicional é a análise do ciclo de vida do produto.

As principais ferramentas de prevenção da poluição, tendo em vista a redução do consumo de água e a geração de efluentes, são a eliminação de desperdícios, mudanças nos procedimentos operacionais, treinamento de operadores, substituição de dispositivos e equipamentos e alteração do método de produção. A prioridade das alternativas a serem adotadas depende da complexidade e de seus custos envolvidos de implantação, devendo-se optar, inicialmente, por aquelas de complexidade e custo menores.

7.3.1 Eliminação de desperdícios

O primeiro enfoque de qualquer atividade destinada a reduzir o consumo de água é a eliminação dos desperdícios, decorrentes principalmente do mau funcionamento de dispositivos, do uso e condições operacionais inadequadas, da ausência de instrumentos para a monitoração de variáveis de processo e até da prevalência da cultura de abundância de água nos diversos níveis hierárquicos das indústrias.

O desperdício não é exclusividade dos processos industriais. Dentre atividades corriqueiras, pode-se citar como exemplos:
- vazamentos em tubulações, torneiras e acessórios;
- falta de manutenção nos dispositivos de armazenagem, transporte e distribuição de água;
- uso de equipamentos com elevado consumo;
- falta de rotinas de trabalho e acompanhamento de operações que envolvam o uso de água;
- realização de operações simultâneas por um mesmo operador;
- inexistência de instrumentos para o acompanhamento de operações secundárias.

Nesses casos, a implantação de um programa de combate ao desperdício em todas as áreas da empresa nas quais a água é tratada, armazenada, distribuída e utilizada pode contribuir com a redução do consumo.

Também fazem parte do programa de combate ao desperdício as atividades de manutenção periódica, necessárias para manter os dispositivos em perfeito funcionamento e evitar vazamentos pelas mais diversas causas, e as atividades de capacitação e treinamento de pessoal nos diversos cargos, de maneira a acabar com o conceito de abundância de água e mostrar a necessidade da adoção de práticas que possibilitem seu melhor aproveitamento.

7.3.2 Mudança de procedimentos operacionais

Os procedimentos operacionais utilizados para o desenvolvimento das várias atividades industriais são uma questão relevante. Normalmente, com a implantação de uma indústria ou de um processo industrial, estabelecem-se diversos procedimentos a fim de atingir os objetivos do projeto.

Nas fases iniciais de operação dos diversos processos desenvolvidos, os procedimentos propostos inicialmente vão sofrendo alterações e ficando cada vez mais adequados às condições do dia a dia. Quando o sistema entra em equilíbrio, são consolidados e assumidos como o estado da arte de operação.

Com o passar do tempo, mudanças vão ocorrendo no sistema sem que sejam percebidas por seus responsáveis, já que é adequado que o sistema esteja funcionando dentro dos padrões estabelecidos. Um outro fator que conduz à manutenção de procedimentos operacionais, muitas vezes obsoletos, é a resistência a mudanças, principalmente quando elas podem afetar o sistema produtivo.

Contudo, avanços tecnológicos e inovações aplicadas aos métodos produtivos, aliados aos problemas de escassez de recursos naturais e aprimoramento da legislação ambiental, demandam a adoção de novos procedimentos operacionais, que incorporem novos conceitos aos sistemas produtivos. Obviamente, qualquer alteração proposta deve ser devidamente analisada e testada por um período de tempo suficiente que demonstre sua viabilidade, dos pontos de vista técnico e econômico.

Com a atual competitividade, um mesmo operador cuida de várias atividades simultaneamente. A implantação de sistemas automatizados para o controle de algumas operações auxiliares que envolvam água pode ser uma alternativa bastante eficaz para reduzir seu consumo e economizar recursos. Uma outra ferramenta bastante útil para muitos segmentos industriais é a adoção de sistemas planejados de produção, de maneira a viabilizar a operação em sua capacidade máxima para diminuir a frequência de lavagem dos equipamentos.

7.3.3 Treinamento de operadores

Dentre os diversos fatores que podem influenciar o desempenho de um processo produtivo qualquer, a ação humana é um dos mais difíceis de se controlar. Várias condições influenciam diretamente a atuação do ser humano, como a cultura em que vive.

Muitas vezes, o jeito de um indivíduo desenvolver uma atividade decorre da experiência adquirida ao longo dos anos, que pode ser adequada para seu cotidiano, mas pouco efetiva para a atividade desenvolvida numa indústria. Por isso, muitas vezes o indivíduo pode ter restrições quanto aos procedimentos operacionais que normalmente ocorrem dentro de uma indústria e, em muitos casos, acaba incorporando a esses procedimentos algumas experiências pessoais, algumas vezes benéficas, outras não.

Nesses casos, a implantação de programas de capacitação e treinamento é fundamental para que as pessoas envolvidas em qualquer atividade produtiva tenham clareza da importância dos procedimentos operacionais e possam contribuir com seu aprimoramento. A capacitação visa à atualização teórica dos colaboradores em relação a novas tecnologias e processos produtivos, enquanto os treinamentos visam à capacitação prática. Esses programas devem ter como principal objetivo a eliminação de conceitos equivocados, sem nenhum embasamento técnico ou científico, ou cuja aplicação é restrita a algumas condições que não são características da atividade que está sendo desenvolvida.

7.3.4 Substituição de dispositivos e equipamentos

Pelo fato de muitas indústrias serem bastante antigas, os equipamentos e dispositivos utilizados nos processos produtivos ou nas operações auxiliares podem consumir grandes quantidades de água, pelas mais variadas causas. Como solução, pode-se buscar no mercado algum equipamento ou dispositivo de mesma função que seja mais eficiente. Uma avaliação econômica mostra se a substituição dos equipamentos é viável.

De fato, o mercado oferece diversos dispositivos com baixo consumo de água, que vêm amplamente substituindo seus similares. Mesmo para situações bastante específicas, como é o caso de processos produtivos ou auxiliares, também existem equipamentos alternativos àqueles comumente utilizados em vários segmentos industriais e que apresentam um consumo reduzido de água, como, por exemplo, sistemas automatizados de lavagem, dispositivos hidráulicos de baixo consumo de água e sistemas de controle de pressão nas redes de distribuição.

7.3.5 Alteração do método de produção

Uma outra maneira de se reduzir o consumo de água é fazer com que o processo industrial em questão opere de forma contínua e altamente automatizada. Senão, deve-se encontrar métodos de produção alternativos, principalmente no âmbito de novas tecnologias. No entanto, essa não é uma alternativa de fácil adoção, considerando o grande número de variáveis ligadas à sua viabilização, entre as quais estão: ramo de atividade, capacidade de produção da unidade, variedade de produtos, demanda de mercado e custo para implementar as mudanças. Todas são fundamentais para que a alteração do método de produção seja possível. Dependendo do impacto dessas alterações, talvez a alternativa só seja viável se novas unidades industriais forem implantadas.

7.4 Exemplo prático de procedimento para redução do consumo de água

O procedimento de redução do consumo de água em processos industriais apresentado a seguir baseia-se no estudo de caso da Kodak. Os dados levantados indicaram que as atividades que mais demandavam água eram as operações de lavagem, nos setores de Emulsões e Dispersões e de Fotoquímicos. Dificuldades operacionais impossibilitaram a avaliação do setor de Emulsões e Dispersões.

No setor de Fotoquímicos, a água é utilizada principalmente como matéria-prima e para a lavagem dos reatores e equipamentos onde são produzidas e envasadas as soluções dos processos de revelação de filmes fotográficos (fotoquímicos). A Fig. 7.7 ilustra o processo de fabricação e envase de fotoquímicos.

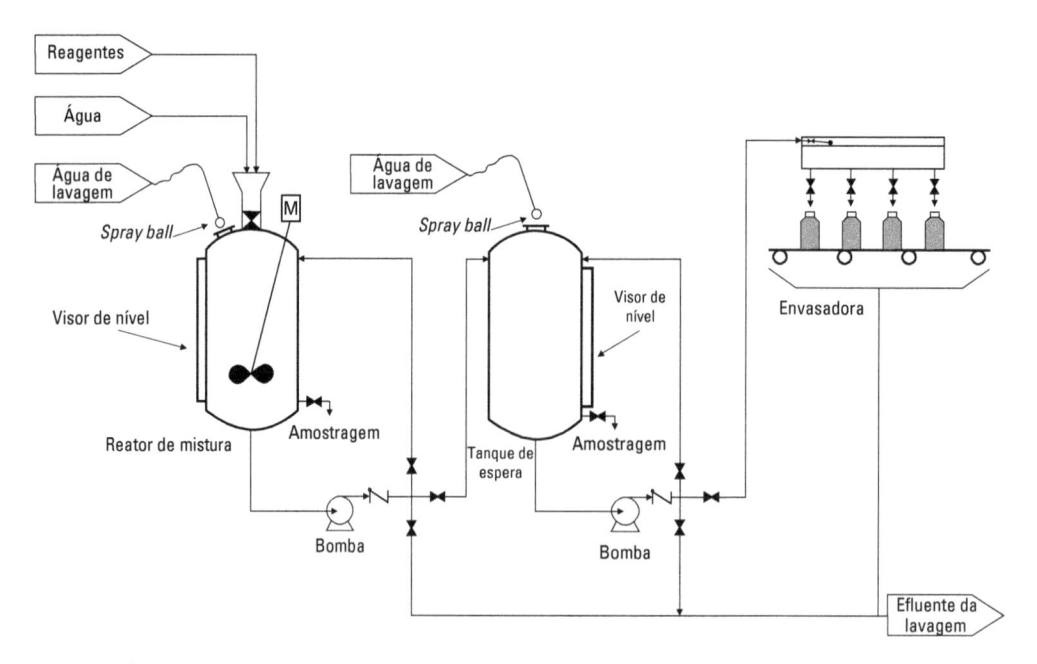

Fig. 7.7 *Representação esquemática das operações de produção e envase de fotoquímicos*

Tomando-se como exemplo a lavagem de apenas um dos equipamentos, é possível fazer a modelagem do processo considerando-se as seguintes hipóteses:
- a lavagem é feita com água limpa, com vazão conhecida;
- no início da operação de lavagem, os contaminantes aderidos à parede interna do equipamento são acumulados em um volume específico no fundo dele;
- no volume acumulado, a partir de sua estabilização, considera-se que o comportamento dos constituintes presentes é o mesmo que ocorre em um reator de mistura completa;

- no processo não ocorrem reações químicas, ou seja, a remoção do contaminante é física;
- o acúmulo de água no interior do equipamento é controlado pela vazão de água de lavagem e perda de carga na tubulação de descarga do equipamento.

A partir dessas hipóteses, considerando-se o diagrama apresentado na Fig. 7.8, é possível realizar o balanço de massa para o contaminante de controle.

- Balanço de massa para o contaminante de controle:

$$V \cdot \frac{dC}{dt} = Q_{Lavagem} \cdot C_{Lavagem} - Q_{Saída} \cdot C_{Saída} \quad (7.1)$$

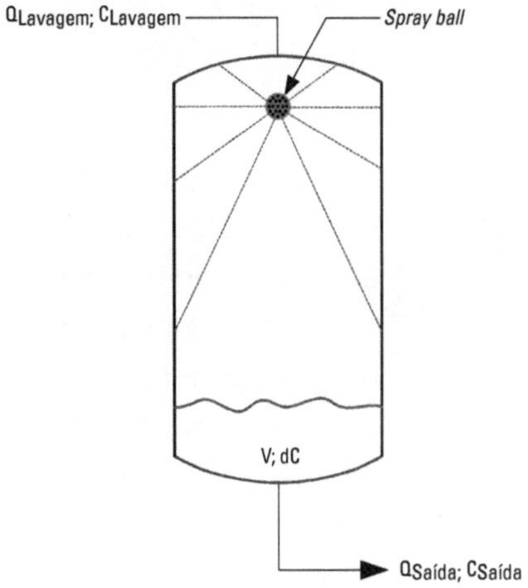

Considerando-se regime permanente,
$Q_{Lavagem} = Q_{Saída} = Q$

Fig. 7.8 *Diagrama para realização do balanço de massa em uma operação de lavagem de equipamento*

$$V \cdot \frac{dC}{dt} = Q \cdot \left(C_{Lavagem} - C_{Saída}\right) \quad (7.2)$$

Isolando-se os termos de concentração dos demais, tem-se:

$$\frac{dC}{\left(C_{Lavagem} - C_{Saída}\right)} = \frac{Q}{V} \cdot dt \quad (7.3)$$

Multiplicando-se os dois lados da expressão por –1:

$$\frac{dC}{\left(C_{Saída} - C_{Lavagem}\right)} = -\frac{Q}{V} \cdot dt \quad (7.4)$$

Integrando-se a Eq. 7.4 para os limites possíveis:

$$\int_{C_0}^{C(t)} \frac{dC}{\left(C_{Saída} - C_{Lavagem}\right)} = -\frac{Q}{V} \cdot \int_0^t dt \quad (7.5)$$

$$\ln \frac{\left(C_t - C_{Lavagem}\right)}{\left(C_0 - C_{Lavagem}\right)} = -\frac{Q}{V} \cdot t \quad (7.6)$$

Isolando-se C_t:

$$C_t = \left(C_0 - C_{Lavagem}\right) \cdot e^{-\frac{Q}{V} \cdot t} + C_{Lavagem} \quad (7.7)$$

Admitindo-se que a concentração do contaminante de controle na água de lavagem seja 0 (zero), tem-se:

$$C_t = C_0 \cdot e^{-\frac{Q}{V} \cdot t} \quad (7.8)$$

Um conceito amplamente utilizado em cálculo de reatores é o tempo espacial (θ), ou tempo de detenção hidráulico, definido pela relação entre o volume de um fluido em um equipamento e a vazão que circula por ele (V/Q). Observando-se a Eq. 7.8, verifica-se que a relação que multiplica o tempo é o inverso do tempo espacial, resultando em:

$$C_t = C_0 \cdot e^{-\frac{1}{\theta} \cdot t} \tag{7.9}$$

Pela análise da Eq. 7.9 verifica-se que, quanto maior for o tempo espacial, menor será a taxa de redução da concentração do contaminante de controle no interior do equipamento, ou seja, maior deverá ser o tempo de lavagem e o consumo de água.

Para exemplificar, é possível fazer a avaliação de uma operação de lavagem hipotética, na qual foi medido o volume de líquido acumulado no equipamento, por meio de uma régua de nível, obtendo-se o valor de 1,0 m³ para um tipo de *spray ball* operando com vazão de 6 m³/h, e 0,25 m³ para outro tipo de *spray ball* operando com vazão de 3 m³/h. A concentração inicial do contaminante de controle foi obtida por meio da coleta de uma amostra imediatamente após o acúmulo da água de lavagem, obtendo-se valores de 1.500 e 3.000 unidades de cada tipo de *spray ball*, respectivamente. Para as condições definidas, pode-se verificar a variação da concentração do contaminante de controle no efluente do equipamento para cada configuração de lavagem.

Para os dados apresentados, é possível calcular o tempo de detenção hidráulico no equipamento, obtendo-se o valor de 10 minutos para o primeiro *spray ball* e de 5 minutos para o segundo. Com os dados disponíveis, pode-se obter a variação da concentração do contaminante de controle com o tempo de lavagem por meio da Eq. 7.9, conforme apresentado na Fig. 7.9.

A análise dessa figura permite constatar a influência do volume de água acumulada no equipamento, durante o processo de lavagem, no tempo necessário para a eliminação do contaminante de controle. Essa condição demonstra a relevância da seleção adequada do dispositivo de distribuição de água no interior do reator sobre o tempo de operação de lavagem, assim como sobre os consumos de água e energia e sobre a geração de efluentes.

Considerando-se a avaliação feita nos processos de lavagem realizados na Kodak foi verificado que o volume de água necessário para as operações de lavagem de reatores, tanques e máquinas de envase era, em média, 5.631 m³/mês. Dentre essas, a lavagem de reatores e tanques foi selecionada para avaliação mais detalhada. Foram analisados os dados disponíveis sobre o consumo de água e o tempo necessário para a realização da operação. Duas possibilidades surgiram para justificar o consumo excessivo de água: procedimentos operacionais inadequados ou utilização de parâmetros operacionais inadequados.

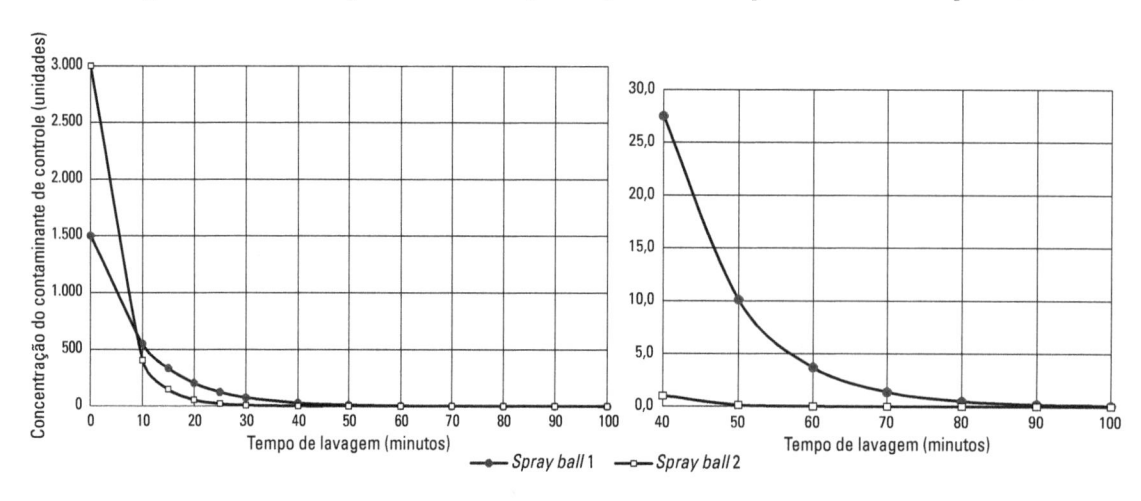

Fig. 7.9 *Variação da concentração do contaminante no efluente da lavagem de um equipamento para dois valores do tempo de detenção hidráulico*

Com relação às práticas operacionais, o consumo excessivo de água poderia estar ligado ao método de execução da lavagem ou à monitoração e controle de sua eficiência. Essas condições, por sua vez, poderiam se associar diretamente ao grande intervalo de tempo para a operação de lavagem. Já com relação aos parâmetros operacionais, a vazão de água de lavagem, a pressão de descarga e as características geométricas do difusor de água (*spray ball*), além de seu posicionamento dentro do reator ou tanque, poderiam estar contribuindo com o consumo excessivo de água. Essa combinação entre práticas e parâmetros operacionais inadequados poderia estar causando um efeito adverso muito superior àquele que seria observado para cada condição isoladamente.

A avaliação identificou que uma das causas para o consumo excessivo de água era a lavagem da régua de nível e do bocal de amostragem de reatores e tanques. Nessa operação, os reatores e tanques eram preenchidos com água até o nível dos bocais da régua de nível e ponto de amostragem, para que a água pudesse ser drenada por eles. Em função da capacidade do reator ou tanque, o volume de água utilizado era de até 2 m³, para atingir o nível do bocal da régua de nível ou de amostragem. Para esse caso foi sugerido que os bocais fossem lavados por meio da conexão de água limpa, com escoamento de fora para dentro do reator ou tanque. Ainda avaliando o procedimento operacional utilizado para a lavagem dos reatores e tanques, foi verificado que poderia estar ocorrendo desperdício de água.

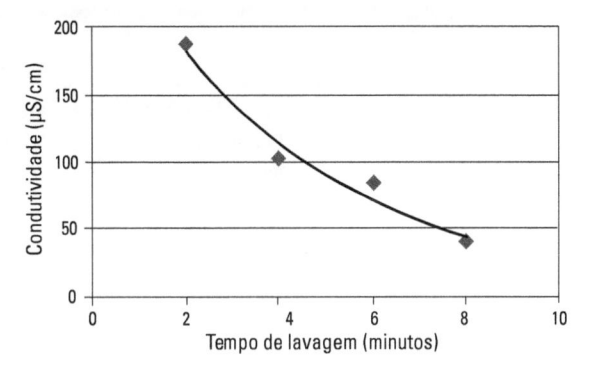

Fig. 7.10 *Ensaio 1 da lavagem do reator*

O procedimento operacional da lavagem consistia no acionamento da bomba de alimentação de água de lavagem, mantendo seu funcionamento por, aproximadamente, uma hora, para posterior coleta de amostras do efluente e verificação da eficiência da lavagem. Utilizando-se a condutividade elétrica da água como parâmetro de controle, a operação de lavagem de um reator foi acompanhada e resultou nos dados apresentados nas Figs. 7.10, 7.11 e 7.12.

Os resultados dos ensaios demonstraram que o procedimento operacional de lavagem de reatores e tanques não era adequado, principalmente em relação ao tempo utilizado para a operação de lavagem e ao procedimento adotado pelos operadores para o controle da eficiência do processo. Assim, foi proposta a automação da operação de lavagem, com a instalação de dois condutivímetros e válvulas de controle. Esse sistema foi instalado em dois reatores e quatro tanques, tendo sido avaliado por cinco meses, e as Tabs. 7.3 e 7.4 mostram os resultados obtidos durante o acompanhamento dos ensaios.

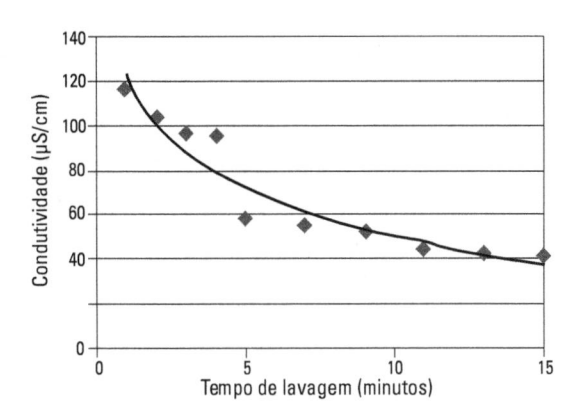

Fig. 7.11 *Ensaio 2 da lavagem do reator*

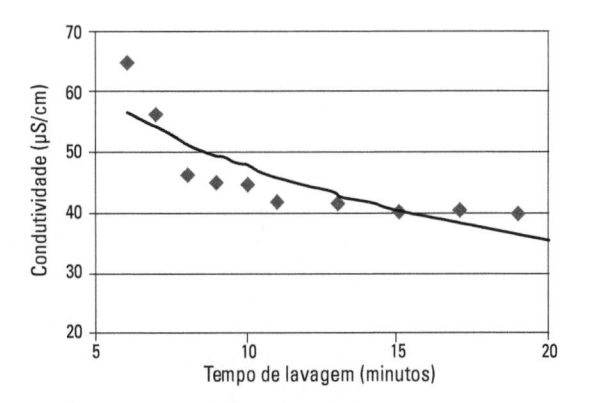

Fig. 7.12 *Ensaio 3 da lavagem do reator*

Tab. 7.3 Redução do consumo de água e tempo nas operações de lavagem do reator 1 e tanques 1 e 2

Mês	Eficiência de redução (%)					
	Reator 1		Tanque 1		Tanque 2	
	Consumo de água	Tempo	Consumo de água	Tempo	Consumo de água	Tempo
Janeiro	74,1	86,2	83,9	89,4	81,6	88,1
Fevereiro	62,6	81,6	74,7	83,4	69,0	79,1
Março	61,9	77,7	70,1	79,2	66,3	76,0
Abril	69,4	84,9	75,0	83,1	89,4	93,4
Maio	66,0	84,4	76,9	84,0	71,3	79,5
Média	66,8	83,0	76,1	83,8	75,5	83,2

Tab. 7.4 Redução do consumo de água e tempo nas operações de lavagem do reator 2 e tanques 3 e 4

Mês	Eficiência de redução (%)					
	Reator 2		Tanque 3		Tanque 4	
	Consumo de água	Tempo	Consumo de água	Tempo	Consumo de água	Tempo
Janeiro	79,6	89,7	80,0	88,4	84,1	89,2
Fevereiro	65,4	80,8	74,2	82,7	76,4	83,8
Março	69,6	85,4	73,1	83,7	74,2	84,1
Abril	66,5	83,5	75,8	84,9	71,6	81,6
Maio	69,8	85,7	75,3	84,9	70,9	81,4
Média	70,2	85,0	75,9	84,9	75,4	84,0

Uma estimativa feita pela equipe responsável pelo estudo de otimização da operação da lavagem indicou que a implantação de condutivímetro nos principais tanques e reatores trouxe os seguintes benefícios:
- ganho na produtividade: 76 horas/mês;
- potencial de redução no consumo de água de lavagem: 63% (valor conservativo).

Com base nesse exemplo, verifica-se que o potencial de redução de consumo de água é bastante significativo e que o acompanhamento criterioso das atividades desenvolvidas e a identificação de novas opções para a realização das atividades operacionais são de grande relevância. Deve ser ressaltado que, na avaliação, não foi analisado o impacto dos resultados nos custos associados ao ganho de produtividade e à redução do consumo de água e energia.

7.5 Considerações finais

O primeiro passo para a criação de opções de otimização do uso da água na indústria é conhecer, detalhadamente, as atividades industriais desenvolvidas e os dados sobre as demandas de água por setor industrial e por categoria de uso. Para tanto, é necessário o estudo particular sobre a indústria em que as medidas de redução do consumo de água serão implantadas.

Tal estudo deve ser desenvolvido em etapas que abranjam as atividades: a avaliação do processo ou processos desenvolvidos; a identificação dos pontos de consumo de água; a quantificação das demandas de água e da geração de efluentes, bem como sua caracterização; a identificação dos requisitos de qualidade da água para cada aplicação e das opções para a redução do consumo de água; a avaliação das opções identificadas e a implantação das alternativas mais adequadas.

Muito embora o objetivo de qualquer estratégia de otimização do uso da água seja a redução do consumo e da geração de efluentes, não existe um modelo genérico aplicável a todas as atividades industriais conhecidas, nem mesmo para indústrias que desenvolvam a mesma atividade, uma vez que vários fatores influenciam suas operações. Ao mesmo tempo, as tecnologias de produção, tratamento de água e efluentes avançam continuamente, assim como as normas de controle ambiental evoluem, bem como as restrições relacionadas à disponibilidade de água. Isso significa que uma opção amplamente aceita hoje poderá ser completamente inadequada para uma condição futura e novas alternativas terão que ser criadas.

REÚSO DE ÁGUA E EFLUENTES 8

A escassez de recursos hídricos, resultado da demanda excessiva e de processos de poluição, tornou-se um dos principais problemas dos grandes centros urbanos e industriais de vários países.

Em muitos casos, como na região metropolitana de São Paulo, os responsáveis pelo abastecimento de água optam pelo desenvolvimento de novas fontes para captação e tratamento de água em regiões cada vez mais distantes. Embora atenue os problemas relacionados à escassez de água, pelo menos no curto prazo, essa não é a melhor opção, principalmente pelas seguintes razões:

- o custo da água para os consumidores finais aumenta;
- caso não haja uma estrutura compatível para a coleta e tratamento dos esgotos gerados, a qualidade dos recursos hídricos da região acaba sendo comprometida;
- o aumento da extensão do sistema de transporte de água ocasiona um aumento nas perdas ao longo do trajeto;
- a organização das várias regiões hidrográficas em comitês de bacias dificulta a transposição de água de uma região para outra.

Como alternativa à importação de água de outras áreas, são necessárias estratégias que priorizem a conservação e a utilização eficiente dos recursos hídricos disponíveis na região, para que as pressões sobre eles sejam menores. Contudo, mesmo com a adoção de medidas destinadas a otimizar e reduzir o consumo de água nas diversas atividades humanas, a adoção de medidas complementares é imprescindível, utilizando-se da prática de reúso de água e efluentes.

Embora seja uma opção com grande potencial para reduzir as pressões sobre os recursos hídricos disponíveis, a prática de reúso deve ser devidamente planejada, para que as atividades relacionadas não corram risco e para que uma ferramenta com tanto potencial não caia em descrédito. Assim, é preciso apresentar em detalhe os principais conceitos da prática de reúso de água, sua aplicação e possíveis restrições, o que será feito nas seções a seguir.

8.1 Conceitos básicos sobre o reúso de água

O conceito de reúso de água não é novo, uma vez que já existem vários trabalhos que abordam aspectos dessa questão, com a indicação das possíveis categorias de reúso. Dentre eles, destacam-se os de Takashi Asano (Asano; Mills, 1990; Asano, 1991; Asano; Levine, 1995), de Ivanildo Hespanhol (Hespanhol, 1990, 1997) e de Menahem Rebhun (Rebhun;

Engel, 1988), que apresentam e discutem, de forma abrangente, as principais categorias de reúso de água e os elementos essenciais a seu planejamento e implantação.

Segundo Asano (1991), tendências e fatores que motivam a recuperação e o reúso de água podem ser:
- a disponibilidade de efluentes tratados com elevado grau de qualidade;
- a promoção, em longo prazo, de uma fonte confiável de abastecimento de água;
- o gerenciamento da demanda de água em períodos de seca, no planejamento global dos recursos hídricos;
- o encorajamento da população para conservar a água e adotar práticas de reúso.

Cabe salientar que a opção pelo reúso só deve ser avaliada após a aplicação de medidas de otimização do uso da água para minimizar desperdícios, já que podem afetar significativamente os efluentes gerados. Além disso, a prática de reúso, embora reduza a demanda de água e o volume de efluentes lançados no meio ambiente, não reduz o potencial de poluição desses efluentes, já que eles estarão mais concentrados, uma vez que a maioria das técnicas de tratamento amplamente utilizadas não afetam diversos tipos de contaminantes.

Há na literatura uma distinção entre os termos reúso e reciclagem. Vários trabalhos procuram definir o reúso de água ou efluentes de acordo com a forma como ocorrem, reúso planejado ou não planejado (reúso inconsciente) e direto ou indireto também em função de sua aplicação, usos urbano, industrial ou agrícola. A despeito de todas as definições existentes, uma definição bastante ampla para o termo reúso de água pode ser: "Uso de efluentes tratados ou não para fins benéficos, tais como irrigação, uso industrial e fins urbanos não potáveis".

É importante ressaltar que, na atualidade, em função do agravamento dos problemas de escassez de água em diversas regiões do planeta, a prática do reúso potável também tem se consolidado, sendo que vários países já a implantaram (WHO, 2017). Como o reúso potável não é escopo deste livro, os leitores que tiverem interesse no assunto podem consultar referências específicas, com destaque para a publicação editada por Mancuso *et al.* (2021).

Para o reúso não potável, é possível utilizar os efluentes tratados nas respectivas estações ou unidades de tratamento ou, ainda, o uso direto de efluentes em substituição à fonte de água normalmente explorada. A adoção desse procedimento contribui com a redução do volume de água captado e do efluente gerado pela indústria.

Graças às técnicas de tratamento desenvolvidas e passíveis de utilização pela indústria, um efluente tratado pode ter características físicas, químicas e biológicas equivalentes ou até melhores do que as da água bruta, ao contrário do que ocorre com os efluentes tratados em estações convencionais de tratamento de esgotos domésticos. Em outros casos, os efluentes originados por determinados processos têm características adequadas para que sejam utilizados em outros, sem a necessidade de tratamento. Nessas condições, optar pelo reúso é mais atrativo, porque é possível reduzir tanto o volume de água captada como o de efluentes gerados pelos diversos sistemas produtivos, assim como o consumo de insumos, tanto para adequação das características da água aos requisitos de qualidade estabelecidos como para a operação dos sistemas envolvidos (Mierzwa, 1996).

Segundo diversos especialistas da área, as principais aplicações do reúso da água numa indústria constam no Quadro 8.1.

Essas são as atividades que mais consomem água em uma indústria e cujos padrões de qualidade não são restritivos, o que não impede que o reúso possa ser feito em qualquer outra atividade, desde que as características da água a ser utilizada atendam aos requisitos de qualidade exigidos.

Quadro 8.1 Principais aplicações do reúso de água na indústria

Referência	Aplicação
Asano (1991)	Resfriamento
	Alimentação de caldeiras
	Água de processo
	Construção pesada
Crook (1990)	Todas citadas em Asano (1991)
	Lavador de gases
Hespanhol (1997)	Todas citadas em Asano (1991)
	Lavagem de pisos e peças
	Irrigação de áreas verdes
Beeckman (1998)	Todas citadas em Asano (1991)
Mujeriego e Asano (1999)	Todas citadas em Asano (1991)

A despeito do que vem sendo difundido e segundo os princípios da Agenda 21, o conceito de reúso de efluentes não deve ser a principal meta de um modelo de gerenciamento de águas e efluentes, por causa dos investimentos necessários para adequar as características dos efluentes aos requisitos de qualidade exigidos para uso e da vazão a ser tratada.

Também deve-se ressaltar que, à medida que participa dos processos industriais, a água incorpora várias substâncias e sofre alterações de características, tornando-se um efluente que deve ser submetido a um processo de tratamento, de modo a se adequar aos padrões de emissão estabelecidos em normas. Na maioria dos casos, os padrões são menos restritivos do que os requisitos de qualidade para aplicações industriais, principalmente com relação à concentração de sais dissolvidos, o que pode inviabilizar a implantação da prática de reúso. Caso isso não seja levado em consideração e o reúso seja feito mesmo assim, todas as atividades envolvidas podem ser comprometidas. O mesmo acontece com o sistema de tratamento de efluentes. É por essa razão que é importante a avaliação do potencial de reúso antes de sua implantação, com base nas qualidades da água disponível para captação, do efluente gerado, da água para as aplicações em que se pretende fazer o reúso e dos padrões de emissão de efluentes.

A partir dessas informações, é possível determinar a fração de efluente a ser reutilizado por meio de um balanço material que também deve levar em conta as técnicas adicionais de tratamento. Para tanto, é imprescindível ter à disposição os dados sobre a qualidade e a quantidade da água captada e sobre o efluente lançado para o meio ambiente. Com essas informações, pode-se calcular facilmente o volume de água perdido ou incorporado aos produtos e a quantidade de substâncias químicas adicionadas à água durante sua utilização. Elas podem ser avaliadas individualmente, por meio de cada parâmetro, físico, químico e/ou biológico, ou por um único parâmetro que represente um conjunto de substâncias, o que simplifica a elaboração do balanço material.

De acordo com o exposto, conclui-se que a prática de reúso é uma das componentes do gerenciamento de águas e efluentes e da preservação dos recursos naturais, mas deve estar vinculada a outras medidas de racionalização do uso da água e demais recursos. Não fosse assim, pouco seria mudado em relação ao tratamento de fim de tubo, que prevaleceu por muitas décadas e ocasionou problemas de poluição e escassez de água que estamos vivendo hoje e que, provavelmente, podem se agravar ao longo do tempo.

8.2 Implantação da prática de reúso de água

Conforme mencionado, a prática de reúso pode ser implantada de duas maneiras distintas (Mierzwa, 2002):

- *Reúso direto de efluentes*: nesse caso, o efluente originado por um determinado processo é diretamente utilizado em um processo subsequente, pois suas características são compatíveis com os padrões de qualidade da água utilizada. Esse tipo de reúso é conhecido como reúso em cascata.
- *Reúso de efluentes tratados*: é o tipo de reúso mais discutido atualmente e consiste na utilização de efluentes já submetidos a um processo de tratamento.

Avaliar o potencial dessas duas opções requer um estudo detalhado sobre a complexidade da atividade em que haverá o reúso. Muitos casos exigem alterações nos procedimentos de coleta e armazenagem de efluentes, principalmente quando o enfoque é o reúso em cascata. Já no caso do reúso de efluentes tratados, uma das principais preocupações é a concentração de contaminantes específicos, que reduz o potencial de reúso e pode comprometer as atividades que empregarão essa água.

Segundo a filosofia de minimização da demanda de água e da geração de efluentes, é importante priorizar o reúso em cascata, pois o consumo de água é minimizado ao mesmo tempo em que o volume de efluente a ser tratado é reduzido.

Em contrapartida, à medida que a demanda de água e a geração de efluentes diminuem, a concentração de contaminantes no efluente remanescente aumenta, já que a carga de contaminantes não muda. Dessa forma, a opção pelo reúso de efluentes tratados só deve ser considerada após avaliação e implantação de todas as alternativas que lançam mão do reúso em cascata.

8.2.1 Reúso em cascata

O potencial do reúso de água em cascata é avaliado com base nos dados sobre as características do efluente gerado e dos requisitos de qualidade de água no processo que o utiliza. Numa estimativa inicial, a caracterização completa do efluente seria muito onerosa, de modo que a estratégia a se adotar deve considerar, primeiramente, algum parâmetro crítico, ou então parâmetros gerais que representem com segurança um determinado grupo de substâncias, como proposto na seção 6.13.

Como parâmetros indicadores, pode-se lançar mão da medida da demanda química de oxigênio, que representa as substâncias orgânicas, e da condutividade elétrica ou da concentração de sais dissolvidos totais, que representam com segurança os compostos inorgânicos. Além desses parâmetros, a medida do pH, a turbidez e a cor também podem ser úteis no estágio inicial da avaliação do potencial de reúso.

A forma de gerenciamento dos efluentes, principalmente no que diz respeito à coleta, também é importante. Na maioria dos casos, são tubulações ou sistemas centralizados de drenagem que coletam os efluentes de diferentes áreas e processos ao mesmo tempo, dificultando a implantação do reúso em cascata.

Dessa forma, o primeiro passo é avaliar individualmente cada corrente de efluente, por meio de amostras retiradas dos diversos processos e atividades nas quais a água é utilizada e o efluente é gerado. Durante o estágio de avaliação deve-se priorizar os processos e atividades com elevada geração de efluentes, o que pode, em determinadas situações, indicar efluentes com baixas concentrações de contaminantes e resultar num sistema mais simples e econômico, em razão da economia de escala.

Tão importante quanto a identificação do efluente com potencial para reúso é a identificação da atividade na qual o reúso em cascata será aplicado. Deve haver uma relação direta entre quantidade e qualidade do efluente disponível, com a demanda e os padrões de qualidade exigidos.

Às vezes, a substituição total da fonte de abastecimento de água por efluentes não é viável. Os procedimentos seguintes cabem nessa situação:

- *Utilizar apenas uma parcela do efluente gerado para reúso*: esse procedimento é indicado quando a concentração do contaminante no processo de geração de efluentes varia com o tempo, ou seja, diminui no transcorrer do processo. Essa situação é comum nas operações periódicas de lavagem em que existe alimentação de água e descarte do efluente de forma contínua.
- *Promover a mistura do efluente gerado com água proveniente do sistema de abastecimento*: esse procedimento procura adequar as características do efluente aos requisitos de qualidade exigidos pela aplicação na qual se pretende fazer o reúso, promovendo uma mistura de uma parcela do efluente com a água do sistema de abastecimento.

Qualquer que seja o método de reúso em cascata, é imprescindível acompanhar o desempenho da atividade que emprega a água de reúso, de maneira a consolidar ou efetuar ajustes no processo e garantir o sucesso do programa. Para todos os casos se recomenda a realização de ensaios de bancada e piloto, antes da implantação de toda a infraestrutura exigida pela prática do reúso em cascata. Verificada a viabilidade técnica, é preciso alterar os procedimentos de coleta, armazenagem e transporte de efluentes.

Para aumentar a confiabilidade do sistema, principalmente quando as características do efluente podem sofrer variações significativas, recomenda-se a utilização de sistemas automatizados para o controle da qualidade da água de reúso, assim como deve ser prevista a utilização de água apenas do sistema de abastecimento, de maneira a não colocar a atividade em risco.

Para uma melhor compreensão da prática do reúso em cascata e de suas possíveis limitações, alguns exemplos práticos são relatados a seguir (Mierzwa, 2002).

Reúso parcial de efluentes

Muitas indústrias costumam usar reatores e tanques de mistura com grande capacidade para a fabricação e armazenagem dos mais diversos tipos de produtos. Em todos os casos, esses dispositivos devem ser lavados depois de usados, para que em uma próxima campanha de produção não haja risco de contaminação dos produtos finais nem danos à qualidade das substâncias a serem manipuladas.

A operação de lavagem em equipamentos de grande volume é feita por meio de aspersores, que utilizam a água para remover e transportar os contaminantes. Nesses equipamentos, a concentração do contaminante no efluente varia com o tempo, ou seja, no início a concentração é elevada e vai sofrendo uma redução exponencial no decorrer da operação de lavagem.

Isso pode ser demonstrado com a elaboração de um balanço de massa para um contaminante específico, em um reator ou tanque de grande capacidade onde haja acúmulo de água durante o processo de lavagem, como foi demonstrado na seção 7.4.

Tomando-se como referência a Fig. 7.9, é possível observar que a variação da concentração de um contaminante qualquer no efluente produzido em uma operação de lavagem varia de forma exponencial, com uma redução acentuada nos primeiros instantes da lavagem. Esse fenômeno é um indicativo do potencial de aproveitamento de uma parcela do efluente gerado, seja na própria operação de lavagem ou numa outra atividade.

Admitindo-se que o tempo necessário para considerar que o reator, ou tanque, esteja limpo equivale a trinta minutos e que, para algumas aplicações, a concentração máxima do contaminante seja cem unidades, é possível determinar qual seria o período de tempo a partir do qual o efluente poderia ser conduzido para um tanque, de maneira que pudesse ser utilizado nas aplicações identificadas.

O volume de efluente que poderia ser reutilizado pode ser verificado na prática ou por meio de uma modelagem do sistema, o que for mais apropriado, ressaltando-se que os resultados obtidos a partir da modelagem do sistema têm que ser confirmados ou ajustados às condições reais.

Utilizando-se o exemplo do processo de lavagem de tanques e reatores (Fig. 7.8), e promovendo-se o desvio do efluente a partir de um determinado intervalo de tempo após o início da lavagem, é possível desenvolver um modelo matemático que preveja a concentração do contaminante em um tanque de armazenagem em função do período selecionado para o desvio do efluente. A Fig. 8.1 mostra um arranjo esquemático desse novo sistema.

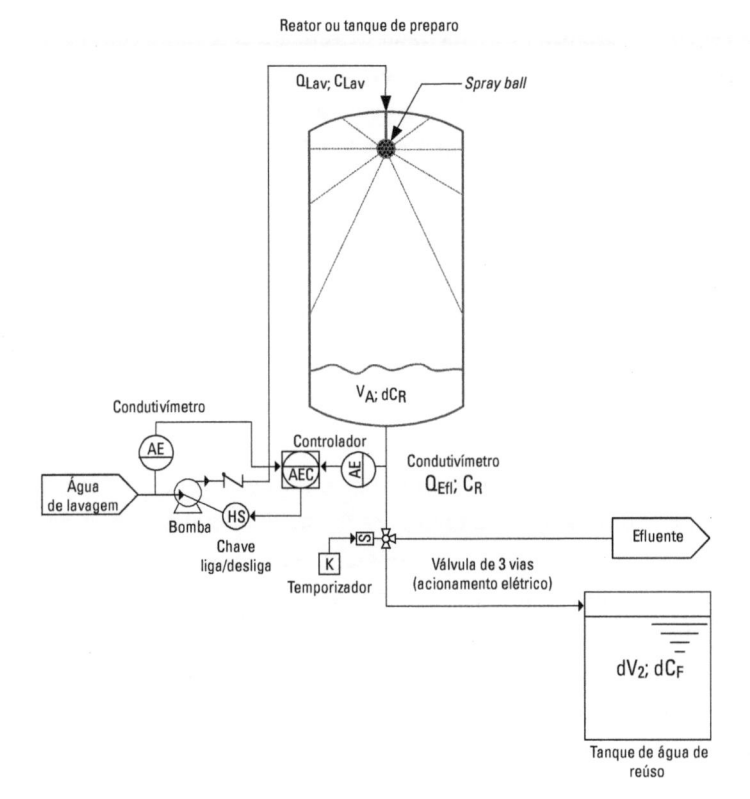

Fig. 8.1 *Modificação do sistema de lavagem para coleta de água para reúso*

A base da modelagem do sistema é um balanço de massa e de vazões no reator e no tanque de acúmulo, conforme apresentado a seguir.

No reator: V_A = constante

$$Q_{Lav} = Q_{Efl} = Q$$

Adotando-se os conceitos apresentados no Cap. 7:

$$\frac{dC_R}{dt} = -\frac{1}{\theta} \cdot (C_R - C_{Lav}) \tag{8.1}$$

No tanque de água de reúso:

$$\frac{dV_2}{dt} = Q \tag{8.2}$$

$$\frac{d(V_2 \cdot C_F)}{dt} = Q \cdot C_R \tag{8.3}$$

Com o desenvolvimento das expressões, obtém-se:

$$\frac{dV_2}{dt} \cdot C_F + V_2 \cdot \frac{dC_F}{dt} = Q \cdot C_R \tag{8.4}$$

Substituindo-se a Eq. 8.2 na Eq. 8.4:

$$Q \cdot C_F + V_2 \cdot \frac{dC_F}{dt} = Q \cdot C_R \tag{8.5}$$

Isolando-se dC_F/dt, tem-se:

$$\frac{dC_F}{dt} = \frac{Q}{V_2} \cdot (C_R - C_F) \tag{8.6}$$

A variação da concentração do contaminante na água de reúso é calculada com base nas Eqs. 8.1, 8.2 e 8.6, no tempo de detenção hidráulico do reator, na concentração inicial do contaminante no reator, na vazão de água de lavagem e na concentração do contaminante na água de lavagem, de acordo com o modelo apresentado na Fig. 8.2.

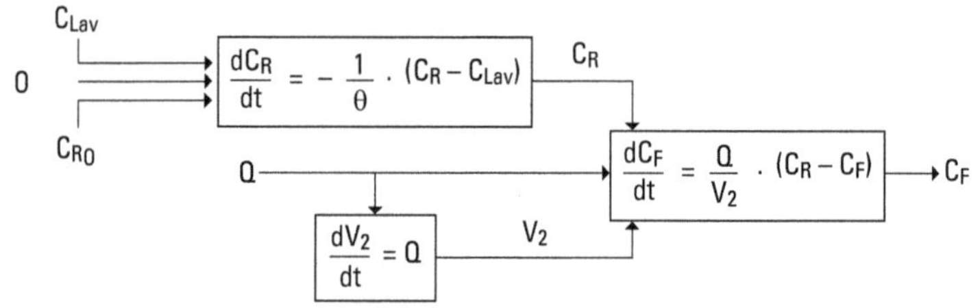

Fig. 8.2 *Modelo para determinar a variação da concentração de contaminantes no reator e no tanque de água para reúso*

Com base no modelo apresentado na Fig. 8.4, determina-se a variação da concentração do efluente do reator, do efluente acumulado no tanque para reúso, e do efluente encaminhado para a estação de tratamento. Essa simulação pode ser feita com um programa computacional simplificado, em Turbo Basic, que se baseia no método de Runge-Kutta para resolver as equações diferenciais. A listagem do programa está no Anexo I.

Dados hipotéticos permitem avaliar qual será a variação da concentração de um determinado contaminante no efluente que deixa o reator e é acumulado no tanque de reúso. A modelagem também possibilita avaliar a variação da concentração do contaminante no tanque de reúso, considerando-se o descarte do efluente do reator até um determinado período de tempo após o início da lavagem.

Como ilustração, a Tab. 8.1 relaciona os dados obtidos com a utilização do modelo matemático que foi desenvolvido, durante a operação de lavagem de um reator hipotético, com o acúmulo de todo o efluente gerado no tanque de reúso. Para a viabilização do reúso, a concentração do contaminante de controle deve ser de cem unidades.

De acordo com os resultados, a armazenagem de todo o efluente gerado pela operação de lavagem eleva a concentração final do contaminante para um valor superior ao estabelecido para o reúso (cem unidades). Uma possível solução é descartar uma parcela do efluente durante o início da operação de lavagem, o que corresponde aos dados da Tab. 8.2, considerando-se o descarte do efluente por cinco minutos após o início da lavagem.

Pela análise dos dados da Tab. 8.2, o descarte do efluente durante os primeiros cinco minutos da operação deixa a concentração final do contaminante no tanque de reúso bastante próxima ao valor estabelecido, o que possibilita o reúso em cascata.

Dessa forma, a implantação dessa prática permitiria, pelo menos em teoria, uma redução significativa da geração de efluentes e do consumo de água tratada, sem que fosse

Tab. 8.1 Resultados do processo de simulação da operação de lavagem de um reator hipotético

Tempo de lavagem (minutos)	Concentração do contaminante no efluente do reator (unidades)	Volume de efluente acumulado no tanque de reúso (L)	Concentração do contaminante no tanque de reúso (unidades)
0	3.000,00	0	3.000,0
5	599,12	250	1.480,6
10	145,51	500	896,1
15	59,91	750	627,8
20	43,76	1.000	483,3
25	40,71	1.250	395,0
30	40,13	1.500	335,9

Dados para simulação:
Tempo total de lavagem = 30 minutos;
Tempo de detenção hidráulico = 3 minutos;
Vazão de água de lavagem = 50 L/minuto;
Concentração do contaminante na água de lavagem do reator = 40 unidades;
Concentração do contaminante no início da operação de lavagem = 3.000 unidades.

Tab. 8.2 Resultados do processo de simulação da operação de lavagem de um reator hipotético com o descarte de uma parcela do efluente

Tempo de lavagem (minutos)	Concentração do contaminante no efluente do reator (unidades)	Volume de efluente acumulado no tanque de reúso (L)	Concentração do contaminante no tanque de reúso (unidades)
5	599,03	0	599,03
10	145,50	250	311,98
15	59,91	500	201,64
20	43,76	750	150,99
25	40,71	1.000	123,70
30	40,13	1.250	107,04

Dados para simulação iguais aos utilizados na simulação anterior.
Tempo em que o efluente é descartado após o início da lavagem = 5 minutos.

preciso implantar procedimentos complexos ou de alto custo. Cabe ressaltar, no entanto, que a concentração do contaminante no efluente a ser descartado para o sistema de tratamento é significativamente maior.

Mistura do efluente com água do sistema de abastecimento

Em algumas situações, o efluente gerado por um processo qualquer pode ter características bastante próximas dos requisitos de qualidade da água exigidos para uma determinada aplicação, mas ainda insatisfatórias para o reúso. Além disso, a quantidade de efluente pode ser insuficiente para atender à demanda. Nesses casos, a mistura do efluente gerado com a água proveniente do sistema de abastecimento é uma opção para adequar as características do efluente aos requisitos do processo.

As vantagens dessa prática são a redução da demanda de água proveniente do sistema de abastecimento e a redução da geração de efluentes. Mas é importante observar que deve haver um programa de monitoração adequado, que garanta uma água de reúso com qualidade constante ao longo do tempo, por meio da variação da relação entre os volumes de efluente e de água do sistema de abastecimento.

8.2.2 Reúso de efluentes tratados

O reúso de efluentes tratados compreende o reúso direto e o reúso após a adoção de técnicas complementares de tratamento.

O reúso direto, após a avaliação das características do efluente disponível e dos requisitos de qualidade exigidos, consiste em encaminhar o efluente, nas condições em que estiver, da estação de tratamento até o local onde será utilizado. Se o efluente ainda contiver algum contaminante que comprometa ou inviabilize o reúso direto, é possível adotar técnicas complementares de tratamento que possam adequar suas características aos requisitos exigidos para uso, caracterizando o reúso com tratamento complementar. Qualquer que seja a estratégia, é de fundamental importância que a prática de reúso seja devidamente planejada para proporcionar os máximos benefícios e ser sustentável no longo prazo.

Portanto, antes que a avaliação do potencial de reúso dos efluentes comece, todos os fatores que possam influenciar em sua quantidade e composição devem ser devidamente considerados. Isso significa que a avaliação do potencial de reúso de efluentes deve, necessariamente, ser posterior a qualquer alternativa de racionalização do uso da água e de reúso de efluentes em cascata, já que ambas afetam significativamente a quantidade e a qualidade do efluente final.

Se a prioridade é o reúso de efluentes não tratados, ou que tenham passado por procedimentos de ajuste de parâmetros de qualidade (como valor de pH e concentração de microrganismos), é necessário avaliar qualitativa e quantitativamente o efluente disponível na instalação, depois de tratado.

De maneira geral, a prática do reúso só pode ser adotada caso as características do efluente disponível sejam compatíveis com os requisitos de qualidade exigidos pela aplicação em questão. Por isso, é preciso identificar as aplicações potenciais para o efluente disponível por meio da comparação entre parâmetros genéricos de qualidade exigidos pelas demandas em questão, com os do próprio efluente.

Dentre os diversos parâmetros de qualidade que ajudam a identificar aplicações potenciais para o reúso de efluentes, a concentração de sais dissolvidos totais (SDT) pode ser a mais adequada, já que é um parâmetro restritivo para o uso da água nas diversas aplicações industriais, além da limitação que os processos de tratamento de efluentes mais comuns apresentam para remover esse tipo de contaminante.

O aumento da concentração de SDT é outro fator que justifica o uso desse parâmetro para auxiliar a avaliação do potencial de reúso, pois uma carga de sais vai sendo incorporada à água conforme o efluente é reutilizado, seja em razão do processo de evaporação da água ou por causa da adição de insumos químicos.

Dessa forma, para que a prática do reúso seja sustentável, é preciso avaliar devidamente a evolução da concentração de SDT no sistema, o que permite determinar o potencial máximo de reúso de efluentes, sem que se ultrapasse os padrões de qualidade requeridos e os limites máximos para lançamento de efluentes.

A evolução da concentração de SDT em um sistema em que houve reúso é obtida por meio de um balanço de massa. A partir dos dados disponíveis sobre demanda de água, perda por evaporação e efluentes lançados para o meio ambiente, pode-se obter a carga de SDT que é incorporada à água durante os diversos processos produtivos desenvolvidos, considerada uma corrente fictícia. A Fig. 8.3 ilustra um diagrama de um processo simplificado para a obtenção da carga de SDT incorporada em um sistema, ressaltando-se que nesse processo não ocorrem perdas de água de qualquer natureza e nem sua incorporação ao produto.

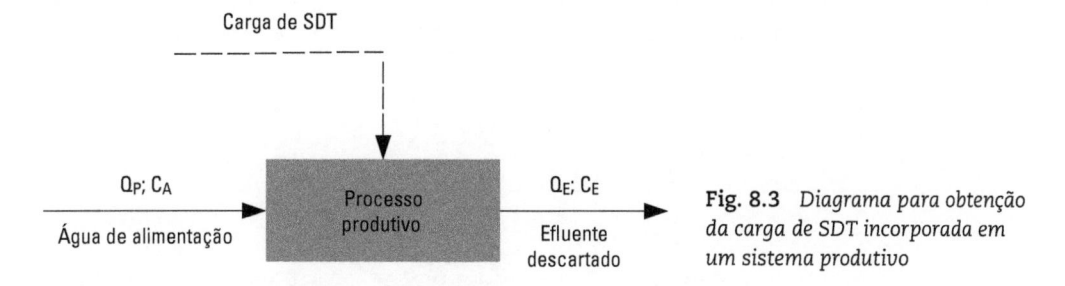

REÚSO DE ÁGUA E EFLUENTES

Fig. 8.3 *Diagrama para obtenção da carga de SDT incorporada em um sistema produtivo*

Realizando-se um balanço de massa no processo produtivo apresentado na Fig. 8.3, é possível obter a carga de SDT incorporada, uma vez que as concentrações na alimentação e no efluente podem ser determinadas por meio de análises.

$$\text{Carga de SDT} + Q_P \cdot C_A = Q_E \cdot C_E \tag{8.7}$$

Isolando-se a carga de SDT da expressão anterior, tem-se:

$$\text{Carga de SDT} = Q_E \cdot C_E - Q_P \cdot C_A \tag{8.8}$$

Como não ocorrem perdas, $Q_E = Q_P = Q$, então:

$$\text{Carga de SDT} = Q \cdot (C_E - C_A) \tag{8.9}$$

Uma vez obtida a carga de SDT incorporada, deve-se avaliar a variação da concentração de SDT no efluente e na água de reúso, em função da fração de efluente que é reciclada. Isso também é feito por meio de um balanço de massa, que distingue os processos que utilizam água industrial ou potável daqueles que irão utilizar a água de reúso, além de ter sido incorporada uma linha de reciclo de efluente, conforme diagrama na Fig. 8.4.

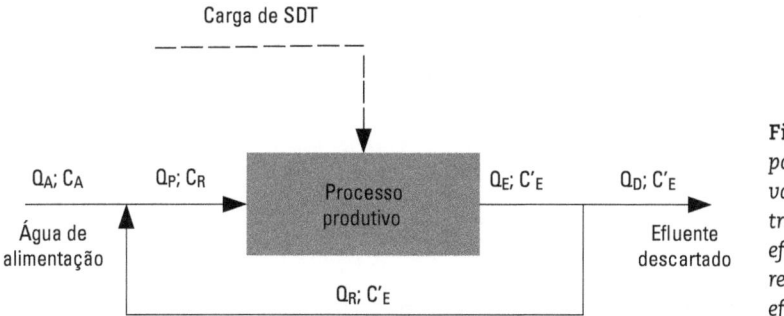

Fig. 8.4 *Diagrama para obtenção da variação da concentração de SDT no efluente e na água de reúso, com o reúso de efluentes*

É importante observar que, com a inclusão da linha de reúso, surgirão outras variáveis no processo, ou seja, a corrente de reúso especificamente (Q_R), o efluente descartado (Q_D) e a corrente de reposição de água (Q_A), com suas respectivas concentrações. Também deve ser considerado que a concentração do contaminante de controle no efluente (C'_E), assim como da corrente de processo, agora designada por C_R, passam a variar em função da vazão de reúso (Q_R).

As equações para a obtenção das vazões de efluente para reúso e da variação da concentração de contaminantes nas diversas correntes envolvidas podem ser solucionadas em uma planilha no programa Excel, em função da fração de reúso, ou seja, da relação entre Q_R e Q_P, caso não seja conhecida a concentração limitante do contaminante de controle para a corrente de processo. A seguir é feito o desenvolvimento de balanço de massa para o diagrama da Fig. 8.5, em que são contemplados os pontos para sua realização.

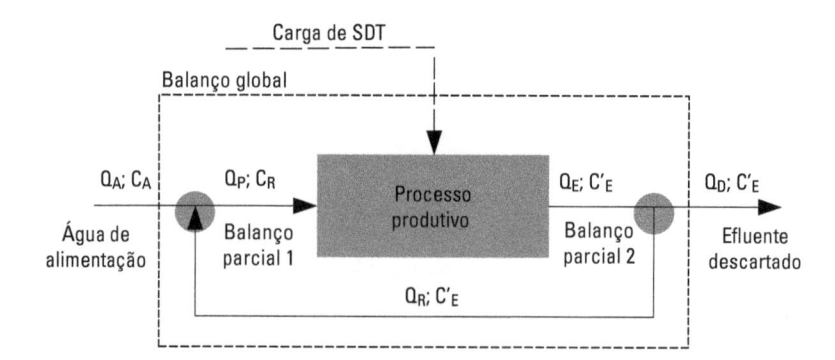

Fig. 8.5 *Diagrama para o desenvolvimento do balanço de massa para determinar o potencial de reúso de efluentes*

Adota-se como hipótese que as correntes envolvidas são diluídas e que a concentração de SDT não afeta sua massa específica.

- Balanço de massa global:

$$\text{Carga de SDT} + Q_A \cdot C_A = Q_D \cdot C'_E \tag{8.10}$$

Como não ocorrem perdas no sistema e a massa específica das correntes não varia, $Q_A = Q_D$, então:

$$\text{Carga de SDT} = Q_A \cdot (C'_E - C_A) \tag{8.11}$$

Na equação obtida existem duas variáveis desconhecidas, Q_A e C'_E, o que requer a realização dos balanços de massa parciais.

- Balanço parcial 1:

$$Q_R \cdot C'_E + Q_A \cdot C_A = Q_P \cdot C_R \tag{8.12}$$

- Balanço parcial 2:

$$Q_R \cdot C'_E + Q_D \cdot C'_E = Q_E \cdot C'_E \tag{8.13}$$

Como o parâmetro C'_E está multiplicando todos os termos da Eq. 8.13, é possível fazer sua simplificação.

$$Q_R + Q_D = Q_E \tag{8.14}$$

Como $Q_D = Q_A$:

$$Q_R + Q_A = Q_E \tag{8.15}$$

Para a obtenção de uma expressão genérica, admite-se que a vazão de reúso Q_R é uma fração f da corrente de processo Q_P, assim:

REÚSO DE ÁGUA E EFLUENTES

$$Q_R = f \cdot Q_P \tag{8.16}$$

Substituindo-se a Eq. 8.16 na Eq. 8.15, sabendo-se que Q_E é igual a Q_P e isolando-se Q_A, obtém-se:

$$Q_A = Q_P \cdot (1-f) \tag{8.17}$$

Substituindo-se a Eq. 8.17 na Eq. 8.11 e isolando-se C'_E:

$$C'_E = \frac{\text{Carga de SDT}}{Q_P \cdot (1-f)} + C_A \tag{8.18}$$

Substituindo-se as Eqs. 8.16 e 8.17 na Eq. 8.12:

$$f \cdot Q_P \cdot C'_E + Q_P \cdot (1-f) \cdot C_A = Q_P \cdot C_R \tag{8.19}$$

Como Q_P está multiplicando todos os termos da equação, é possível fazer sua simplificação e seu arranjo para isolar C_R.

$$C_R = f \cdot C'_E + (1-f) \cdot C_A \tag{8.20}$$

Caso o valor de C_R seja conhecido, pode-se obter a equação para a determinação da fração de reúso, que passa a ser a única variável desconhecida. Isso é feito substituindo-se a Eq. 8.18 na Eq. 8.20.

$$f = \frac{Q_P \cdot (C_R - C_A)}{\text{Carga} + Q_P \cdot (C_R - C_A)} \tag{8.21}$$

Um aspecto importante a ser considerado, com base na Eq. 8.18, é que não se pode ter uma fração de reúso igual a 1, ou seja, 100% de recirculação do efluente, o que faria com que a concentração de SDT, tanto na água de reúso como no efluente, tendesse ao infinito. Assim, a menos que os SDT sejam removidos do efluente, o potencial de reúso de água será limitado pela máxima concentração permitida para o processo.

Apenas para exemplificar, considere-se o processo representado na Fig. 8.3, no qual as vazões de água e efluente são de 100 m³/dia e as concentrações de SDT na água e no efluente são de 80 mg/L e 500 mg/L, respectivamente.

Com essas informações, é possível obter a carga de SDT incorporada ao efluente (Eq. 8.9), lembrando que mg/L é o mesmo que g/m³:

Carga de SDT = $100 \times (500 - 80) = 42.000$ g/d

Com base nesse dado e nas Eqs. 8.18 e 8.20, variando-se o fator de reúso de 0 a 0,999, obtém-se o gráfico da evolução da concentração de SDT na água de reúso (C_R) e no efluente (C'_E) (Fig. 8.6).

Pela análise da Fig. 8.6, é possível constatar que a prática de reúso com ciclo fechado, ou seja, 100%, é impossível, ressaltando-se que muitas

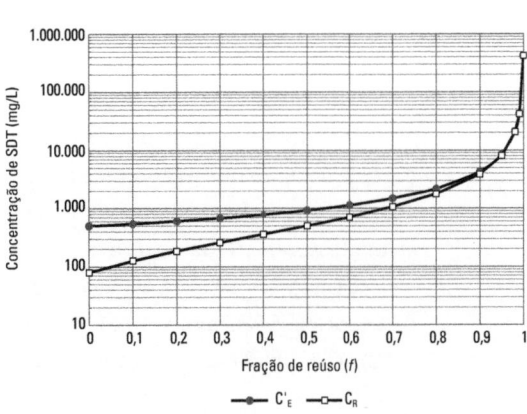

Fig. 8.6 *Variação das concentrações de SDT na água de reúso e no efluente, em função do fator de reúso, para o exemplo dado*

vezes o fator de reúso acaba sendo muito menor em função das restrições para a qualidade da água a ser utilizada. Além disso, ignorar o aumento da concentração de contaminantes na água de reúso pode causar problemas não apenas para o processo no qual a água será utilizada, mas também em toda a estrutura de distribuição dessa água, na rede de coleta de efluentes e em seu sistema de tratamento.

Cabe ressaltar que cada caso requer diagramas próprios, variantes dos diagramas apresentados, para gerar as equações utilizadas no balanço de massa.

Segue um exemplo do processo de avaliação do potencial de reúso, com as etapas básicas de execução, para um empreendimento mais complexo.

Avaliação do potencial de reúso direto de efluentes tratados

A avaliação dos processos industriais desenvolvidos em uma determinada indústria resultou nos dados da Tab. 8.3. Logo depois, a Fig. 8.7 ilustra os fluxos de água e efluentes.

Tab. 8.3 Levantamento das demandas de água e geração de efluentes nos processos desenvolvidos em uma indústria hipotética

Atividade ou aplicação	Água		Efluentes	
	Demanda (m³/dia)	SDT (mg/L)	Geração (m³/dia)	SDT (mg/L)
Uso potável	300	60	240	250
Sistema de resfriamento	674	60	80*	360
Processo A	250	20	240	200
Processo B	300	60	300	550

*Vazão referente à purga do sistema.

Com exceção da purga do sistema de resfriamento, todos os efluentes gerados seguem para uma estação de tratamento por sistema biológico, visando reduzir a carga de contaminantes orgânicos, com uma eficiência de 95%. Esse tipo de tratamento não elimina sólidos dissolvidos. Para o sistema de resfriamento, deve-se considerar, ainda, que a perda por arraste equivale a 0,05% da vazão de circulação, a concentração de SDT é igual à da purga e a temperatura da água no circuito de resfriamento varia entre 29 °C e 34 °C. Estudos realizados indicaram que a concentração de SDT para o sistema de resfriamento e para o processo B poderia ser de 250 mg/L. A avaliação do potencial de reúso de efluentes deve ser feita com base nessas informações. No caso do sistema de resfriamento, a concentração de sais da purga pode aumentar para 1.000 mg/L.

Para a avaliação do potencial de reúso, primeiro deve-se definir a carga de sais incorporada na água durante sua utilização, com o auxílio do diagrama apresentado na Fig. 8.7.

- Balanço de SDT no sistema:

Inicialmente, deve-se obter as perdas no sistema de resfriamento, que se referem à parcela de água que evaporou e à parcela de água referente ao arraste. Para isso, serão utilizadas as equações desenvolvidas na seção 5.2. Sabe-se que a purga do sistema é a vazão de efluente apresentada na Tab. 8.3.

Utilizando-se a Eq. 5.15 e os dados de calor específico da água (1 Mcal/t · °C), a entalpia de vaporização da água (579,6 Mcal/t) e a faixa de variação de temperatura da água na torre (5 °C), é possível calcular a porcentagem de água que evapora.

$$E = \frac{100 \cdot c_{esp} \cdot \Delta t}{h_{vap}} = \frac{100 \times 1 \times 5}{579,6} \therefore E = 0,863\%$$

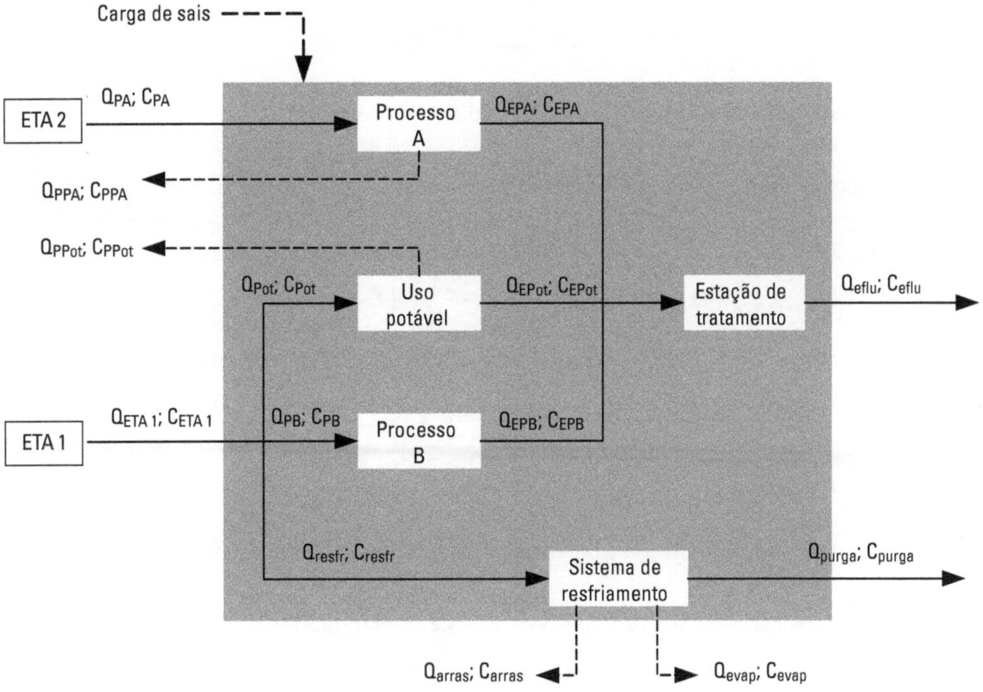

Fig. 8.7 *Indicação dos fluxos de água e efluentes na indústria avaliada*

O número de ciclos de concentração (N) pode ser obtido com base na Eq. 5.4, sabendo-se que $C_{circulação}$ é igual a C_{purga}, e utilizado na Eq. 5.13, junto com os valores de E e da perda por arraste (A), que foi dada, para a obtenção da porcentagem de purga (P).

$$N = \frac{C_{circulação}}{C_{Reposição}} = \frac{360}{60} \therefore N = 6$$

$$P = \frac{E}{(N-1)} - A = \frac{0,863}{(6-1)} - 0,05 \therefore P = 0,123\%$$

Como a vazão de purga é conhecida, pode-se calcular a vazão de circulação no sistema e as respectivas vazões de perda por evaporação e por arraste.

$$P = \frac{Q_{purga}}{Q_{circulação}} \times 100 \rightarrow Q_{circulação} = \frac{80}{0,123} \times 100 \therefore Q_{circulação} = 65.041 \text{ m}^3/\text{dia}$$

$$A = \frac{Q_{arras.}}{Q_{circulação}} \times 100 \rightarrow Q_{arras.} = \frac{0,05 \times 65.041}{100} \therefore Q_{arras.} = 32,5 \text{ m}^3/\text{dia}$$

$$E = \frac{Q_{evap.}}{Q_{circulação}} \times 100 \rightarrow Q_{evap.} = \frac{0,863 \times 65.041}{100} \therefore Q_{evap.} = 561,3 \text{ m}^3/\text{dia}$$

- *Determinação da carga de sais incorporada ao sistema:*

É feita por meio do balanço de massa no sistema, contemplando todas as entradas e saídas, lembrando que a concentração de SDT na parcela que evapora é igual a zero, na corrente de arraste é igual à concentração da purga, e nas perdas potável e no processo A é igual à concentração da água de alimentação para esses usos. É importante considerar que o sistema de tratamento não tem capacidade de remover os SDT.

$$C_{Pot} = C_{PB} = C_{Resfr} = C_{ETA1} = 60 \text{ mg/L}$$

ÁGUA NA INDÚSTRIA uso racional e reúso

$$C_{Evap} = 0$$
$$C_{Arras} = C_{Purga} = 360 \text{ mg/L}$$

Deve-se lembrar que a unidade mg/L é equivalente a g/m³.

- *Balanço de massa (diagrama da Fig. 8.7):*

$$\text{Carga} + Q_{PA} \cdot C_{PA} + (Q_{Pot} + Q_{PB} + Q_{Resfr}) \cdot C_{ETA1} = Q_{Efl} \cdot C_{Efl}$$
$$+ (Q_{Purga} + Q_{Arras}) \cdot C_{Purga} + Q_{PPA} \cdot C_{PPA} + Q_{PPot} \cdot C_{ETA1} + Q_{evap} \cdot C_{Evap} \quad (8.22)$$

$$Q_{Efl} = Q_{EPot} + Q_{EPA} + Q_{EPB} = 240 + 240 + 300 \therefore Q_{Efl} = 780 \text{ m}^3/\text{dia}$$

$$C_{Efl} = \frac{Q_{EPot} \cdot C_{EPot} + Q_{EPA} \cdot C_{EPA} + Q_{EPB} \cdot C_{EPB}}{Q_{Efl}} = \frac{240 \times 250 + 240 \times 200 + 300 \times 550}{780}$$

$$\therefore C_{Efl} = 350 \text{ g/m}^3$$

Substituindo-se os valores conhecidos na Eq. 8.22 e resolvendo-se a equação, obtém-se:

$$\text{Carga} = 780 \times 350 + 112,5 \times 360 + 10 \times 20 + 60 \times 60 - 1.274 \times 60 - 250 \times 20 \therefore \text{Carga} = 235.860 \text{ g/dia}$$

- *Determinação do potencial de reúso:*

Deve-se reorganizar o diagrama das correntes de águas e efluentes e recalcular a nova purga do sistema de resfriamento e, consequentemente, a nova demanda de água para essa finalidade, de forma a não reduzir a capacidade de troca térmica.

Considerando-se que a concentração de SDT da água para as atividades nas quais o reúso é indicado é de 250 mg/L e que a concentração de SDT para a corrente de purga é de 1.000 mg/L, que é a mesma da corrente de perda por arraste, deve-se modificar o arranjo de distribuição da água, incluindo os fluxos de recirculação de efluente, o qual é apresentado na Fig. 8.8.

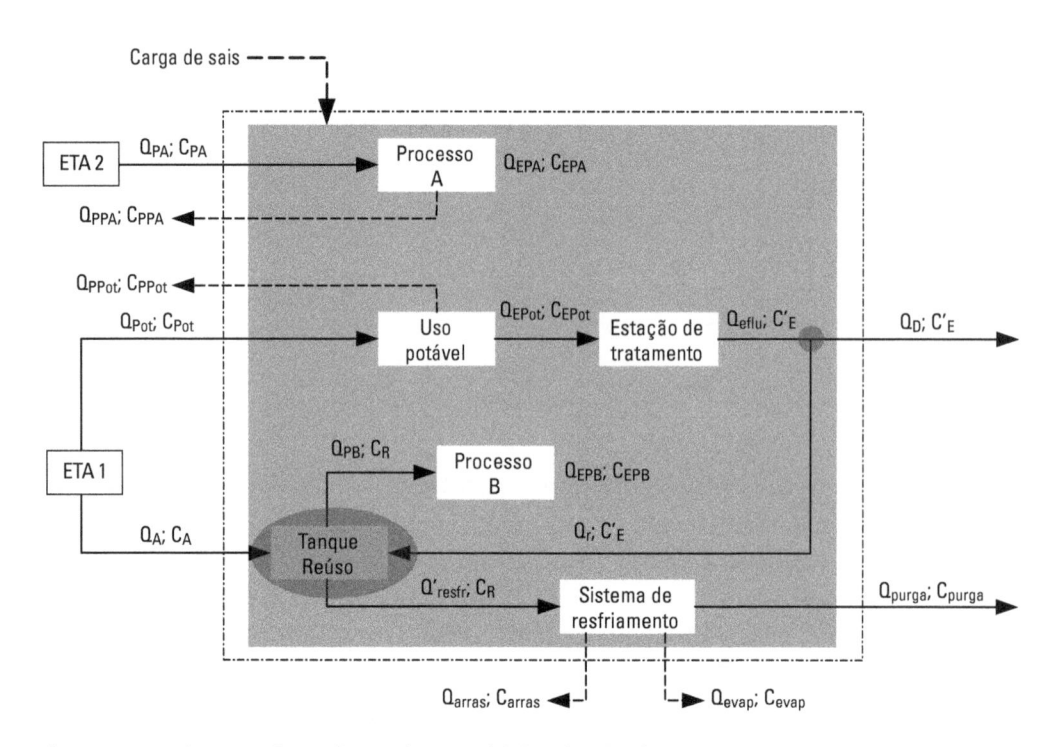

Fig. 8.8 *Arranjo para a determinação do potencial de reúso de efluentes*

Se a vazão de reúso será uma parcela da vazão de água necessária para atender às demandas para o processo B e o sistema de resfriamento, é possível elaborar um novo balanço de vazões e massa no sistema, de maneira a obter a variação da concentração do efluente lançado para o meio ambiente e da água de reúso, em função da taxa de reciclo e dos demais parâmetros envolvidos. As expressões a seguir baseiam-se nesse balanço.

- *Balanço de SDT na nova configuração do sistema:*

Para a realização do novo balanço de massa, é necessário calcular as novas condições de vazão de água no sistema de resfriamento, uma vez que as concentrações de SDT na alimentação e na purga foram alteradas, o que afeta o número de ciclos de concentração (N).

Pelas informações dadas, as concentrações de SDT na água de reposição e da purga são de 250 mg/L e 1.000 mg/L, respectivamente. Com isso, sabendo-se que as vazões de circulação, perdas por arraste e evaporação são mantidas, é possível calcular o número de ciclos de concentração (Eq. 5.4) e as novas vazões de purga (Eq. 5.8) e de reposição na torre (Eq. 5.9).

$$N' = \frac{1.000}{250} \therefore N' = 4$$

$$Q'_{Purga} = \frac{Q_{Evap}}{(N-1)} - Q_{Arras} = \frac{561,3}{(4-1)} - 32,5 \therefore Q'_{Purga} = 154,6 \text{ m}^3/\text{dia}$$

$$Q'_{Resfr} = \frac{Q_{Evap} \cdot N}{(N-1)} = \frac{561,3 \times 4}{(4-1)} \therefore Q'_{Resfr} = 748,4 \text{ m}^3/\text{dia}$$

A partir dessas informações, com base no diagrama da Fig. 8.8 podem ser realizados os balanços de massa global, no tanque de reúso e no ponto de derivação do efluente tratado para o tanque de reúso considerando-se os valores de cada variável a seguir:

$Q_{PA} = 250 \text{ m}^3/\text{d}$; $Q_{Pot} = 300 \text{ m}^3/\text{d}$; $Q_{PB} = 300 \text{ m}^3/\text{d}$; $Q_{PPA} = 10 \text{ m}^3/\text{d}$; $Q_{PPot} = 60 \text{ m}^3/\text{d}$;
$Q'_{Refr} = 748,4 \text{ m}^3/\text{d}$; $Q'_{Purga} = 154,6 \text{ m}^3/\text{d}$; $Q_{Arras} = 32,5 \text{ m}^3/\text{dia}$; $Q_{Evap} = 561,3 \text{ m}^3/\text{d}$;
$C_{PA} = C_{PPA} = 20 \text{ g/m}^3$; $C_{Pot} = C_A = C_{PPot} = 60 \text{ g/m}^3$; $C'_{Purga} = C'_{Arras} = 1.000 \text{ g/m}^3$; $C_{Evap} = 0$;
$C_R = 250 \text{ g/m}^3$; Carga = 235.860 g/d

- *Balanço global:*

$$Carga + Q_{PA} \cdot C_{PA} + Q_{Pot} \cdot C_{Pot} + Q_A \cdot C_A = Q_{PPA} \cdot C_{PPA} + Q_{PPot} \cdot C_{PPot}$$
$$+ Q_D \cdot C'_E + Q'_{Purga} \cdot C'_{Purga} + Q_{Arras} \cdot C'_{Arras} + Q_{Evap} \cdot C_{Evap}$$

Substituindo-se os valores conhecidos e arranjando-se a expressão, obtém-se:

$$Q_D \cdot C'_E - 60 \cdot Q_A = 67.960 \tag{8.23}$$

- *Balanço de massa no ponto de derivação de efluente para recirculação:*

$$Q_{Eflu} \cdot C'_E = Q_D \cdot C'_E + Q_R \cdot C'_E$$

Simplificando-se e substituindo-se os valores conhecidos:

$$Q_D + Q_R = 780 \tag{8.24}$$

- Balanço de massa no tanque de reúso:

$$Q_A \cdot C_A + Q_R \cdot C'_E = Q_{PB} \cdot C_R + Q'_{Resfr} \cdot C_R$$

Substituindo-se os valores conhecidos:

$$60 \cdot Q_A + Q_R \cdot C'_E = 262.100 \tag{8.25}$$

Adotando-se:

$$Q_R = f \cdot \left(Q_B + Q'_{Resfr}\right)$$

Com os valores dados:

$$Q_R = 1.048,4 \cdot f \tag{8.26}$$

Admitindo-se que não há variação da massa específica das correntes envolvidas, tem-se:

$$Q_A + Q_R = Q_{PB} + Q'_{Resfr}$$

Substituindo-se os valores e arranjando-se a expressão:

$$Q_A + Q_R = 1.048,4 \tag{8.27}$$

- Resolução das equações:

Substituindo-se a Eq. 8.26 nas Eqs. 8.27 e 8.24:

$$Q_A = 1.048,4 \cdot (1-f) \tag{8.28}$$

$$Q_D = 780 - 1.048,4 \cdot f \tag{8.29}$$

Substituindo-se as Eqs. 8.28 e 8.29 na Eq. 8.23 e isolando-se C'_E:

$$(780 - 1.048,4 \cdot f) \cdot C'_E - 60 \cdot \left[(1.048,4 \cdot (1-f))\right] = 67.960$$

$$C'_E = \frac{130.864 - 62.904 \cdot f}{780 - 1.048,4 \cdot f} \tag{8.30}$$

Substituindo-se as Eqs. 8.26 e 8.28 na Eq. 8.25 e isolando-se C'_E:

$$60 \cdot \left[(1.048,4 \cdot (1-f))\right] + 1.048,4 \cdot f \cdot C'_E = 262.100$$

$$C'_E = \frac{199.196 - 62.904 \cdot f}{1.048,4 \cdot f} \tag{8.31}$$

Igualando-se as Eqs. 8.30 e 8.31, é possível obter o valor de f:

$$f = 0,5232$$

Com esse resultado, as novas condições do balanço hídrico do empreendimento são as que estão apresentadas na Tab. 8.4.

Tab. 8.4 Novas condições das demandas de água e geração de efluentes nos processos desenvolvidos em uma indústria hipotética, com a adoção da prática de reúso

Atividade ou aplicação	Água			Efluentes	
	Demanda externa (m³/dia)	Reúso (m³/dia)	SDT (mg/L)	Geração (m³/dia)	SDT (mg/L)
Uso potável	300	0	60	240	250
Processo A	250	0	20	240	200
Sistema de resfriamento	500	548,5	60/423**	154,6*	1.000
Processo B				300	740

*Vazão referente à purga do sistema.
**Valores referentes às concentrações de SDT na água proveniente da fonte externa e no efluente que é reciclado.

Pela realização do balanço de massa, verifica-se que o potencial de reúso de efluente, considerando-se o processo B e a reposição no sistema de resfriamento, é de 52,32%, o que implica uma redução global no consumo de água igual a 24,5%. Deve ser enfatizado que essa condição de reúso permanecerá válida caso não sejam feitas quaisquer alterações nos processos envolvidos, de maneira que todas as ações de redução de demanda deveriam ter sido feitas antes da determinação do potencial de reúso. Também é importante observar que há um aumento na concentração de SDT no efluente final, o que, em alguns casos, pode ser um fator limitante do potencial de reúso.

Reúso de efluentes após tratamento adicional

Uma alternativa ao reúso direto de efluentes tratados é o desenvolvimento de um programa que considere sistemas complementares de tratamento, cujo principal objetivo é promover a redução da concentração de um contaminante específico.

O potencial de reúso pode aumentar em função da eficiência de remoção do contaminante de interesse porque atenderá aos requisitos de qualidade de outras atividades. Nesse caso, a avaliação segue o mesmo roteiro que o da determinação do potencial de reúso direto de efluentes. A única ressalva é que no diagrama para balanço deve constar o processo de tratamento selecionado, no qual é eliminada uma determinada quantidade do contaminante, dependendo da eficiência do sistema utilizado.

Caso o processo de tratamento selecionado possa destruir o contaminante, deve-se prever um fluxo fictício saindo do sistema, representando a quantidade de contaminante destruído. A obtenção de um efluente tratado, com características equivalentes à água que alimenta toda a unidade industrial, possibilitaria a prática de reúso e exigiria a reposição no sistema das águas perdidas durante o processo e a quantidade descartada junto com o efluente da unidade de tratamento.

Como ilustração, adotando-se os mesmos dados do exemplo do reúso direto de efluentes, será considerada a instalação de uma unidade de osmose reversa para tratar os efluentes gerados. Calcula-se o novo balanço de massa do sistema com base no diagrama da Fig. 8.9, admitindo-se que a taxa de rejeição de sais dissolvidos (Rej_{OR}) no sistema de osmose reversa é de 0,98 (98%), e a de recuperação de água (Rec_{OR}), de 0,75 (75%).

A Tab. 8.5 relaciona as variáveis do sistema com seus respectivos valores e a Tab. 8.6 apresenta outros dados importantes para definir as vazões e as concentrações das diversas correntes do sistema, ilustrado pela Fig. 8.9.

As equações para determinar os parâmetros relacionados à prática de reúso são:

$$Q_{MA} = \left(Q_{Eflu} + Q_{Purga}\right) \cdot \left(1 - Rec_{OR}\right) \qquad (8.32)$$

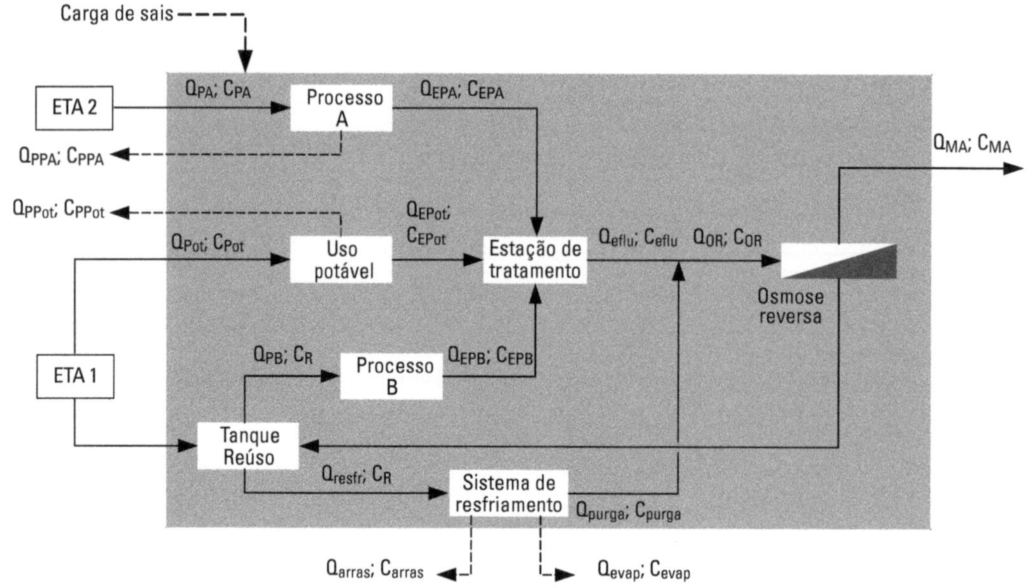

ÁGUA NA INDÚSTRIA uso racional e reúso

Fig. 8.9 Diagrama de uma unidade industrial com o sistema de osmose reversa

Tab. 8.5 Relação de parâmetros da unidade industrial após a implantação da unidade de osmose reversa

Vazões	Valor (m³/dia)	Concentrações	Valor (mg/L)
Q_{PA}	250,00	C_{PA}	20,00
Q_{Pot}	300,00	C_{Pot}	60,00
Q_{PB}	300,00	C_R	24,41
Q_A	328,74	C_A	60,00
Q_{PPA}	10,00	C_{PPA}	20,00
Q_{PPot}	60,00	C_{PPot}	20,00
Q_{Evap}	561,30	C_{Evap}	0,00
Q_{Arras}	32,50	C_{Arras}	146,46
Q_{Purga}	79,80	C_{Purga}	146,46
Q_{Resfr}	674,00	C_{Resfr}	24,41
Q_{Eflu}	780,00	C_{Eflu}	336,31
Q_{OR}	859,76	C_{OR}	318,80
$Q_{Permeado}$	644,82	$C_{Permeado}$	6,38
Q_{MA}	214,94	C_{MA}	1.256,20

Tab. 8.6 Outros parâmetros utilizados na realização do balanço de massas

Taxa de recuperação de água na unidade de osmose reversa (Rec_{OR})	0,75
Taxa de rejeição de sais na unidade de osmose reversa (Rej_{OR})	0,98
Ciclos de concentração no sistema de resfriamento (N)	6
Carga de sais introduzida no sistema (g/dia)	235.860
Carga de sais introduzida no processo B (g/dia)	147.000

$$Q_{Resfr} = \frac{Q_{Evap} \cdot N}{(N-1)} \qquad (5.9)$$

$$C_{Purga} = C_{Arras} = N \cdot C_R \qquad (8.33)$$

$$Q_{Permeado} = \left(Q_{Eflu} + Q_{Purga}\right) \cdot Rec_{OR} \tag{8.34}$$

$$Q_{Eflu} = (Q_{PA} + Q_{Pot} + Q_{PB}) - \left(Q_{PPA} + Q_{Pot}\right) \tag{8.35}$$

$$Q_{OR} = Q_{Eflu} + Q_{Purga} \tag{8.36}$$

$$Q_A = \left(Q_{PB} + Q_{Resfr}\right) - Q_{Permeado} \tag{8.37}$$

$$C_{MA} = \frac{\left(Carga + \left[\left(Q_{PB} + Q_{Resfr}\right) - \left(Q_{Eflu} + Q_{Purga}\right) \cdot Rec_{OR}\right] \cdot C_A + Q_{Pot} \cdot C_{Pot} + Q_{PA} \cdot C_{PA}\right) - (Q_{PPA} \cdot C_{PPA} + Q_{PPot} \cdot C_{PPot} + Q_{Arras} \cdot N \cdot C_R)}{Q_{MA}} \tag{8.38}$$

$$C_{Permeado} = C_{OR} \cdot \left(1 - Rej_{OR}\right) \tag{8.39}$$

$$C_R = \frac{\left(Q_{PB} + Q_{Resfr}\right) \cdot C_A - \left[\left(Q_{Eflu} + Q_{Purga}\right) \cdot Rec_{OR}\right] \cdot \left[C_A - C_{OR} \cdot \left(1 - Rej_{OR}\right)\right]}{\left(Q_{PB} + Q_{Resfr}\right)} \tag{8.40}$$

$$C_{OR} = \frac{\left(1 - Rec_{OR}\right) \cdot C_{MA}}{\left[1 - Rec_{OR} \cdot \left(1 - Rej_{OR}\right)\right]} \tag{8.41}$$

$$C_{Eflu} = \frac{Q_{EPA} \cdot C_{EPA} + Q_{EPot} \cdot C_{EPot} + Carga_{PB} + Q_{PB} \cdot C_R}{Q_{Eflu}} \tag{8.42}$$

Com base nos dados das Tabs. 8.5 e 8.6, conclui-se que todo o volume de permeado pode ser reutilizado, mas, como se trata de efluente, não pode ser direcionado para usos potáveis nem para processos cujos padrões de qualidade sejam mais restritivos, ao contrário do processo B e do sistema de resfriamento, cuja demanda passou a ser de 974 m³/dia. Assim sendo, verifica-se que o emprego de um sistema complementar de tratamento pode aumentar a taxa de reúso de água para 75%, em relação ao efluente gerado, o que reduz a demanda de água em 42,4%.

Tais resultados mostram que um processo de tratamento complementar é capaz de aumentar a taxa de reúso da água e, consequentemente, diminuir a demanda. Contudo, a opção pelos tratamentos complementares também deve levar em conta critérios econômicos.

8.3 Considerações finais

De modo geral, a implantação de qualquer prática de reúso de água ou efluente deve considerar limitações técnicas, operacionais e econômicas.

Em termos de limitações técnicas, o principal fator limitante é a qualidade da água que cada aplicação requer. Vários parâmetros podem ser utilizados para avaliar a viabilidade da prática de reúso, mas um dos mais importantes, que conduz a uma tomada de decisão mais sólida, é a concentração de sais dissolvidos totais, já que as técnicas amplamente utilizadas para o tratamento de efluentes não são capazes de remover esse tipo de contaminante. Além disso, a concentração de sais dissolvidos aumenta à medida que o efluente é recirculado nos processos industriais. Se uma parcela desses sais não for eliminada, o esquema de reúso não será sustentável.

Uma das formas de manter a concentração de sais dissolvidos na água de reúso dentro de limites preestabelecidos é promover o descarte de uma parcela do efluente, de modo que toda a carga de sais seja descartada. Técnicas avançadas de tratamento, principalmente o processo de separação por membranas, também são uma alternativa.

Entretanto, o reúso de efluentes tratados, na indústria, deve ser avaliado cuidadosamente, pois pode ser pouco eficaz para reduzir o consumo de água e de impactos ambientais negativos. O reúso de efluentes tratados pode até mesmo contribuir com o aumento da degradação dos recursos hídricos.

O uso de técnicas avançadas de tratamento de efluentes que viabilizam o reúso pode ter resultados satisfatórios com relação ao volume e à qualidade do efluente que poderá ser reutilizado, mas também pode gerar um efluente com características que impeçam seu lançamento no meio ambiente. Portanto, quando o objetivo é a prática de reúso, pode ser necessário implantar um sistema de tratamento baseado no conceito de "descarga zero" de efluentes.

Decantador de água

9 PONTO DE MÍNIMO CONSUMO DE ÁGUA
water pinch

Conceitualmente, o ponto de mínimo consumo de água é um tipo de integração entre trocas de massa em operações nas quais a água é utilizada. Segundo Mann e Liu (1999), essa ferramenta possibilita que os profissionais que avaliam sistemas produtivos respondam a uma série de perguntas sobre uso e distribuição de água, seja para instalações já existentes ou para o desenvolvimento de novos projetos, destacando-se:

- Qual é o máximo potencial para reúso e a geração mínima de efluentes em um processo produtivo?
- Como seria uma nova estrutura para distribuição de água ou como a estrutura existente pode ser alterada?
- Qual é a vazão mínima de tratamento em um sistema de tratamento de efluentes em um processo produtivo?
- Como desenvolver um novo sistema de tratamento de efluentes ou como modificar o sistema existente para atingir a vazão mínima?
- Como um processo produtivo pode ser modificado para maximizar o reúso de água e minimizar a geração de efluentes?

Cabe observar que, isoladamente, a avaliação do ponto de mínimo consumo de água não é suficiente para responder à última pergunta, pois não considera a eficiência de utilização da água no processo. Isso poderá ser verificado a seguir.

Segundo Mann e Liu (1999), a utilização da ferramenta de ponto de mínimo consumo de água é baseada nas etapas de análise, concepção e alteração. Na etapa de análise, identifica-se o mínimo consumo de água limpa e a geração de efluentes nas diversas operações que utilizam água. Na etapa de concepção, desenvolve-se uma estrutura de distribuição de água e coleta de efluentes que atenda aos fluxos mínimos previamente identificados, por meio da prática de reúso e regeneração. Por fim, na etapa de alteração cria-se, ou modifica-se, a estrutura de distribuição de água e coleta de efluentes existente para maximizar o reúso e minimizar a geração de efluentes no processo.

É importante destacar que a ferramenta de ponto de mínimo consumo de água não leva em conta a eficiência do uso da água no processo. Caso haja algum tipo de desperdício em qualquer operação, o ponto de mínimo consumo será obtido incorporando-se esse desperdício. Por essa razão, durante a etapa de avaliação, é necessário identificar e eliminar os desperdícios de água, para que os resultados sejam os melhores possíveis.

9.1 Determinação do ponto de mínimo consumo de água sem reúso

A determinação do ponto de mínimo consumo de água é baseada na hipótese de que seu uso se destina à assimilação de contaminantes. Para isso, supõe-se que uma determinada corrente com baixa concentração do contaminante irá passar por um processo, ou operação industrial, e remover o contaminante de uma corrente mais concentrada, que pode ser imaginária. A Fig. 9.1 ilustra esquematicamente essa operação.

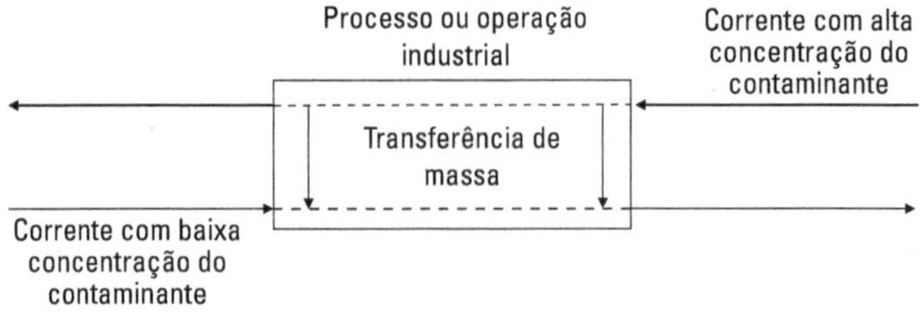

Fig. 9.1 *Representação da operação de transferência de massa de contaminantes em uma operação industrial*

Para uma condição real é possível considerar as concentrações do contaminante nas correntes de entrada e saída dessa operação, o que possibilita avaliar a carga de contaminante transferida, conforme mostra a Fig. 9.2.

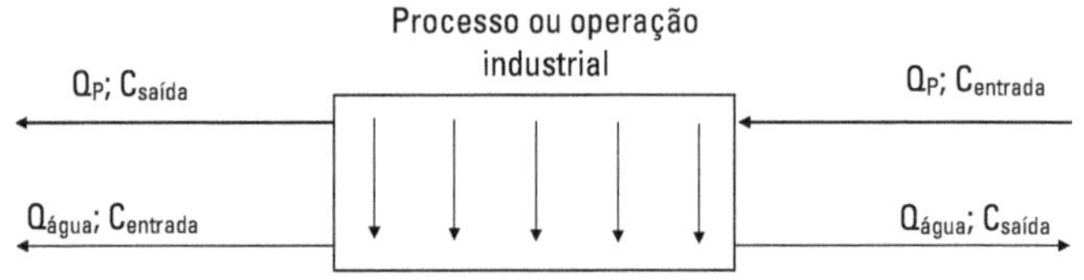

Fig. 9.2 *Representação do processo de transferência de massa para a obtenção da carga transferida*

Com base na Fig. 9.2, pode-se elaborar um balanço de massa de forma a obter a carga de contaminantes transferida entre as correntes envolvidas no processo. Cabe observar que a corrente de processo pode ser fictícia, o que facilita o processo de avaliação. Um balanço de massa no diagrama da Fig. 9.2 resulta em:

$$Q_P \cdot \left(C^P_{i;\,entrada} - C^P_{i;\,saída} \right) = Q_{água} \cdot \left(C^{água}_{i;\,saída} - C^{água}_{i;\,entrada} \right) \tag{9.1}$$

Como a corrente de processo pode ser fictícia, o mais adequado é utilizar o conceito de carga de contaminante transferida para a água.

$$\Delta_{m_i;\,total} = Q_{água} \cdot \left(C^{água}_{i;\,saída} - C^{água}_{i;\,entrada} \right) \tag{9.2}$$

Adotando-se que a carga de contaminantes seja expressa em kg/h, a concentração do contaminante em mg/L e o fluxo de água em t/h, a Eq. 9.2 pode ser reorganizada da seguinte forma:

$$f^{limite}_{H_2O}(t/h) = \frac{\Delta_{m_i;\,total}(kg/h)}{\left[C^{água}_{i;\,saída} - C^{água}_{i;\,entrada} \right](mg/L)} \cdot 10^3 \tag{9.3}$$

Estabelecidas as concentrações-limites do contaminante na entrada e saída do processo e dispondo-se da carga de contaminantes, é possível determinar a demanda de água para o processo em estudo. Havendo mais de uma operação no processo, a Eq. 9.3 deverá ser utilizada para determinar a demanda de água para cada operação e, consequentemente, a demanda total.

Como ilustração, supõe-se que uma unidade industrial desenvolve três processos que utilizam a água, com condições-limites apresentadas na Tab. 9.1.

Tab. 9.1 Condições-limites dos processos desenvolvidos na unidade industrial

Processo	$\Delta m_{i,total}$ (kg/h)	Condições-limites para água	
		$C_{i;entrada}$ (mg/L)	$C_{i;saída}$ (mg/L)
1	2,50	0	75
2	1,50	50	100
3	1,25	80	150

A Eq. 9.3 permite determinar os fluxos de água para cada processo desenvolvido, conforme apresenta a Tab. 9.2.

Tab. 9.2 Demanda de água para os processos desenvolvidos

Processo	$\Delta m_{i,total}$ (kg/h)	Condições-limites para água		f_{H2O} (t/h)
		$C_{i;entrada}$ (mg/L)	$C_{i;saída}$ (mg/L)	
1	2,50	0	75	33,33
2	1,50	50	100	30,00
3	1,25	80	150	17,86

Os dados da Tab. 9.2 referem-se às condições-limites estabelecidas. Por outro lado, é possível determinar qual seria o mínimo consumo de água para o exemplo apresentado, considerando-se apenas os limites de qualidade na saída do processo, ou seja, admite-se que a concentração do contaminante na água que entra no processo é zero.

Para essa condição, é possível determinar o perfil de mínimo consumo de água, que consiste simplesmente na construção de um gráfico que relacione a concentração do contaminante na água com a carga absorvida, conforme ilustra a Fig. 9.3.

Pelo gráfico, verifica-se que a concentração do contaminante que sai do processo é igual à concentração-limite, porém a concentração na água de alimentação é menor, o que irá resultar em uma menor demanda, obtida pela seguinte expressão:

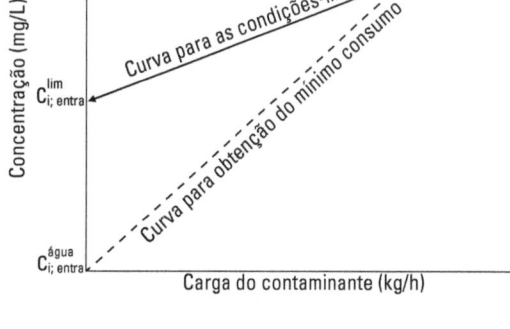

Fig. 9.3 *Perfil para a obtenção do mínimo consumo de água*

$$f_{H_2O,min}(t/h) = \frac{\Delta m_{i;total}(kg/h)}{\left(C_{i;sai}^{limite}\right)(mg/L)} \cdot 10^3 \qquad (9.4)$$

A Eq. 9.4, para o exemplo anterior, determina as demandas mínimas de água para cada processo desenvolvido, assim como a concentração média do contaminante no efluente final (Tab. 9.3).

Os dados obtidos para a demanda mínima de água pressupõem que a concentração inicial do contaminante é zero. Contudo, essa condição não é comum em um sistema industrial, principalmente se for considerado o custo para a obtenção da água. Por essa razão, a avaliação do ponto de mínimo consumo de água deve ser feita para uma condição em que a concentração do contaminante que entra no sistema é superior a zero e inferior ou igual aos limites estabelecidos para o processo.

Nessa condição, a prática de reúso de efluentes como fonte alternativa ao abastecimento de água pode reduzir a demanda, sem que precise ter um grau de qualidade elevado.

Tab. 9.3 Demandas mínimas de água para os processos e concentração do contaminante no efluente (a concentração do contaminante na água de alimentação é zero)

Processo	Demanda mínima (t/h)	Concentração do contaminante no efluente (mg/L)
1	33,33	75
2	15,00	100
3	8,33	150
Total	56,66	92,66

9.2 Determinação do ponto de mínimo consumo de água com reúso

Para a situação de reúso, em vez de cada um dos processos desenvolvidos empregar uma água isenta do contaminante, pode-se utilizar o efluente gerado em um determinado processo diretamente em outro, desde que a concentração do contaminante no efluente não seja superior à concentração-limite na entrada do processo. Ao mesmo tempo que esse procedimento se realiza, ocorre a redução da demanda de água e da geração de efluentes, ressaltando-se que a carga de contaminantes não é alterada.

O método gráfico e o tabular determinam o ponto de mínimo consumo de água. Ambos os métodos conduzem ao mesmo resultado.

9.2.1 Método gráfico para a determinação do ponto de mínimo consumo de água

Esse método consiste, inicialmente, na construção de um gráfico que relaciona a variação da concentração do contaminante na água utilizada nos processos com a carga transferida para a água, denominada curva composta de concentração.

A determinação dessa curva se divide em quatro etapas. Na primeira, constrói-se um gráfico que considera todos os processos em que a água é utilizada, relacionando a concentração do contaminante em função da carga acumulada. Nesse gráfico, a variação da concentração é absoluta, enquanto a da carga de contaminante é relativa, o que significa dizer que um processo é iniciado no ponto em que o anterior foi encerrado. Na segunda etapa, o eixo y do gráfico, no qual estão representados os valores de concentração do contaminante, deve ser dividido em intervalos que correspondem às concentrações-limites do contaminante na entrada e saída de cada processo. Na terceira etapa, determina-se a carga de contaminante para cada intervalo de concentração definido e se constrói uma nova curva de variação da carga de contaminante. Por fim, na quarta etapa as curvas compostas de concentração podem ser construídas, eliminando-se as curvas originais de variação da concentração do contaminante com a carga e mantendo apenas os intervalos em que as curvas não se sobrepõem.

Utilizando-se o exemplo dado anteriormente (Tab. 9.2), o processo de construção da curva composta de concentração é ilustrado a seguir.

As duas primeiras etapas se referem aos intervalos de concentrações de contaminante e carga acumulada nos processos desenvolvidos (Tab. 9.4), para a construção do gráfico (Fig. 9.4).

Tab. 9.4 Intervalos de concentração e carga de contaminantes

Processo	$C_{i;entra}$ (mg/L)	$C_{i;sai}$ (mg/L)	Carga (t/h)	Carga acumulada (t/h)
1	0	75	2,50	2,50
2	50	100	1,50	4,00
3	80	150	1,25	5,25

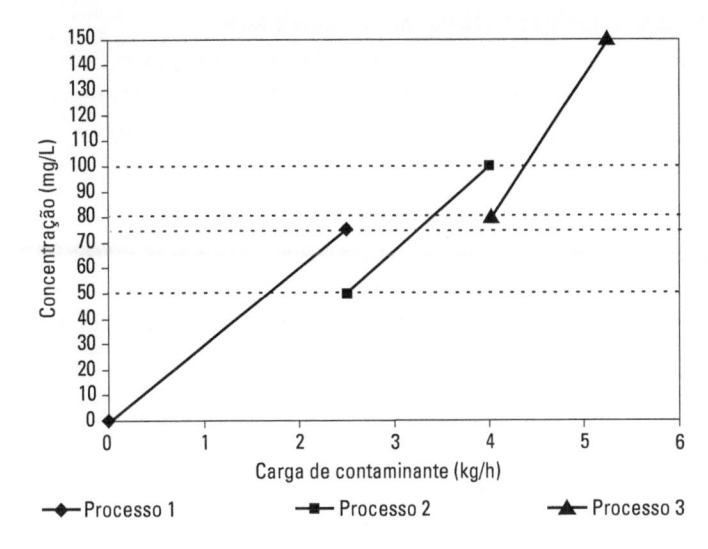

Fig. 9.4 *Gráfico da variação da concentração do contaminante com a carga*

A terceira etapa refere-se à determinação da carga de contaminante para cada intervalo de concentração (Tab. 9.5).

Por fim, a quarta etapa refere-se à construção do gráfico da curva composta de concentração (Fig. 9.5).

Tab. 9.5 Carga de contaminante para todos os intervalos de concentração

Intervalo de concentração	Processo	Fluxo (t/h)	Carga de contaminante (kg/h)	Carga acumulada (kg/h)
0-50	1	33,33	1,67	1,67
50-75	1 e 2	63,33	1,58	3,25
75-80	2	30,00	0,15	3,40
80-100	2 e 3	47,86	0,96	4,36
100-150	3	17,86	0,89	5,25

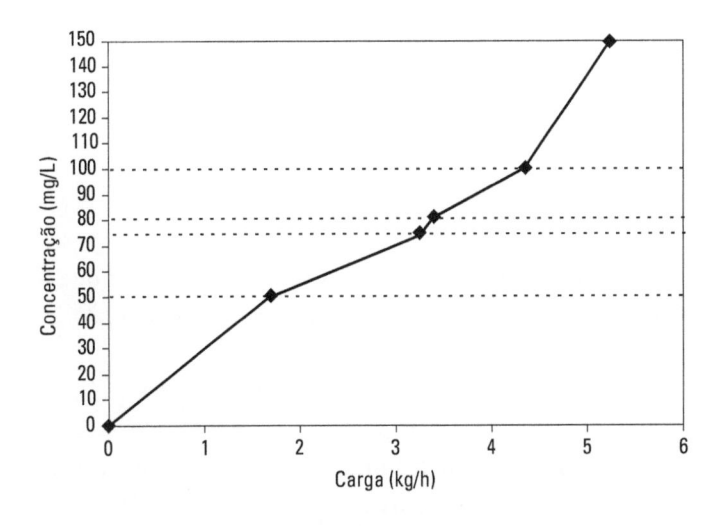

Fig. 9.5 *Curva composta de concentração*

Uma vez definida a curva composta de concentração, determina-se o ponto de mínimo consumo de água construindo uma curva que representa a variação da concentração do contaminante na água utilizada no sistema em função da carga de contaminante acumulada.

A curva relacionada à água de alimentação passa pela origem, ou seja, a concentração inicial do contaminante é zero e vai aumentando à medida que a água vai incorporando o contaminante. Quanto menor a vazão de água limpa utilizada no sistema, para a mesma carga de sais transferida, maior será a inclinação da curva de alimentação.

Dessa forma, quanto mais próxima da curva composta de concentração estiver a curva de água de alimentação, menor será a necessidade de água limpa, ressaltando-se que a curva de água de alimentação deve permanecer abaixo ou no mesmo nível da curva composta de concentração, para que o contaminante possa ser transferido.

Com base nesses conceitos, quando a curva de água de alimentação sofre uma rotação em relação à origem, aproximando-se da curva composta de concentração, o ponto de mínimo consumo de água será aquele em que a curva de alimentação tangencia a curva composta de concentração. Essa condição indica que não é necessário adicionar água limpa ao sistema acima do ponto de mínimo consumo de água.

A leitura dos valores relacionados à carga de contaminante e à respectiva concentração proporciona a mínima vazão de água a ser alimentada. A Fig. 9.6 ilustra todo o procedimento.

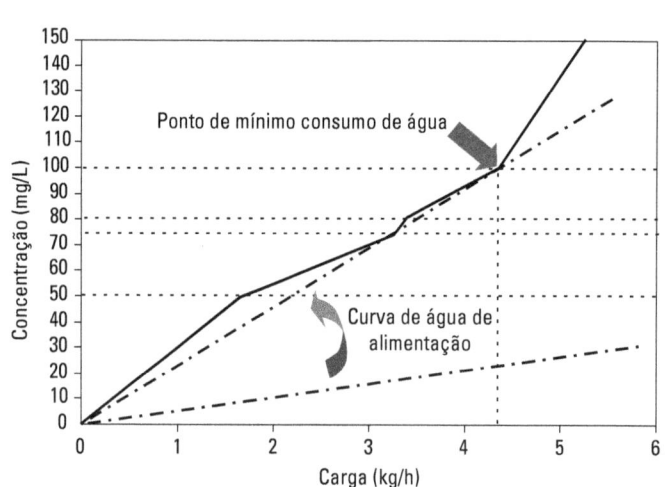

Fig. 9.6 *Gráfico para a obtenção do ponto de mínimo consumo de água*

Pelo gráfico, a carga de sais acumulada até o ponto de mínimo consumo de água é 4,36 kg/h e a concentração do contaminante na água é de 100 mg/L. Assim sendo, o fluxo mínimo de água será:

$$f_{min} = \frac{\Delta^*_{mi,min}}{C^*_{i,min}} \cdot 10^3$$

$$f_{min} = 43,60 \text{ t/h}$$

Em comparação com a demanda de água utilizada inicialmente, verifica-se que a adoção da prática de reúso proporciona uma redução no consumo de água igual a 46,30%.

9.2.2 Método tabular para a determinação do ponto de mínimo consumo de água

O método tabular para a determinação do ponto de mínimo consumo de água utiliza os intervalos de concentração. Eles são determinados a partir das concentrações-limites de cada processo e organizados em ordem crescente, em uma tabela indicativa dos processos desenvolvidos com as respectivas demandas de água. À direita das colunas relacionadas aos processos desenvolvidos, são inseridas mais três colunas: uma para indicar a carga de contaminantes do intervalo, outra para a carga de contaminante acumulada e outra para indicar o fluxo de água necessário para assimilar a carga de contaminante para o intervalo de concentração associado.

A carga de contaminante em cada intervalo de concentração, a carga acumulada e o fluxo de água necessário são calculados com as seguintes expressões:

$$\Delta_{n,m} = \frac{C^*_{n+1} - C^*_n}{10^3} \cdot \sum_{i=1}^{n} f_i^{lim} \qquad (9.5)$$

$$\Delta_{n,acumulado} = \sum_{1}^{n} \Delta_{m,n} \qquad (9.6)$$

$$f_n^{lim} = \frac{\sum \Delta_{m,acumulada}}{C^*_n} \cdot 10^3 \qquad (9.7)$$

Com o método tabular, para o exemplo dado, determinam-se os valores apresentados na Tab. 9.6.

Após a construção da tabela, a linha correspondente ao maior fluxo de água limpa determinado representará o ponto de mínimo consumo de água. Para o exemplo dado, equivale ao fluxo de 43,60 t/h.

Tab. 9.6 Tabela para a obtenção do ponto de mínimo consumo de água

Intervalo de concentração	Processo 1 (33,33 t/h)	Processo 2 (30,00 t/h)	Processo 3 (17,86 t/h)	Carga de contaminante (kg/h)	Carga acumulada (kg/h)	Fluxo de água (t/h)
0					0,0	0,0
				1,67		
50					1,67	33,40
				1,58		
75					3,25	43,33
				0,15		
80					3,40	42,50
				0,96		
100					4,36	43,60
				0,89		
150					5,25	35,00

9.3 Obtenção da estrutura de distribuição de água

Os métodos apresentados até aqui só são adequados para a obtenção do fluxo mínimo de água a ser fornecido para o sistema. Contudo, para que os processos possam ser desenvolvidos, a água deve ser alocada adequadamente e deve-se determinar os fluxos de efluente que serão utilizados para atender às demandas dos processos nos quais não é possível utilizar água limpa. A alocação pode ser feita por meio de um diagrama que contenha os intervalos de concentração previamente estabelecidos, para que seja possível representar a curva composta de concentração, a qual é subdividida nos respectivos intervalos.

Linhas verticais, indicando a variação da concentração do contaminante, representam os processos desenvolvidos. Elas ficam do lado esquerdo do diagrama. Do lado direito estarão as linhas que representam os fluxos de água limpa e de reúso, de maneira que a carga de contaminantes assimilada no intervalo deve ser equivalente à redução da carga na corrente de processo. A seguir, é apresentada a sequência para a obtenção da alocação de água limpa para cada processo e definição dos fluxos de reúso. A Fig. 9.7 mostra o empregado para a alocação de água e determinação dos fluxos de reúso.

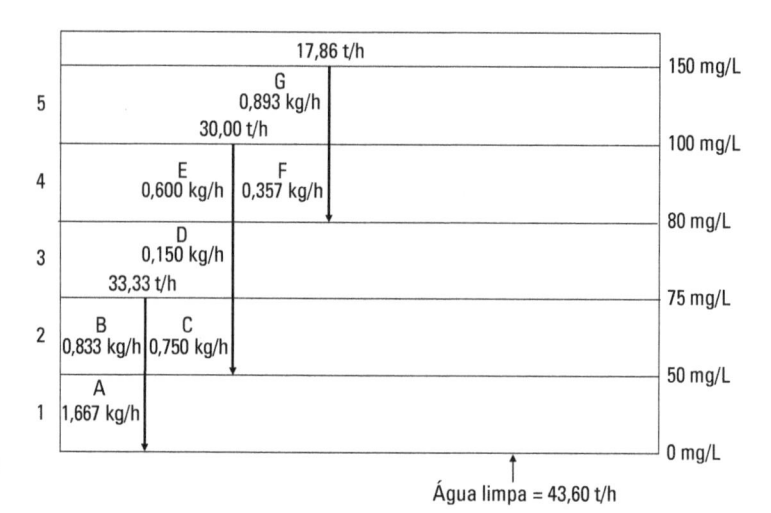

Fig. 9.7 *Diagrama para alocação de água limpa e determinação dos fluxos de reúso*

O primeiro passo do procedimento é alocar o fluxo de água necessário para atender à demanda dos processos situados na faixa de concentração de 0 a 50 mg/L. Para esse caso, o fluxo necessário é igual à demanda exigida pelo processo 1A, ou seja, 33,33 t/h. Dessa forma, deve-se construir no diagrama uma linha de água limpa indo da concentração de 0 a 50 mg/L, na qual se indica o fluxo de água alocado. Ao mesmo tempo, indica-se, por meio de uma linha horizontal, para qual dos processos esse fluxo está sendo alocado. A Fig. 9.8 ilustra a nova configuração do diagrama de alocação.

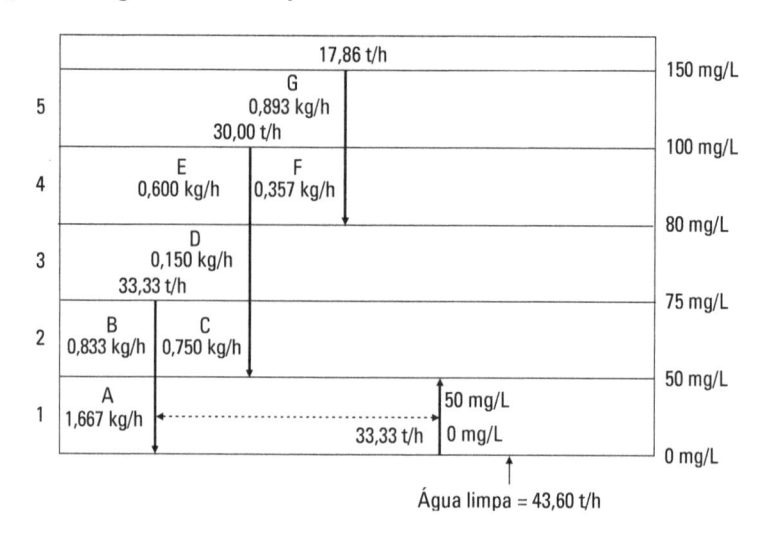

Fig. 9.8 *Diagrama de alocação de água após a 1ª alocação*

O segundo passo consiste em alocar o fluxo de água para os processos situados na faixa de concentração de 50 mg/L a 75 mg/L, em que são desenvolvidos os processos 1B e 2C. No caso do processo 1B, um fluxo de 33,33 t/h já havia sido alocado anteriormente. Tal fluxo deve ser mantido e avaliado quanto à capacidade de assimilar a carga de contaminantes que deverá ser transferida.

Pelos cálculos, verifica-se que o fluxo alocado é suficiente para assimilar a carga de contaminante do processo.

Para o processo 2C, a carga de contaminante a ser absorvida é de 0,750 kg/h. Como ainda não há efluente disponível para reúso, deve-se alocar água limpa.

$$f_n = \frac{\Delta_{m_{1,B}}}{\left(C_{1B,sai} - C_{1B,entra}\right)} \cdot 10^3$$

$$f_{1,B} = \frac{0,833 \times 10^3}{75 - 50} = 33,33 \text{ t/h}$$

Assim sendo, o processo 2 deverá alocar um fluxo de água limpa igual a 10 t/h para C. A Fig. 9.9 apresenta o diagrama de alocação após o atendimento das demandas para os processos 1B e 2C.

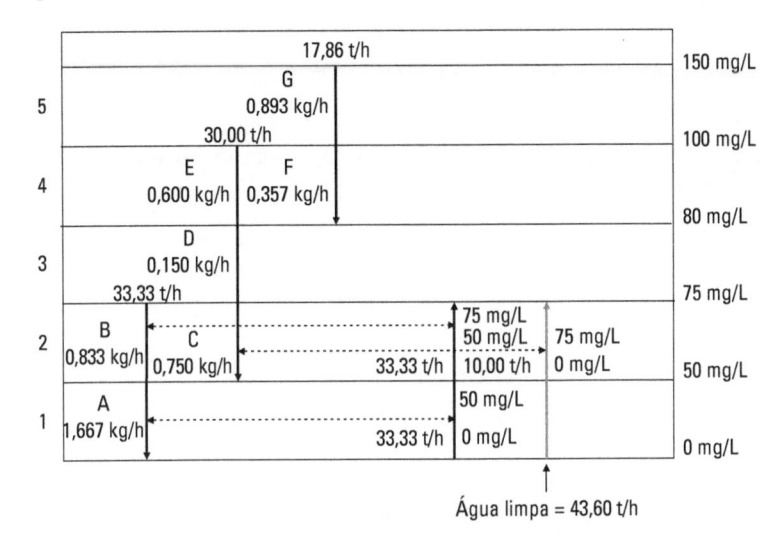

Fig. 9.9 Diagrama de alocação de água após a 2ª alocação

No terceiro passo, o fluxo de água é alocado para os processos situados na faixa de concentração de 75 mg/L a 80 mg/L. Essa faixa contém apenas o processo 2D, que já dispõe de um fluxo de água de 10 t/h e cuja carga de contaminantes a ser removida é de 0,15 kg/h. Inicialmente, deve-se verificar qual a capacidade de assimilação do fluxo de água já alocado.

$$\Delta_{m_{2,D'}} = \frac{f_{2,D}(C_{2D,sai} - C_{2D,entra})}{10^3}$$

$$\Delta_{m_{2,D'}} = \frac{(10 \times (80 - 75))}{1.000} = 0,05 \text{ kg/h}$$

O resultado demonstra que o fluxo de água alocado não é suficiente para assimilar toda a carga de contaminante relativa à faixa de concentração em análise, uma vez que há um remanescente de 0,10 kg/h. Para a assimilação da carga remanescente, em vez de água limpa, será utilizado o efluente do processo 1, cujo fluxo será determinado a seguir.

$$f_{1,2D} = \frac{\Delta_{m_{2D,remanescente}}}{\left(C_{2D,sai} - C_{2D,entra}\right)} \cdot 10^3$$

$$f_{1,2D} = \frac{0,10 \times 1.000}{80 - 75} = 20 \text{ t/h}$$

Assim sendo, para atender à demanda de água na faixa de concentração em análise, um fluxo de efluente de 20 t/h deverá ser direcionado do processo 1 para o processo 2D, indicado na Fig. 9.10.

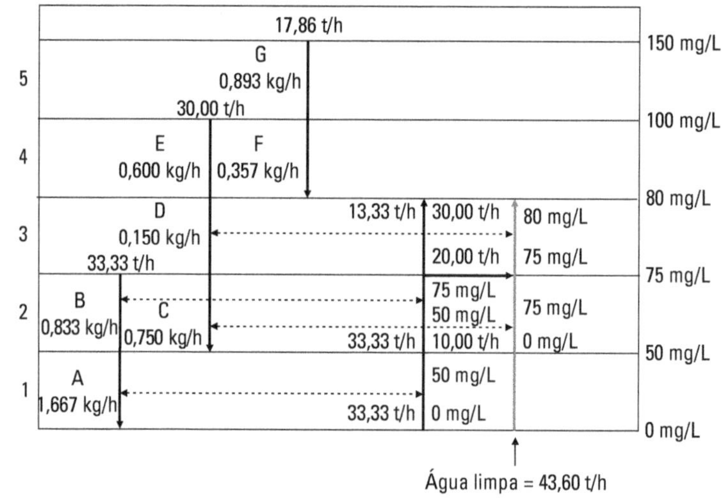

Fig. 9.10 Diagrama de alocação de água após a 3ª alocação

O quarto passo consiste em alocar o fluxo de água para os processos localizados na faixa de concentração de 80 mg/L a 100 mg/L. Essa faixa contém os processos 2E e 3F. Para o processo 2E já está alocado um fluxo de 30 t/h, ao passo que o processo 3F dispõe de 0,27 t/h de água limpa, mais o efluente remanescente do processo 1. Inicialmente, deve-se verificar se o fluxo disponível para o processo 2E é suficiente para assimilar a carga de contaminante, que é de 0,600 kg/h.

$$f_{2,E} = \frac{\Delta_{m_{2,E}}}{\left(C_{2CE,sai} - C_{2E,entra}\right)} \cdot 10^3$$

$$f_{2,E} = \frac{0,600 \times 1.000}{100 - 80} = 30 \text{ t/h (atende)}$$

A carga de contaminante é de 0,357 kg/h para o processo 3F. O fluxo de água limpa disponível será alocado inicialmente verificando qual a capacidade de assimilação e, posteriormente, caso seja necessário será determinado o fluxo de efluente a ser alocado.

$$\Delta_{m_{3,Fágua}} = \frac{f_{água}(C_{3F,sai} - C_{água})}{10^3}$$

$$\Delta_{m_{3,Fágua}} = \frac{(0,27 \times (100-0))}{1.000} = 0,027 \text{ kg/h}$$

Com a utilização do fluxo de água limpa, ainda há uma carga remanescente de contaminante a ser assimilada, que é de 0,33 kg/h, sendo necessário utilizar uma parcela do efluente do processo 1.

$$f_{1,3F} = \frac{\Delta_{m_{3DF,remanescente}}}{\left(C_{3F,sai} - C_{3F,entra}\right)} \cdot 10^3$$

$$f_{1,3F} = \frac{0,33 \times 1.000}{100 - 75} = 13,2 \text{ t/h}$$

Assim sendo, para atender à demanda do processo 3F, é necessário alocar o fluxo de água limpa disponível mais uma parcela do efluente do processo 1, conforme apresentado na Fig. 9.11.

No quinto e último passo, o fluxo de água necessário para atender aos processos localizados na faixa de concentração de 100 mg/L a 150 mg/L deve ser alocado. Essa faixa

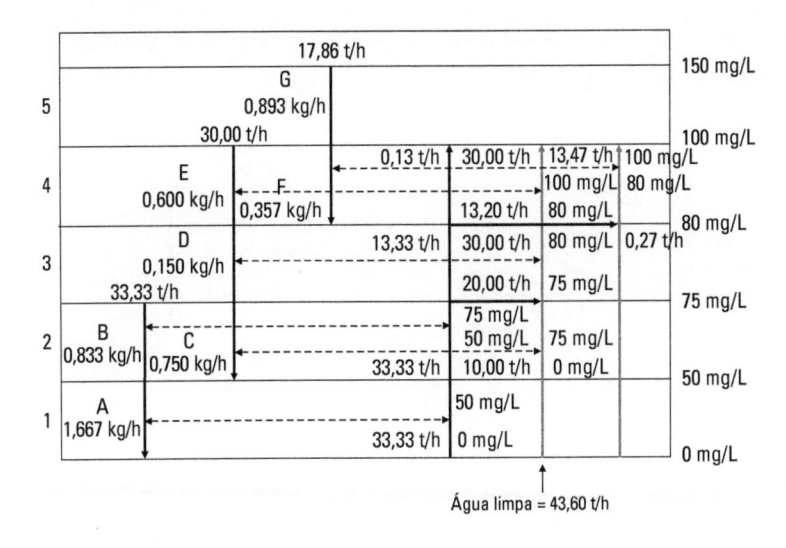

Fig. 9.11 Diagrama de alocação de água após a 4ª alocação

de concentração contém apenas o processo 3G, cuja carga de contaminante é de 0,893 kg/h. O fluxo já disponível no processo é de 13,47 t/h, devendo-se verificar qual sua capacidade de assimilação. Caso o fluxo disponível não seja suficiente, uma parcela do efluente dos processos 1 e 2 pode ser utilizada.

$$\Delta_{m_{3,G'}} = \frac{f_{3,F}(C_{3G,sai} - C_{3G,entra})}{10^3}$$

$$\Delta_{m_{3,G'}} = \frac{(13,47 \times (150-100))}{1.000} = 0,674 \text{ kg/h}$$

A utilização do fluxo de água disponível para o processo demonstra que haverá uma carga remanescente de contaminante igual a 0,220 kg/h, que deverá ser removida por meio do efluente do processo 2.

$$f_{2,3F} = \frac{\Delta_{m_{3DF,remanescente}}}{(C_{3F,sai} - C_{2E,sai})} \cdot 10^3$$

$$f_{2,3F} = \frac{0,22 \times 1.000}{150-100} = 4,4 \text{ t/h}$$

O diagrama final de alocação de água é construído com base nos cálculos efetuados e apresentado na Fig. 9.12.

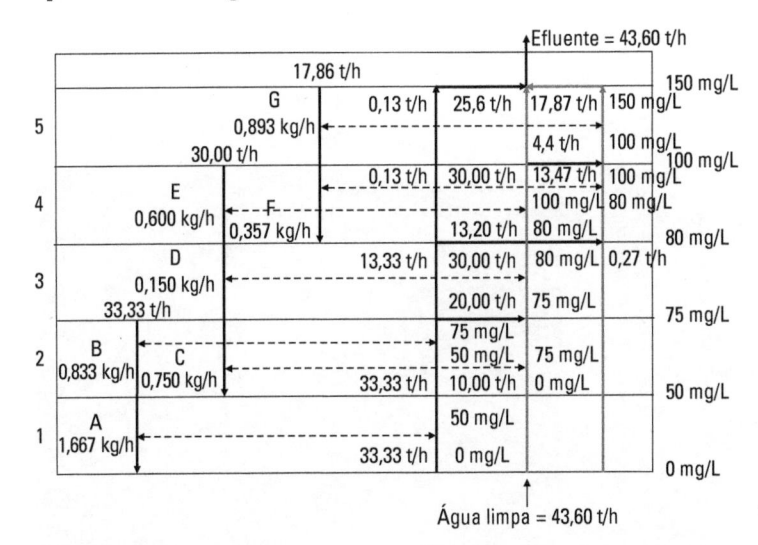

Fig. 9.12 Diagrama final de alocação de água

O diagrama possibilita elaborar a rede de distribuição de água para os processos, incluindo os fluxos de reúso, conforme apresenta a Fig. 9.13.

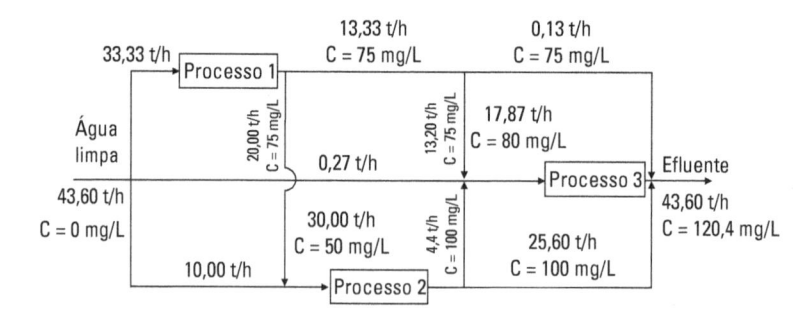

Fig. 9.13 *Diagrama final de distribuição de água e reúso*

9.4 Considerações finais

A metodologia de determinação do ponto de mínimo consumo de água permite definir a mínima demanda de água para um sistema industrial, onde são desenvolvidos processos que consomem a água. Pode-se determinar também a rede de distribuição de água, por meio da alocação adequada dos fluxos de água limpa e de reúso.

Contudo, é importante destacar que essa metodologia não inclui os procedimentos para a otimização do uso da água nos processos industriais e nem leva em consideração a questão de viabilidade técnica e econômica para a implantação da infraestrutura necessária para promover a alocação dos fluxos, conforme definido no diagrama de distribuição de água. Isso exige o desenvolvimento de um trabalho complementar, que envolve a avaliação em campo da viabilidade de implantação das alterações necessárias.

Unidade de osmose reversa

Listagem do programa para simulação da operação de lavagem de reatores e tanques

```
CLS
    LOCATE 9,12:PRINT"=========================="
    LOCATE 10,12:PRINT"PROGRAMA PARA SIMULAÇÃO DE LAVAGENS DE REATORES E TANQUES"
    LOCATE 12,17:PRINT"DESENVOLVIDO POR: JOSÉ CARLOS MIERZWA - USP"
    LOCATE 13,12:PRINT"=========================="
    LOCATE 19,28:PRINT"SÇO PAULO - 2002 - V1.01"
    DELAY 2

        INICIO:

    CLS
    T0=0:DTD0=0.0005:JS=0:JN=0:X=0:Z=0:T=0:PRN1=0:DT=0:CONT=0:TPRNT=0
    TETA=0:C1=0:QLAV=0:CH2O=0:V2=0:CF=0:CR=0:TCONT=0:TD=0:TC1=0
    DC1DT=0:DV2DT=0:DCFDT=0:CHPR=0:CD=0:VDESVIO=0:CCDESVIO=0
    DIM A$(1):A$=" ":DIM Q$(1):Q$=" "
    LOCATE 5,5:INPUT "TEMPO DE DETENÇÃO NO REATOR (MINUTOS) = ",TETA
    LOCATE 6,5:INPUT "CONCENTRAÇÃO INICIAL DO CONTAMINANTE NO REATOR (mg/L) = ",CR
    LOCATE 7,5:INPUT "VAZÃO DA ÁGUA DE LAVAGEM (L/MINUTOS) = ",QLAV
    LOCATE 8,5:INPUT "CONCENTRA€ÇO DO CONTAMINANTE NA ÁGUA DE LAVAGEM (mg/L) = ",CH2O
    LOCATE 9,5:INPUT "TEMPO DE LAVAGEM (MINUTOS) = ",PRN1
    LOCATE 10,5:PRINT "COMO DEVERÁ SER FEITO O CONTROLE DO DESVIO DO EFLUENTE"
        PERGUNTA:
    LOCATE 12,7:PRINT"(1) - TEMPO DE LAVAGEM (2) - CONCENTRAÇÃO DO CONTAMINANTE"
    A$=INPUT$(1)
    IF A$="1" THEN LOCATE 14,5:INPUT "APÓS QUANTOS MINUTOS VOCÊ DESEJA DESVIAR O EFLUENTE = ";
    TD:CD=0:GOTO CALCULA
    IF A$ <> "2" THEN A$=" ":BEEP:GOTO PERGUNTA
    LOCATE 14,5:INPUT "CONCENTRAÇÃO DO CONTAMINANTE PARA DESVIO = ",CD:TD=0

        CALCULA:

    PRINT
    CF=CR:C1=CR:TCONT=PRN1
    IF (A$="1" AND TD=0) THEN GOTO CALCULA1
    IF (A$="1" AND TD>=TCONT) THEN GOTO CALCULA2
    IF (A$="2" AND CD>=CR) THEN GOTO CALCULA1
    IF (A$="2" AND CD<=CH2O) THEN GOTO CALCULA2
1   DC1DT=-(1/TETA)*(C1-CH2O)
    DV2DT=QLAV
    IF V2<> 0 THEN DCFDT=(QLAV/V2)*(C1-CF)
            CALL PRNTF(0.5,PRN1,JS,DT,T0,C1,V2,CF)
            CALL INTI (T0,DTD0)
    T0 = T
            CALL INTEGRA (C1,DC1DT,DT,JS,JN)
    C1 = X:X=0
            CALL INTEGRA (V2,DV2DT,DT,JS,JN)
    V2 = X:X=0
            CALL INTEGRA (CF,DCFDT,DT,JS,JN)
    CF = X:X=0
    IF (A$="1" AND T0>TD AND CHPR<>2) THEN PRN1=T:TC1=T:VDESVIO=V2:CCDESVIO=CF
    IF (A$="2" AND CD>=C1 AND CHPR<>2) THEN PRN1=T:TC1=T:VDESVIO=V2:CCDESVIO=CF
    IF ((A$="1" OR A$="2") AND C1<(CH2O/0.98) AND CHPR<>2) THEN PRN1=T
    IF CHPR <> 2 THEN GOTO 1
    IF PRN1>=TCONT THEN GOTO 3
    IF ((A$="1" OR A$="2") AND C1<(CH2O/0.98)) THEN PRINT:PRINT"LAVAGEM ENCERRADA ANTES";
    DO TEMPO PREVISTO PARA O DESVIO DO EFLUENTE":PRINT:GOTO 3
    T0=TC1:PRN1=TCONT:CF=C1:V2=0:JS=0:JN=0:CHPR=0
    DV2DT=0:DC1DT=0:DCFDT=0:X=0

        CALCULA1:

    PRINT
    PRINT"*** DESVIO DO EFLUENTE DA LAVAGEM PARA O TANQUE DE REÚSO ***"
    PRINT

        CALCULA2:

2   DC1DT=-(1/TETA)*(C1-CH2O)
    DV2DT=QLAV
    IF V2 <> 0 THEN DCFDT=(QLAV/V2)*(C1-CF)
            CALL PRNTF(0.5,PRN1,JS,DT,T0,C1,V2,CF)
            CALL INTI (T0,DTD0)
    T0 = T
            CALL INTEGRA (C1,DC1DT,DT,JS,JN)
    C1 = X:X=0
            CALL INTEGRA (V2,DV2DT,DT,JS,JN)
    V2 = X:X=0
```

```
    CALL INTEGRA (CF,DCFDT,DT,JS,JN)
CF = X:X=0
IF ((A$="1" OR A$="2") AND C1<(CH2O/0.98) AND
CHPR<>2) THEN PRN1=T
IF CHPR <> 2 THEN GOTO 2
IF PRN1 < TCONT THEN PRINT "LAVAGEM ENCERRADA
ANTES DO TEMPO PREVISTO":PRINT
3 PRINT
IF (A$="1" AND (TD>=TCONT OR TD>=PRN1)) THEN
VDESVIO=V2:CCDESVIO=CF:V2=0:CF=0
IF (A$="2" AND CD<CH2O) THEN VDESVIO=V2:CCDESVIO
=CF:V2=0:CF=0
PRINT USING"VOLUME DESVIADO PARA O TANQUE DE
REÚSO = ##### Litros";V2
PRINT USING"CONCETRAÇÃO DO CONTAMINANTE NO
TANQUE DE REÚSO = #####.## mg/L";CF
PRINT USING"VOLUME DE EFLUENTE ENCAMINHADO
PARA TRATAMENTO = ##### Litros";VDESVIO
PRINT USING"CONCENTRAÇÃO MÉDIA DO
CONTAMINANTE NO EFLUENTE = #####.##
mg/L";CCDESVIO
PRINT USING"VOLUME TOTAL DE ÁGUA UTILIZADO NA
LAVAGEM = ##### Litros";(V2+VDESVIO)
PRINT USING"VAZÇO DE LAVAGEM = ##### L/
Minutos";QLAV
PRINT USING"CONCENTRAÇÃO INICIAL DO
CONTAMINANTE = #####.## mg/L";CR
PRINT USING"TEMPO DE DETENÇÃO HIDRÁULICO
HIPOTÉTICO = #####.## Minutos";TETA
PRINT
PRINT

           CONTINUA:

    LOCATE 24,5:PRINT "OUTRA SIMULAÇÃO - SIM (1) E NAO (2)"
    Q$=INPUT$(1)
    IF Q$="1" THEN GOTO INICIO
    IF Q$<>"2" THEN BEEP:Q$=" ":LOCATE 24,5:PRINT
SPACE$(40):GOTO CONTINUA
    CLS
    LOCATE 12,23:PRINT "**** PROGRAMA FINALIZADO
****"
    END
           SUBROTINAS:

    SUB PRNTF(PRI,PRN,JS,DT,T,C1,V2,CF)
SHARED CHPR, TPRNT
IF JS=0 THEN GOTO 400
IF T>= (TPRNT-DT/2) AND (JS=2 OR JS=4) THEN GOTO 500
IF T>= (PRN-DT/2) AND (JS=2 OR JS=4) THEN GOTO 600
EXIT SUB
400 CHPR=1
500 TPRNT = TPRNT+PRI
PRINT USING"T = ###.## Min | ";T,USING" CR = ####.## | ";C1;
PRINT USING" VOLUME = ##### Litros | ";V2,USING" CF = ####.## |";CF
EXIT SUB
600 PRINT USING"T = ###.## Min | ";T,USING" CR = ####.## | ";C1;
PRINT USING" VOLUME = ##### Litros | ";V2,USING" CF = ####.## |";CF
TPRNT=TPRNT-PRI:CHPR=2:T=0
FOR J=1 TO JN
XA(J)=0
NEXT J
END SUB

         SUB INTI (TD,DTD)
SHARED T,JS,DT,JN
JS=JS+1
JN=0
10 ON JS GOTO 20,30,40,30,50
20 DT=DTD/2
TD=TD+DT
T=TD
30 EXIT SUB
40 TD=TD+DT
DT=2*DT
T=TD
EXIT SUB
50 JS=1
GOTO 10
END SUB

         SUB INTEGRA (Z,DX,DT,JS,JN)
DIM STATIC XA(1000),DXA(1000)
SHARED X
JN=JN+1
ON JS GOTO 4,5,5,6
4 XA(JN)=Z
DXA(JN)=DX
X=Z+DX*DT
EXIT SUB
5 DXA(JN)=DXA(JN)+2*DX
X=XA(JN)+DX*DT
EXIT SUB
6 DXA(JN)=(DXA(JN)+DX)/6
X=XA(JN)+DXA(JN)*DT
END SUB
```

REFERÊNCIAS BIBLIOGRÁFICAS

ALVES DA CUNHA, O. A. Resinas de troca iônica para tratamento de água industrial. *In*: CONGRESSO DE UTILIDADES IBP, 5., 1989, São Paulo. *Anais*... São Paulo: Instituto Brasileiro de Petróleo, 1989.

AMIRTHARAJAH, A.; O'MELIA, C. R. Coagulation processes: destabilization, mixing and flocculation. *In*: PONTIUS, F. W. (ed.). *Water quality and treatment*: a handbook of community water supplies. 4. ed. New York: McGraw-Hill, 1990.

ANA – AGÊNCIA NACIONAL DE ÁGUAS. *Conjuntura dos recursos hídricos no Brasil 2017*. Relatório pleno. Brasília: ANA, 2017.

ANA – AGÊNCIA NACIONAL DE ÁGUAS. *Histórico da cobrança*. [s.d.]. Disponível em: https://www.gov.br/ana/pt-br/assuntos/gestao-das-aguas/politica-nacional-de-recursos-hidricos/cobranca/historico-da-cobranca. Acesso em: 15 mar. 2024.

ANA – AGÊNCIA NACIONAL DE ÁGUAS. *Regiões hidrográficas do Brasil*: caracterização geral e aspectos prioritários. Brasília: ANA, 2002.

ANEEL – AGÊNCIA NACIONAL DE ENERGIA ELÉTRICA. *Microsistema de dados hidrometeorológicos*: subsistema de qualidade de água. Brasília: ANEEL, 2000.

ANGELAKIS, A. N.; BONTOUX, L. Wastewater reclamation and reuse in Eureau countries. *Water Policy Journal*, Alexandria, v. 3, 2001.

AQUATEC. *Conceitos básicos de tratamento de águas industriais*. São Paulo: AQUATEC Química S/A – Divisão de Utilidades, 1986. Material de curso.

ASANO, T. Planning and implementation of water reuse projects. *Water Science and Technology*, Exeter, Great Britain, v. 24, n. 9, p. 1-10, 1991.

ASANO, T.; LEVINE, A. D. Wastewater reuse: a valuable link in water resources management. *Water Quality International*, London, n. 4, p. 20-24, 1995.

ASANO, T.; MILLS, R. A. Planning and analysis for water reuse projects. *Journal AWWA*, Denver, v. 82, n. 1, p. 38-47, 1990.

AZEVEDO NETTO, J. M. *et al. Técnica de abastecimento e tratamento de água*. 3. ed. São Paulo: CETESB/ASCETESB, 1987. 2 v.

BEECKMAN, G. B. Water conservation, recycling and reuse. *Water Resources Development*, Oxford, v. 14, n. 3, 1998.

BRALLA, J. G. *Handbook of manufacturing process*: how products, components and materials are made. 1. ed. New York: Industrial Press, 2007.

BRASIL. Conselho Nacional de Recursos Hídricos. Resolução nº 16, de 8 de maio de 2001.Trata da outorga de direito de uso dos recursos hídricos. *Diário Oficial da União*, Brasília, 14 maio 2001.

BRASIL. Conselho Nacional de Recursos Hídricos. Resolução nº 48, de 21 de março de 2005. Estabelece critérios gerais para a cobrança pelo uso dos recursos hídricos. *Diário Oficial da União*, Brasília, 26 jul. 2005.

BRASIL. Conselho Nacional do Meio Ambiente. Resolução Conama nº 430, de 13 de maio de 2011. Dispõe sobre as condições e padrões de lançamento de efluentes, complementa e altera a Resolução nº 357, de 17 de março de 2005, do Conselho Nacional do Meio Ambiente. *Diário Oficial da União*, Brasília, 16 maio 2011.

BRASIL. Lei nº 9.433, de 8 de janeiro de 1997. Institui a Política Nacional de Recursos Hídricos, cria o Sistema Nacional de Gerenciamento de Recursos Hídricos, regulamenta o inciso XIX do art. 21 da Constituição Federal, e altera o art. 1º da Lei nº 8.001, de 13 de março de 1990, que modificou a Lei nº 7.990, de 28 de dezembro de 1989. Diário Oficial da União, Brasília, 9 jan. 1997.

BRASIL. Lei nº 9.605, de 12 de fevereiro de 1998. Dispõe sobre as sanções penais e administrativas derivadas de condutas e atividades lesivas ao meio ambiente, e dá outras providências. *Diário Oficial da União*, Brasília, 13 fev. 1998.

BRASIL. Lei nº 9.984, de 17 de julho de 2000. Dispõe sobre a criação da ANA (Agência Nacional de Águas), entidade federal de implementação da Política Nacional de Recursos Hídricos e de coordenação do Sistema Nacional de Gerenciamento de Recursos Hídricos, e dá outras providências. *Diário Oficial da União*, Brasília, 18 jul. 2000.

BRASIL. Lei nº 10.881, de 9 de junho de 2004. Dispõe sobre os contratos de gestão entre a Agência Nacional de Águas e entidades delegatárias das funções de Agências de Águas relativas à gestão de recursos hídricos de domínio da União e dá outras providências. Diário Oficial da União, Brasília, 11 jun. 2004.

BRASIL. Lei nº 11.445, de 5 de janeiro de 2007. Estabelece as diretrizes nacionais para o saneamento básico; cria o Comitê Interministerial de Saneamento Básico; altera as Leis nº 6.766, de 19 de dezembro de 1979, 8.666, de 21 de junho de 1993, e 8.987, de 13 de fevereiro de 1995; e revoga a Lei nº 6.528, de 11 de maio de 1978. Diário Oficial da União, Brasília, 8 jan. 2007.

BRASIL. Lei nº 14.026, de 15 de julho de 2020. Atualiza o marco legal do saneamento básico e altera a Lei nº 9.984, de 17 de julho de 2000, a Lei nº 10.768, de 19 de novembro de 2003, a Lei nº 11.107, de 6 de abril de 2005, a Lei nº 11.445, de 5 de janeiro de 2007, a Lei nº 12.305, de 2 de agosto de 2010, a Lei nº 13.089, de 12 de janeiro de 2015 (Estatuto da Metrópole), e a Lei nº 13.529, de 4 de dezembro de 2017. Diário Oficial da União, Brasília, 16 jul. 2020.

BRASIL. Ministério das Cidades. Secretaria Nacional de Saneamento Ambiental. Sistema Nacional de Informações sobre Saneamento (SNIS). *Diagnóstico temático*: serviços de água e esgoto – visão geral, ano de referência 2022. Brasília, 2024. Disponível em: https://www.gov.br/cidades/pt-br/acesso-a-informacao/acoes-e-programas/saneamento/snis/produtos-do-snis/diagnosticos/DIAGNOSTICO_TEMATICO_VISAO_GERAL_AE_SNIS_2023.pdf. Acesso em: 21 abr. 2024.

BRASIL. Presidência da República. Subchefia para Assuntos Jurídicos. Decreto Federal nº 24.643, de 10 de julho de 1934. Decreta o Código de Águas. *Diário Oficial da União*, Brasília, 20 jul. 1934.

BUCKLEY, L. P. et al. *Removal of Soluble Toxic Metals from Water*. Ontario: Chalk River Nuclear Lab. (AECL – 10174), 1990.

CAS – CHEMICAL ABSTRACT SERVICE. *The latest CAS registry number and substance count*. [19--]. Disponível em: http://cas.org/cgi-bin/regreport.pl.

CEIVAP – COMITÊ DE INTEGRAÇÃO DA BACIA HIDROGRÁFICA DO RIO PARAÍBA DO SUL. *Deliberação Ceivap nº 8, de 6 de dezembro de 2001*. Dispõe sobre a implantação da cobrança pelo uso de recursos hídricos na bacia do rio Paraíba do Sul a partir de 2002. Resende, RJ: Ceivap, 2001a.

CEIVAP – COMITÊ DE INTEGRAÇÃO DA BACIA HIDROGRÁFICA DO RIO PARAÍBA DO SUL. *Deliberação Ceivap nº 15, de 6 de dezembro de 2001*. Dispõe sobre medidas complementares para a implantação da cobrança pelo uso de recursos hídricos na bacia do rio Paraíba do Sul a partir de 2002, em atendimento à Deliberação Ceivap nº 8/2001. Resende, RJ: Ceivap, 2001b.

CEIVAP – COMITÊ DE INTEGRAÇÃO DA BACIA HIDROGRÁFICA DO RIO PARAÍBA DO SUL. Deliberação *Ceivap* nº 218, de 25 de setembro de 2014. Estabelece mecanismos e propõe valores para a cobrança pelo uso de recursos hídricos na bacia hidrográfica do rio Paraíba do Sul, a partir de 2015. Resende, RJ: Ceivap, 2014.

CETESB – COMPANHIA DE TECNOLOGIA DE SANEAMENTO AMBIENTAL. *Legislação Estadual de controle da poluição ambiental*. Série Documentos. São Paulo. 1992.

CHEREMISINOFF, N. P.; ROSENFELD, P. E. *Handbook of pollution prevention and cleaner production*: best practices in the wood and paper industries. Oxford: Elsevier, 2010. v. 2.

CIA – CENTRAL INTELLIGENCE AGENCY. Total renewable water resources. *In*: CIA – CENTRAL INTELLIGENCE AGENCY. *The World Factbook*. Washington, D.C.: CIA, 2021. Disponível em: https://www.cia.gov/the-world-factbook/field/total-renewable-water-resources/. Acesso em: 3 jan. 2024.

CLEASBY, J. L. Filtration. *In*: PONTIUS, F. W. (ed.). *Water quality and treatment*: a handbook of community water supplies. 4. ed. New York: McGraw-Hill, 1990.

CLIFFORD, D. A. Ion exchange and inorganic adsorption. *In*: PONTIUS, F. W. (ed.). *Water quality and treatment*: a handbook of community water supplies. 4. ed. New York: McGraw-Hill, 1990.

CNI – CONFEDERAÇÃO NACIONAL DA INDÚSTRIA. *Uso da água no setor industrial brasileiro*: matriz de coeficientes técnicos. Brasília: CNI, 2013. Disponível em: https://www.imasul.ms.gov.br/wp-content/uploads/2017/12/Uso-de-%C3%81gua-no-Setor-Industrial-Brasileiro.pdf. Acesso em: 17 jan. 2024.

COMPTON'S. *Compton's interactive encyclopedia*. Carlsbad, CA: Compton's New Media, 1995. CD-ROM.

CONLON, W. J. Membrane processes. In: PONTIUS, F. W. (ed.). *Water quality and treatment*: a handbook of community water supplies. 4. ed. New York: McGraw-Hill, 1990.

CROOK, J. Water reclamation and reuse. *In*: PONTIUS, F. W. (ed.). *Water quality and treatment*: a handbook of community water supplies. 4. ed. New York: McGraw-Hill, 1990.

DAEE – DEPARTAMENTO DE ÁGUAS E ENERGIA ELÉTRICA. Portaria nº 717/96, de 12 de dezembro de 1996. Aprova a norma e os anexos de I a XVIII, que disciplinam o uso dos recursos hídricos superficiais e subterrâneos do Estado de São Paulo, na forma de Lei Estadual nº 6.134, de 02/06/88, e de seu regulamento, aprovado pelo Decreto Estadual nº 32.955, de 07/02/91, bem como da Lei Estadual nº 7.663, de 30/12/91, e de seu regulamento, aprovado pelo Decreto Estadual nº 41.258, de 31/10/96. São Paulo, 1996.

DAHAB, M. F.; MONTAG, D. L.; PARR, J. M. Pollution prevention and waste minimization at a galvanizing and electroplating facility. *Water Science and Technology*, Exeter, Great Britain, v. 30, n. 5, p. 243-250, 1994.

DAVIS, M. L.; CORNWELL, D. A. *Introduction to environmental engineering*. 3. ed. New York: McGraw-Hill, 1998.

DREW. *Princípios de tratamento de água industrial*. Tradução: Thomas J. Buchard; revisão técnica: Charles R. Lehwing. São Paulo: DREW Produtos Químicos, 1979.

DUNCAN, A. *Bibliographic teaching outline*. Ann Arbor: National Pollution Prevention Center for Higher Education, Dec. 1994.

DUPONT. *Basics of reverse osmosis*: element construction. Tech manual excerpt. Form No. 45-D01542-en, Rev. 10. Feb. 2022. Disponível em: https://www.dupont.com/content/dam/dupont/amer/us/en/water-solutions/public/documents/en/RO-NF-FilmTec-Element-Construction-Manual-Exc-45-D01542-en.pdf. Acesso em: 9 jan. 2024.

DUPONT. *FilmTec™ reverse osmosis membranes technical manual*. Version 16. Feb. 2023. Disponível em: https://www.dupont.com/content/dam/dupont/amer/us/en/water-solutions/public/documents/en/RO-NF-FilmTec-Manual-45-D01504-en.pdf. Acesso em: 11 jan. 2024.

EPA – UNITED STATES ENVIRONMENTAL PROTECTION AGENCY. *Handbook on advanced photochemical oxidation processes*. EPA/625/R-98/004. Washington, D.C.: EPA, Dec. 1998.

EPA – UNITED STATES ENVIRONMENTAL PROTECTION AGENCY. Office of Research and Development, Office of Enforcement. *Handbook on pollution prevention opportunities for bleached kraft pulp and paper mills*. Washington, D.C., June 1993.

EPA – UNITED STATES ENVIRONMENTAL PROTECTION AGENCY. *The history of drinking water treatment*. EPA-816-F-00-006, Feb. 2000. Disponível em: http://www.epa.gov/safewater/consumer/pdf/hist.pdf. Acesso em: 6 jun. 2000.

FERREIRA FILHO, S. S.; SOBRINHO, P. A. Considerações sobre o tratamento de despejos líquidos gerados em estações de tratamento de água. *Revista Engenharia Sanitária e Ambiental*, ABES, Rio de Janeiro, v. 3, n. 3/4, p. 128-136, jul./dez. 1998.

GREGORY, R.; ZABEL, T. F. Sedimentation and flotation. *In*: PONTIUS, F. W. (ed.). *Water quality and treatment*: a handbook of community water supplies. 4. ed. New York: McGraw-Hill, 1990.

GUYER, H, H. *Industrial processes and waste stream management*. Indianapolis: John Wiley & Sons, 1998.

HAAS, C. N. Desinfection. *In*: PONTIUS, F. W. (ed.). *Water quality and treatment*: a handbook of community water supplies. 4. ed. New York: McGraw-Hill, 1990.

HARUVY, N. Wastewater reuse: regional and economic considerations. *Resources, Conservation and Recycling*, Amsterdam, v. 23, 1998.

HESPANHOL, I. Esgotos como recurso hídrico – parte 1: dimensões políticas, institucionais, legais, econômico-financeiras e sócio-culturais. *Revista do Instituto de Engenharia*, Amsterdam, ano 55, n. 523, p. 45-58, 1997.

HESPANHOL, I. Guidelines and integrated measures for public health protection in agricultural reuse systems. *J. Water SRT-Aqua*, England, v. 39, n. 4, p. 237-249, 1990.

HESPANHOL, I. Potencial de reúso de água no Brasil: agricultura, indústria, municípios e recarga de aquíferos. *Revista Brasileira de Recursos Hídricos*, Porto Alegre, v. 7, n. 4, p. 75-95, 2002.

HESPANHOL, I.; RODRIGUES, R.; MIERZWA, J. C. Reúso potável direto: estudo de viabilidade técnica em unidade piloto. *Revista DAE*, edição especial, v. 67, n. 217, maio 2019. Disponível em: http://revistadae.com.br/artigos/artigo_edicao_217_n_1777.pdf. Acesso em: 13 jan. 2024.

HESPANHOL, I. Wastewater as a resource. *In*: HELMER, R.; HESPANHOL, I. (org.). *Water pollution control*: a guide to the use of water quality management principles. Geneva: WHO/UNEP, 1997.

HIGGINS, T. E. *Hazardous waste minimization handbook*. Chelsea, Michigan: Lewis Publishers, 1989.

HYDRANAUTICS. *Hydranautics RO System Design Software, Version 64.0(c)*. Hydranautics High Performance Membrane Products. Oceanside, 1998.

IBGE – INSTITUTO BRASILEIRO DE GEOGRAFIA E ESTATÍSTICA. *Área territorial*. Rio de Janeiro: IBGE, 2004.

IBGE – INSTITUTO BRASILEIRO DE GEOGRAFIA E ESTATÍSTICA. *Atlas de saneamento 2011*. Rio de Janeiro: IBGE, 2011. Disponível em: https://biblioteca.ibge.gov.br/index.php/biblioteca-catalogo?view=detalhes&id=280933. Acesso em: 4 jan. 2024.

IBGE – INSTITUTO BRASILEIRO DE GEOGRAFIA E ESTATÍSTICA. *Censo demográfico 2000*: resultados da amostra. Rio de Janeiro: IBGE, 2000.

IBGE – INSTITUTO BRASILEIRO DE GEOGRAFIA E ESTATÍSTICA. *Censo 2022*: panorama. Rio de Janeiro: IBGE, 2023. Disponível em: https://censo2022.ibge.gov.br/panorama/. Acesso em: 4 jan. 2024.

IBGE – INSTITUTO BRASILEIRO DE GEOGRAFIA E ESTATÍSTICA. *Pesquisa nacional por amostra de domicílios (PNAD) 2015*. Rio de Janeiro: IBGE, 2015. Disponível em: https://www.ibge.gov.br/estatisticas/sociais/populacao/9127-pesquisa-nacional-por-amostra-de-domicilios.html?edicao=9128&t=downloads. Acesso em: 5 jan. 2024.

IDAHO NATIONAL ENGINEERING LABORATORY. *Waste treatment technologies*. EGG-WMO-10244, v. 13. Idaho Falls, 1992.

JUDD, S. *The MBR book*: principles and applications of membrane bioreactors for water and wastewater treatment. 2. ed. Oxford: Butterworth-Heinemann, 2010.

KAWAMURA, S. Specific water treatment processes. *In*: KAWAMURA, S. *Integrated design of water treatment facilities*. New York: John Wiley & Sons, 1991. p. 488-567.

KIANG, Y. H.; METRY, A. A. *Hazardous waste processing technology*. Michigan: Ann Arbor Science, 1982.

KROFTA. *Technical data sheet*: Sand Float SAF 49. Bulletin 8901-E. New Delhi, 1990.

MAHAN, B. H. *Química*: um curso universitário. Tradução e coordenação de Ernesto Giesbrecht. São Paulo: Edgard Blücher, 1985.

MANCUSO, P. C. S.; MIERZWA, J. C.; HESPANHOL, A.; HESPANHOL, I. *Reúso de água potável como estratégia para a escassez*. 1. ed. São Paulo: Manole, 2021. 352 p.

MANN, J. G.; LIU, Y. A. *Industrial water reuse and wastewater minimization*. New York: McGraw-Hill, 1999.

MARTIN, E. J.; JOHNSON, J. H. *Hazardous waste management engineering*. New York: Van Nostrand Reinhold Company, 1987.

MAYS, L. W. Water resources: an introduction. *In*: MAYS, L. W. *Water resources handbook*. New York: McGraw-Hill, 1996.

METCALF, L.; EDDY, H. P. *Tratamento de efluentes e recuperação de recursos*. 5. ed. Tradução de Ivanildo Hespanhol e José Carlos Mierzwa. Porto Alegre: AMGH, 2017. 2.256 p.

MIERZWA, J. C. *Estudo sobre tratamento integrado de efluentes químicos e radioativos, introduzindo-se o conceito de descarga zero*. Dissertação (Mestrado) – Ipen/CNEN, Universidade de São Paulo, São Paulo, 1996.

MIERZWA, J. C. *et al*. Tratamento de rejeitos gerados em processos de descontaminação que utilizam o ácido cítrico como descontaminante. *In*: SYMPOSIUM OF NUCLEAR ENERGY AND THE ENVIRONMENT, Rio de Janeiro, Brasil, 1993. *Anais...* Rio de Janeiro: Latin American Section of the American Nuclear Society, Rio de Janeiro, 1993.

MIERZWA, J. C. *O uso racional e o reúso como ferramentas para o gerenciamento de águas e efluentes na indústria*: estudo de caso da KODAK Brasileira. Tese (Doutorado) – Epusp, Universidade de São Paulo, São Paulo, 2002.

MIERZWA, J. C.; RODRIGUES, R.; TEIXEIRA, A. C. S. C. UV-hydrogen peroxide processes. *In*: AMETA, S. C.; AMETA, R. (ed.). *Advanced oxidation processes for wastewater treatment*. London: Academic Press, 2018.

MIERZWA, J. C.; BELLO, G. S. Tratamento de rejeitos e afluentes do Laboratório de Materiais Nucleares (LABMAT), utilizando os processos de precipitação química, osmose reversa e evaporação. *In*: XII ENFIR, VIII CGEN e V ENAN, Rio de Janeiro, Brasil, 2000. *Anais...* Rio de Janeiro, ABEN, 2000.

MILLARD, A. *Compton's interactive encyclopedia*. Compton's NewMedia, 1995. CD ROM.

MONTGOMERY, J. M. Facilities design. *In*: MONTGOMERY, J. M. *Water treatment principles and design*. New York: John Wiley & Sons, 1985. p. 491-580.

MORAN, J. M.; MORGAN, D. M.; WIERSMA, J. H. *Introduction to environmental science*. 2. ed. New York: W. H. Freeman and Company, 1985.

MUJERIEGO, R.; ASANO, T. The role of advanced treatment in wastewater reclamation and reuse. *Water Science and Technology*, Exeter, Great Britain, v. 40, n. 4-5, p. 1-9, 1999.

NALCO CHEMICAL COMPANY. *The Nalco water handbook*. 2. ed. Editor: Frank N. Kemmer. New York: McGraw-Hill, 1988.

NASA – NATIONAL AERONAUTICS AND SPACE ADMINISTRATION. *Onboard inert gas generation system/onboard oxygen gas generation system (OBIGGS/OBOGS) study*. Part II: gas separation technology – state of the art. Seattle, Washington, D.C.: NASA, Aug. 2001.

NEMEROW, N. L.; DASGUPTA, A. *Industrial and hazardous waste treatment*. New York: Van Nostrand Reinhold, 1991.

REFERÊNCIAS BIBLIOGRÁFICAS

NORDELL, E. *Water treatment for industrial and other uses*. 2. ed. New York: Reinhold Publishing Co., 1961.

ONU – ORGANIZAÇÃO DAS NAÇÕES UNIDAS. *A Agenda 2030*. 2015. Disponível em: https://nacoesunidas.org/pos2015/agenda2030/.

OSMONICS. *Pure water handbook*. 2. ed. Minnetonka: Osmonics Inc., 1997.

PAREKH, B. S. *Reverse osmosis technology applications for high-purity-water production*. New York: Marcel Dekker, 1988.

PATEL, H. J. *Handbook for chemical process industries*. Boca Raton: CRC Press, 2023.

REBHUN, M.; ENGEL, G. Reuse of wastewater for industrial cooling systems. *Journal WPCF*, Alexandria, v. 60, n. 2, p. 237-241, 1988.

ROHM AND HAAS. *Amberlite ion exchange resins engineering notes*. Philadelphia: Rohm and Haas Company, [19--].

ROHM AND HAAS. *Rohm and Haas ion exchange resins and apparatus for water treatment*: summary chart of typical properties and applications. Philadelphia: Rohm and Haas Company, 1986.

SANKS, R. L. *Water treatment plant design for the practicing engineer*. Michigan: Ann Arbor Science, 1982.

SÃO PAULO (Estado). Conselho Estadual de Recursos Hídricos. *Deliberação CRH nº 90, de 10 de dezembro de 2008*. Aprova procedimentos, limites e condicionantes para a cobrança, dos usuários urbanos e industriais, pela utilização dos recursos hídricos de domínio do Estado de São Paulo. São Paulo: CRH, 2008.

SÃO PAULO (Estado). Conselho Estadual de Recursos Hídricos. *Legislação básica sobre recursos hídricos*. São Paulo: CRH, 29 fev. 1992.

SÃO PAULO (Estado). Conselho Estadual de Recursos Hídricos. *Relatório de situação dos recursos hídricos do Estado de São Paulo*. São Paulo: CRH, 1999.

SÃO PAULO (Estado). Decreto nº 8.468, de 8 de setembro de 1976. Aprova o regulamento da Lei nº 997, de 31 de maio de 1976, que dispõe sobre a prevenção e controle da poluição do meio ambiente. São Paulo, 1976.

SÃO PAULO (Estado). Decreto nº 41.258, de 31 de outubro de 1996. Aprova o regulamento dos artigos 9º a 13º da Lei nº 7.633, de 30 de dezembro de 1991. *Diário Oficial [do] Estado de São Paulo*, São Paulo, 1 nov. 1996. p. 48.

SÃO PAULO (Estado). Decreto nº 50.667, de 30 de março de 2006. Regulamenta dispositivos da Lei nº 12.183, de 29 de dezembro de 2005, que trata da cobrança pela utilização dos recursos hídricos do domínio do Estado de São Paulo. Diário Oficial do Estado de São Paulo, p. 17, 31 mar. 2006.

SÃO PAULO (Estado). Lei nº 7.663, de 30 de dezembro de 1991. Estabelece normas de orientação à Política Estadual de Recursos Hídricos e ao Sistema Integrado de Gerenciamento de Recursos Hídricos. São Paulo, 1991.

SÃO PAULO (Estado). Lei nº 12.183, de 29 de dezembro de 2005. Dispõe sobre a cobrança pela utilização dos recursos hídricos do domínio do Estado de São Paulo, os procedimentos para fixação dos seus limites, condicionantes e valores e dá outras providências. Diário Oficial do Estado de São Paulo, p. 4, 30 dez. 2005.

SÃO PAULO (Estado). Lei nº 16.337, de 14 de dezembro de 2016. Dispõe sobre o Plano Estadual de Recursos Hídricos – PERH e dá providências correlatas. Diário Oficial do Estado de São Paulo, p. 1, 15 dez. 2016.

SÃO PAULO (Estado). *Plano Estadual de Recursos Hídricos 2020-2023*: sumário executivo. Nov. 2020. Disponível em: https://sigrh.sp.gov.br/corhi/planoestadualderecursoshidricos. Acesso em: 4 jan. 2024.

SÃO PAULO (Estado). Projeto de Lei nº 676, de 2000. Dispõe sobre a cobrança pela utilização dos recursos hídricos do domínio do Estado de São Paulo, os procedimentos para fixação dos seus limites, condicionantes e valores e dá outras providências. São Paulo, 2000.

SÃO PAULO (Estado). Secretaria de Recursos Hídricos. Projeto de Lei nº 20, de 1998. Dispõe sobre a cobrança pela utilização dos recursos hídricos do domínio do Estado de São Paulo e dá outras providências. São Paulo, 1998.

SÃO PAULO (Estado). Secretaria do Meio Ambiente. *Gestão das águas*: 6 anos de percurso. Caracterização das UGRH (Unidades de Gerenciamento de Recursos Hídricos). São Paulo: SMA, 1997a.

SÃO PAULO (Estado). Secretaria do Meio Ambiente. *Agenda 21*: Conferência das Nações Unidas sobre Meio Ambiente e Desenvolvimento. Rio de Janeiro, 3-14 de junho de 1992. Documentos Ambientais. São Paulo: SMA, 1997b.

SHREVE, R. N.; BRINK Jr., J. A. *Indústrias de processos químicos*. 4. ed. Rio de Janeiro: Guanabara Dois, 1980.

SILVA, A. G.; SIMÕES, R. A. G. Águas doces no Brasil: capital ecológico, uso e conservação. *In*: Água na indústria. São Paulo: Escrituras, 1999.

SINGH, R.; HANKINS, N. P. Introduction to membrane processes for water treatment. *In*: HANKINS, N. P.; SINGH, R. (org.). *Emerging membrane technology for sustainable water treatment*. Oxford: Elsevier, 2016. Chap. 2.

SNOEYINK, V. L. Adsorption of organic compounds. *In*: PONTIUS, F. W. (ed.). *Water quality and treatment*: a handbook of community water supplies. 4. ed. New York: McGraw-Hill, 1990.

SPIRAX SARCO. *Informativo técnico comercial (catálogo)*. ULTRA-CROST. Centro de Pesquisa, São Paulo, [19--a].

SPIRAX SARCO. *Informativo técnico comercial (catálogo)*. AQUA-CROST. Centro de Pesquisa, São Paulo, [19--b].

TCHOBANOGLOUS, G. Wastewater treatment. In: MAYS, L. W. *Water resources handbook*. New York: McGraw-Hill, 1996.

THAME, A. C. de M. (org.). *A cobrança pelo uso da água*. São Paulo: Instituto de Qualificação e Editoração Ltda., 2000.

THE UNITED STATES PHARMACOPEIA. *The national formulary (USP 24)*. The United States Pharmacopeial Convention. Rockville, 1999.

VAN DER LEEDEN, F.; TROISE, F. L.; TODD, D. K. *The water encyclopedia*. 2. ed. Michigan: Lewis Publishers, 1990.

VMR – VERIFIED MARKET RESEARCH. *Global membrane separation technology market size by technology, by application, and by geographic scope and forecast*. Report ID: 25125. Aug. 2023.

WAGNER, J. *Membrane filtration handbook practical tips and hints*. 2. ed. Minnetonka: Osmonics Inc, 2001. Revision 2.

WESTERHOFF, G. P.; CHOWDHURY, Z. K. Water treatment systems. *In*: MAYS, L. W. *Water resources handbook*. New York: McGraw-Hill, 1996. p. 17.1-17.41.

WHO – WORLD HEALTH ORGANIZATION. *Potable reuse*: guidance for producing safe drinking-water. Aug. 2017. Disponível em: https://www.who.int/publications-detail-redirect/9789241512770. Acesso em: 10 jan. 2024.

WILLIAMS, M. What Percent of Earth is Water? *Universe Today*, Dec. 1, 2014. Disponível em: https://phys.org/news/2014-12-percent-earth.html. Acesso em: 3 jan. 2024.

YAO, K. M. Design of high-rate settlers. *Journal of the Environmental Engineering Division*, v. EE5, p. 621-637, Oct. 1973.

Decantador de estação de tratamento de efluentes